HAYMON verlag

Geoffrey Ball

... und ich höre doch!

Ein technologisches Abenteuer zwischen Silicon Valley und den Alpen

Auflage:
4 3 2 1
2014 2013 2012 2011

HAYMON verlag
Innsbruck-Wien
www.haymonverlag.at

Übersetzung: Alma Faltin

ISBN 978-3-85218-713-6

Umschlag- und Buchgestaltung:
hœretzeder, grafische gestaltung, Scheffau/Tirol
Fotos: Archiv Geoffrey Ball

Gedruckt auf umweltfreundlichem,
chlor- und säurefrei gebleichtem Papier.

*"He usually never writes enough stuff down.
He thinks if he knows it, then that's good enough ...
not for the rest of us."*

Dr. Richard L. Goode, Stanford School of Medicine,
Professor Emeritus Otolaryngology,
Head and Neck Surgery

„Große Erfindungen brauchen große Geschichten. Unser Leben ist von den Geschichten bestimmt, die wir leben und die wir schaffen. Wir wählen unseren Weg, manchmal wird er für uns gewählt. Unsere Handlungen und Reaktionen bestimmen unser Sein, unsere Sicht der Welt und unseren Beitrag. Der Anfang unseres Weges bereitet unser Ziel vor. Mein Weg begann in der Stadt Sunnyvale, Kalifornien, im Herzen von Silicon Valley."

Geoffrey Ball, Axams, Österreich

Dieses Buch ist allen gewidmet, die noch immer unter Hörverlust leiden, meiner liebevollen Frau, meinen Söhnen, meinen Eltern und meinem Mentor Dr. Richard Goode sowie Ingeborg Hochmair, die meine Erfindungen rettete.

Ankunft in Sunnyvale

„There is a road, no simple highway,
between the dawn and the dark of night.
And if you go, no one may follow.
That path is for your steps alone.“

Jerry Garcia

Ich werde nie meine Ankunft in Serra Park vergessen. Man schrieb das Jahr 1969 und ich war fünf. Mein Vater saß am Steuer unserer purpurnen 190er Mercedes-Benz Limousine, Modell 1961, mit der wir gerade die ganze Strecke von Massachusetts quer durch die Vereinigten Staaten gefahren waren. Er war sehr stolz auf seinen Mercedes, obwohl er purpurfarben war. Aber das Auto hatte bequeme Sitze, die für mich und meinen zweijährigen Bruder ausreichend Platz boten, um die ersten fünf Bundesstaaten unserer Reise raufend hinter uns zu lassen. Danach setzte sich unsere Mutter nach hinten, um für Frieden zu sorgen, während wir den Highway 48 entlangkrochen.

Wir hatten genügend Zeit, die Fahrt zu genießen, da mein Vater einer strikt binären Fahrphilosophie anhängt. Seiner Meinung nach steht ein Auto oder es fährt 54 Meilen in der Stunde, egal ob auf einer vielspurigen Autobahn oder in Seitengassen auf der Parkplatzsuche. Es fährt immer 54 Meilen pro Stunde. Als daher endlich verkündet wurde: „Wir sind da“, waren wir sehr erleichtert.

Wir schauten unser neues Heim in 1526 Kingsgate in Sunnyvale, Kalifornien, an. Sunnyvale war das Zentrum der später als Silicon Valley bekannten Gegend. Im Einklang mit dem eigenartigen Geschmack unserer Familie bzw. dem völligen Fehlen eines solchen, was Farben anbelangt, war das Haus, das wir gewählt hatten, in kräftigem Rosa gehalten, obwohl ich später gelernt habe, dass die richtige Farbbezeichnung Lachs lautet. Soll sein, aber für alle anderen war es rosa. Was mögen sich da wohl die Nachbarn gedacht haben, angesichts des purpurnen Autos vor dem rosa Haus. Nachdem wir mit dem ehemaligen Bewohner geplaudert und die tolle Schaukel im Garten ausprobiert hatten, fuhren wir in der Gegend herum. „Kinder, hier ist der Park“, verkündete unser Vater.

Ich schaute aus dem Fenster, als wir hinfuhren und das Auto parkten. Vor mir lag Serra Park. Nie zuvor hatten meine fünfjährigen Augen etwas so Wunderschönes gesehen. Die Sonne ging hinter den Santa-Cruz-Bergen im Westen unter, und der schöne kalifornische Abendhimmel stellte eine atemberaubende Kulisse dar. Die Parkwächter hatten die hohen Laternen angeschaltet, die die Wege im Park säumten. Die Spielgeräte leuchteten frisch gestrichen. Auf den Klettergerüsten, die die Form einer Mini-Spielstadt und eines Dampfers hatten, tummelten sich Scharen fröhlicher Kinder. Hunderte fünf bis acht Feet große, neu gepflanzte Redwood- und Sequoiabäume wurden von Stöcken aufrecht gehalten. Die mit Waschbeton gepflasterten Wege waren neu angelegt und boten ein Labyrinth von Möglichkeiten. Der künstliche See, der von einem künstlichen Bach gespeist wurde, war klar und sauber, und das sprühende Wasser der Springbrunnen zauberte Hahnenkämme in die Luft. Die Brücken über den sanften Wirbeln waren neu und der Tupfen auf dem I. In der Sandkiste türmten sich Berge von frischem, sauberem Sand. So einen Platz hatte ich nie zuvor gesehen, ja ich hatte mir nie auch nur vorstellen können, dass so ein Platz überhaupt existieren könnte. Für mich, der aus dem grauen, düsteren Lowell in Massachusetts kam, war das ein echtes Aha-Erlebnis. Ein Eldorado für Fünfjährige, ein Paradies. Genau das war es. Es war Sunnyvale.

Ich bin aus Sunnyvale und sehr stolz darauf.

Kingsgate Drive

A stream begins
Beneath a stone
Water flows
The path well known
Over and over
Again and again
To repeat the path
Never to end

Um heranzuwachsen, gab es für ein Kind in der ganzen Welt keine bessere Straße als Kingsgate Drive im südlichen Teil von Sunnyvale nahe dem Serra Park und der Volksschule. Wie viele andere erinnere ich mich liebevoll an das Haus meiner Kindheit, und mit gutem Grund. 1969 hatte Sunnyvale ungefähr 50.000 Einwohner, die meist in einstöckigen Vorstadthäusern lebten. Dazwischen lagen große Obstgärten mit Marillen, Birnen und Kirschen und ein paar Blumenfelder. Die Hauptstraßen waren im Osten Sunnyvale Saragota Boulevard, im Süden Homestead Road, im Norden Fremont Road und im Westen der fertiggestellte Teil des Highway 85. Gleich in der Nähe lag Serra Park mit seinem schönen, künstlichen Bach und dem tollen Spieldampfer, der sogar ein Steuerrad hatte. Die Volksschule von Serra war neben dem Park.

Zwischen 1969 und den späten 1970ern hatte Sunnyvale seine beste Zeit. Der Moffett-Field-Marine-Flughafen, ursprünglich als Piste für Luftschiffe errichtet, lieferte den zündenden Impuls zur Grundlagenforschung und Entwicklung für die NASA, Lockheed Space und Missiles, Northrop und viele andere. Angetrieben durch die Entwicklung des Transistors, der die Vakuumröhre ablöste, erlebte die Rüstungsindustrie eine Hochblüte. Dazu kamen noch die Nähe zur Luftwaffenbasis Onizuka mit ihrem „Blauen Würfel" und der durch den Kalten Krieg verstärkte Hunger nach Hochtechnologie und Spitzenelektronik. Hewlett Packard war eine, wenn nicht *die* dominierende Firma der Elektronikindustrie, die im Valley boomte. Es war die Zeit, bevor die Gegend als Silicon Valley bekannt wurde. Sunnyvale galt bereits als das Mekka für Elektronikingenieure, und so wie mein Vater gierte jeder Ingenieur, der sein Geld wert war, nach einem Job im Valley. Sunnyvale zog Spitzentechniker aus der ganzen Welt an. So gewann die Familie Ball gute Freunde aus der Schweiz, die Camenzinds, und die Sigs, ebenfalls aus der Schweiz, und die Heinemanns aus Deutschland. Das Valley war attraktiv für die Besten und Tüchtigsten aus der ganzen Welt, und es war eine multikulturelle Gemeinschaft.

Der Einfluss der Stanford-Universität auf die Entwicklung des Valleys kann gar nicht genug hervorgehoben werden. Stanford brodelte vor Aktivität, und an vielen Samstagen gingen mein Vater und ich über den Campus und schauten, was sich in den Labors und außerhalb so tat. Das war natürlich noch in der Zeit vor den strengen Sicherheitsvorschriften. Man konnte also problemlos herumschlendern und Studenten und Forschern bei der Arbeit an ihren Projekten zusehen. Mein Vater und ich verbrachten viele Stunden in den Stanford-Bibliotheken und in der Buchhandlung, wo mein Vater in den neuesten Publikationen über integrierte Schaltkreise und Elektronik schmökerte. Damals platzte Stanford vor Leben und war aufgeladen mit Energie. In den frühen 70ern war es echt sehenswert. All diese langhaarigen Studenten in ihrer Hippiekleidung, die diese unglaublichen Zaubergeräte herstellten und Erfindungen machten, von denen viele zukunftsweisend waren, faszinierten mich.

Stanford und die nahe San Jose State University konnten bald den Bedarf an hochqualifiziertem Personal nicht mehr decken, das die explodierende Elektronikindustrie, die Zulieferindustrie und die Dienstleister für ihr Wachstum brauchten. So wurden die De Anza und Foothill Junior Colleges unentbehrliche Ausbildungsstätten für die Fächer Elektronik, Maschinenbau, Produktion, Mechanik und Computertechnologie. Auch diese Institutionen wurden in den frühen 1970ern vom Geist der Innovation beflügelt. An den „De-Anza-Tagen“ konnten die Studenten ihre neuesten Projekte ein ganzes Wochenende lang der Öffentlichkeit präsentieren. Diese Vorführungen boten Einblick in die unterschiedlichsten Bereiche, und wir versäumten sie nie. Von Kunsthandwerk bis zum Vorläufer moderner digitaler Computerspiele konnte man alles sehen, unter anderem einen Computer, der mit einem Schwarz-Weiß-Bildschirm verbunden war und endlose Runden von Tic Tac Toe spielte, ohne je zu verlieren. Unter den ausgestellten Geräten war auch ein Seismograph, der die Erdstöße der San-Andreas-Falte aufzeichnete und uns faszinierte. Wir waren viel mehr daran interessiert, Erdbeben zu verstehen, als dass wir uns vor ihnen fürchteten, hatte doch jeder, der einige Zeit in Sunnyvale lebte, schon ein paar ordentliche Erdstöße erlebt.

Kingsgate war voll mit den Kindern der Ingenieure und Techniker, die Silicon Valley zu dem machten, was es heute ist. Die Familien in Kingsgate stellten einen guten Querschnitt des Valleys zur damaligen Zeit dar. Einige unserer Nachbarn arbeiteten in der Rüstungs- oder Raumfahrtindustrie, andere in den Bereichen Elektronik und Immobilien, es gab Rechtsanwälte, einen Lebensmittelhändler und jemanden, der Rasenbewässerungsanlagen installierte. Und die meisten von ihnen hatten viele Kinder. Zwei Häuser weiter wohnten die Bankers mit vier Töchtern, neben ihnen die Stevensons mit drei, deren Nachbarn, die Schenones, hatten vier Töchter und einen Sohn. Also insgesamt gab es in den fünf Häusern mit mir und meinem Bruder 15 Kinder. Kingsgate war eine ganz kleine Straße, die Dallas mit Lewiston verband, und 1970 gab es dort in den 22 Häusern insgesamt 47 Kinder im Schulalter. Es herrschte also kein Mangel an Spielgefährten oder potentiellen Babysittern. Meine Favoritin war Erin O'Connor, die mich oft beschützte und mir meine ganze Highschoolzeit hindurch mit gutem Rat und Tipps half.

Als der Übersiedlungslaster unser Hab und Gut auf der breiten Einfahrt von 1526 auslud, war es für mich die tollste Ankunft, die ich mir vorstellen konnte. Alle Bewohner der Straße schienen aus dem Haus zu laufen, um zuzuschauen. Die Spediteure konnten sicher nicht besonders lange gebraucht haben, um unsere Sachen auszupacken und ins Haus zu tragen, da wir ja in Massachusetts nur eine Zwei-Zimmer-Wohnung hatten, aber irgendwie schafften sie es, den ganzen Tag damit zu verbringen. Als sie fertig waren, hatte ich bereits Matt Schenone kennengelernt und so einen neuen „besten Freund".

Während der ersten Woche in unserem lachsfarbenen Haus in der Mitte von Kingsgate begriffen mein Bruder und ich bald, dass es ein Magnet für alle Kinder der Straße war. Es mochte rosa sein und ein purpurnes Auto in der Einfahrt stehen haben, doch es hatte einige absolute Vorteile: Zunächst hatten wir die größte Betoneinfahrt, die perfekt zum Rollschuhlaufen, für Fahrradkunststücke und Dodge Ball war. Auch die Schenones hatten eine große Einfahrt, doch die war ständig blockiert durch den dort geparkten Dodge von Mr. Schenone. Diesen wollte er reparieren, was aber nie geschah, bis er ihn Jahre später abschleppen ließ. Außerdem hatten sie die Garage in ein zusätzliches Zimmer für die zwei älteren Mädchen umgewandelt, sodass es kein geeignetes Garagentor gab, gegen das man einen Ball hätte schießen können. Der Hof hinter dem Haus jedoch war ein Ausgleich zur rosa Farbe unseres Hauses. Er war zwar klein, doch äußerst attraktiv.

Die Vorbesitzer von 1526 hatten irgendwie von der Sunnyvale Park- und Freizeitverwaltung das alte Dschungel-Gym-Klettergerüst und die Schaukeln erworben, die vor der Neuausstattung im Serra Park standen. Dieses riesige Klettergerüst und die Schaukeln befanden sich nun hinter unserem Haus, da sie zu schwer waren, um abtransportiert zu werden. Anders als die Klettergerüste, die man im Geschäft kaufen kann, war dieses wirklich äußerst massiv. Außerdem hatten die Vorbesitzer einen kleinen Goldfischteich zurückgelassen, der voll mit Fischen und Seerosen war. Dazu kam noch ein großer Holzapfelbaum in unserem Garten, der zum Lieblingskletterbaum sämtlicher Kinder in der Nachbarschaft wurde. Man konnte hinaufklettern und von hoch oben Apfelbomben auf bewegliche Ziele wie Rollschuhfahrer in der Einfahrt werfen. Sobald wir aufwachten, wurden mein Bruder und ich von den Kindern der Nachbarschaft belagert, die zu uns spielen kamen. So mussten wir nicht die mühsame Phase der New Kids durchmachen, sondern fühlten uns wie die „Rockstars“ von Kingsgate, da wir in so einem tollen Haus wohnten, auch wenn es rosa oder lachsfarben oder was auch immer war. Es war einfach das Beste.

Bald spielte ich Football mit Matt Schenone. „Quarterback“, schrie er immer, „hab es zuerst gerufen“ (was er immer tat), aber ich war auch zufrieden damit, sein Wide Receiver zu sein und manchmal zurückzulaufen, obwohl ich keine Ahnung hatte, was das eigentlich bedeutete. Bald hatten Matt und ich das Stadium erreicht, wo wir uns mit den größeren Kindern der Straße messen konnten. Joe Walker und Kent Bates, beide älter als wir und schon zwei Klassen über uns, waren unsere Gegner. Wir wurden immer haushoch geschlagen, da wir nicht wirklich gegen „Big Joe“ antreten konnten, der doppelt so groß war wie wir und den Ball auch viel schneller werfen konnte. Kent war nicht so ein Footballtalent wie Joe, aber er war schneller. Joe kannte auch all die eigenartigen und unverständlichen Regeln des American Football, und da Matt und ich jünger waren, konnten wir auch nie Protest gegen Joes Schiedssprüche einlegen. Wenn ich den Ball schnappte und zu Matt spielte und irgendwie frei wurde, Matts Pass fing und dann einen Touchdown erzielte, wie wir glaubten, kam Joe unweigerlich mit einem Strafruf daher wie „Regelverstoß! Regelverstoß! Behinderung des Verteidigers nach der Zehn-Yard-Linie. Fünf Yard Regelverletzung! Punkteverlust!“ In den 273 Matches, die wir gegen Joe und Kent spielten, hielten Matt und ich den Rekord von einem Gewinn zu 272 Niederlagen. Sie waren nett genug gewesen, uns ein Spiel an Matts Geburtstag gewinnen zu lassen.

Matt lebte drei Häuser von uns entfernt. Er hatte vier ältere Schwestern, sein Vater Tony Schenone war Immobilienmakler. Zusammen mit seiner Mitarbeiterin Mrs. O’Connor verkaufte er Immobilien in Sunnyvale und Umgebung. Mrs. O’Connor lebte vier Häuser von uns entfernt und hatte drei Kinder. Ihr jüngstes, Erin, erwies sich als beste und schönste Babysitterin, die meine Brüder und ich je hatten. Matt liebte seine Schwestern und Eltern über alles, aber danach kamen gleich Football und Basketball. Jeden Tag nach der Arbeit konnte man Matt und Tony sehen, wie sie Baseballs und Fußbälle hin und her warfen.

Matt und ich waren jahrelang die besten Freunde (und ich sein bester Wide Receiver). Da hatten sich die zwei Richtigen getroffen. Später, als ich so zehn oder elf war, änderte sich Matt irgendwie, wurde böse auf mich, und wir fingen zu raufen an. Es wurde immer schlimmer. Schließlich wichen wir einander zu Hause und in der Schule aus. Ich gewann neue Freunde und Matt neue Wide Receivers wie Pat Selami und Mark Marino, die ein paar Straßen weiter wohnten. Erst später fand ich heraus, dass Matts Mutter, Mrs. Schenone, die man nur selten sah, an Sklerodermie litt, einer schlimmen Hautkrankheit, gegen die es kein Mittel gibt. Sie starb um diese Zeit herum. Ich hoffe, dass ich Matt helfen konnte, etwas von seiner Wut und Frustration abzubauen, und wenn es ihm geholfen hat, das an mir auszulassen, freut es mich. Matt war mein erster bester Freund, der erste, den ich getroffen habe, und der erste, der mich in Sunnyvale willkommen geheißen hat. Matt machte später große Karriere als Leiter der Public Relations Gruppe des medizinischen Zentrums des Valleys. Er starb 2003 ebenfalls an Sklerodermie. Er fehlt mir sehr.

Die breiten Gehsteige der Straßen in Sunnyvale waren bestens zum Radfahren und Skateboarden geeignet, und die asphaltierten Einfahrten boten phantastische Möglichkeiten für Verfolgungsjagden auf dem Rad und endlose Follow-The-Leader-Spiele. Mit 47 Kindern in unmittelbarer Nähe gab es immer genügend enthusiastische Teilnehmer. Da auch die Straßen von Sunnyvale für eine Vorstadt sehr breit und durch große, grüne Straßenlampen gut beleuchtet waren, spielten wir am Abend oft Verstecken und Dosenfußball, bis uns die Mütter von Kingsvale von den Veranden ins Haus riefen.

Man hat Sunnyvale immer vorgeworfen, dass es zu organisiert und geradlinig wäre, wo immer man hinsieht, gibt es einen Gehsteig und alle sechs Meter einen von den Stadtgärtnern gesetzten Baum. Das verleiht den Straßen ein gewisses monotones, militärisches Gesicht, das völlig anders ist als das des lieblichen Los Altos auf der anderen Seite von Highway 85. Für Neuankömmlinge im Valley ist es oft überraschend, wie nahtlos der El Camino Boulevard die Städte Mountain View, Sunnyvale, Santa Clara und San Jose verbindet, ohne dass man merkt, wo die eine Stadt aufhört und die nächste beginnt. Oft suchen Autofahrer stundenlang eine Elektronikfirma in Nord Sunnyvale und fahren nach Santa Clara hinein und hinaus, da alle Straßen und Firmengelände die gleiche frustrierende Eintönigkeit aufweisen. Das Fehlen markanter Orientierungspunkte verstärkte dieses Gefühl noch. Was an Reiz und markanten Punkten fehlte, wurde jedoch mehr als wettgemacht durch die Lebensqualität, die Sunnyvale bot. Fast jeder Einwohner fand in unmittelbarer Reichweite tolle Parks, Einkaufsmöglichkeiten, Arbeitsplätze und Schulen. Was Planung betrifft, hat die Stadt eindeutig mehr richtig als falsch gemacht. In den 1970ern waren die Schulen wohldotiert und voll mit den Kindern der Arbeiter in der Elektronik-, Raumfahrt- und Rüstungsindustrie. Die Serra-Grundschule hatte je zwei Klassen mit 20 Kindern pro Jahrgang der K-6 (5- bis 11-Jährige), also fast 300 Kinder. Als ich mit Matt und seinen Schwestern zu unserem ersten Kindergartentag ging, standen auf beiden Seiten der Straße Schlangen von Kindern. Schutzweglotsen waren da mit Stopptafeln, die die Verkehrspolizei ausgeteilt hatte, um die wenigen Autos, die sich der Schule näherten, anzuhalten. Die größeren Kinder flitzten auf ihren Rädern vorbei. Im Gegensatz zu heute gingen fast alle Kinder zu Fuß oder kamen mit den Rädern zur Schule. Niemand wurde mit dem Auto hingefahren, außer es regnete. Die wenigen Kinder, die mit dem Auto kamen, verschwanden schnell beschämt. Indem wir uns in die Kolonnen von Pkws einreihten, um unsere Kinder vor der Volksschule abzusetzen, verloren wir an Unabhängigkeit.

Meine ersten Jahre in der Grundschule in Serra waren eine glückliche Zeit für mich. Drei Schulwarte sorgten für Sauberkeit im Gebäude und außerhalb. Die Tische wurden jeden Tag mit Salmiak geschrubbt und die Linoleumböden so glänzend gewischt, dass sie das Abendlicht spiegelten. Kein Blatt konnte zu Boden fallen, ohne dass es sofort in den Müll wanderte. Die großen Fenster und Glasflächen waren sauber und standen dank des milden Klimas meist offen. Silicon Valley hat so ein mildes Klima, dass oft das Fehlen von Jahreszeiten beklagt wird. Auch die Kinder waren meist sauber und proper, da ja die meisten Mütter zu Hause waren und wir alle Kleidung aus den nahen Geschäften Sears Robuck und Mervyns trugen.

Meine Kindergartenlehrerin, Mrs. Whitley, wurde von vielen willigen Schülermüttern unterstützt. Diese helfenden Mütter bildeten eine wohletablierte Gruppe in den Volksschulen, und es war nicht unüblich, zwei oder drei Freiwillige als Helferinnen in der Klasse zu haben. Das vermittelte ein Gefühl der Sicherheit und Geborgenheit, und meist half jeder mit. So passten auch die älteren Kinder auf die jüngeren auf.

Sosehr ich auch die Serra-Volksschule mochte, noch lieber hatte ich die öffentliche Stadtbibliothek von Sunnyvale. Es war auch einer der Lieblingsplätze meines Vaters, also hüpften wir einmal in der Woche, am Freitagabend oder Samstagvormittag, in den purpurnen Mercedes und fuhren nach Norden zur Bibliothek, gleich beim El Camino Boulevard neben dem Rathaus gelegen. Mein Vater schmökerte in den neuesten Büchern und Elektronik-Zeitschriften rechts vom Eingang, während meine Brüder und ich nach links zu der Kinderbibliothek abzogen. Wir alle hatten unsere eigenen Bibliotheksausweise mit „allen Rechten", auf die wir sehr stolz waren. Doch noch besser war, dass man gleich neun Bücher für zwei Wochen ausborgen konnte. Gratis!

Diagnose

Silence makes no sound,
Yet much is there,
Easily found
With attention and care.

Eine meine frühesten Kindheitserinnerungen betrifft die große Pendeluhr im Haus meiner Tante: Als Kleinkind lief ich jedes Mal zu der Uhr, wenn sie vor den Stundenschlägen eine Melodie spielte. Sie spielte sehr, sehr laut. Eines Tages, nach einer längeren Zeit der Krankheit mit hohem Fieber – und daran kann ich mich deutlich erinnern –, starrte ich die Uhr an und wartete auf ihren Klang. Doch er kam nicht. Ich konnte die Bewegung der Zeiger sehen, wie sie die volle Stunde anzeigten, aber ich konnte absolut nichts hören. Ich erinnere mich, wie ich Tante Marilyn bat, die Uhr zu reparieren oder lauter zu stellen, aber es nützte nichts. Damals konnte ich natürlich überhaupt nicht verstehen, was das für mich bedeuten würde. Doch wenn ich zurückblicke, erinnere ich mich deutlich an diese Uhr, die einst so laut und wohltönend schlug, ja so laut, dass ich es auf der anderen Seite des Hauses hören konnte, und die nun völlig stumm geworden war.

Meine Mutter behauptet, von meiner Taubheit gewusst zu haben, lange bevor ich begriff, dass ich ein Hörproblem hatte. Ich erinnere mich an den ersten Hörtest, den ich nicht bestand. 1969 besuchte ein mobiler Testbus der Kalifornischen Gehörgesellschaft die Serra-Schule. Er stand auf dem Schulparkplatz. Während des Tages kamen die Kinder klassenweise hinunter, setzten sich einen der Kopfhörer auf, zeigten auf, wenn sie einen Ton hörten, und gingen nach ein paar Minuten wieder hinaus. Alle außer mir. Ich musste bleiben und wurde getestet und wieder getestet und nochmals getestet von immer finsterer blickenden Erwachsenen, die untereinander flüsterten (was eigentlich unnötig war, denn ich konnte sie ohnehin nicht hören). Heute weiß ich, dass ich einmal hören konnte und dann plötzlich als kleines Kind nicht mehr. Mein Hörverlust war nach wissenschaftlichen Definitionen schwerwiegend, und die Diagnose und ihre Auswirkungen auf mein Leben waren gewaltig.

Es war ein Schock, als alle anderen Kinder den Bus verlassen konnten und dann meine Mutter in die Schule gerufen wurde. Zuerst wusste ich nicht, was ich davon halten sollte, doch bald ahnte ich, dass mit mir etwas Gravierendes nicht stimmte. An diesem Tag beschlich mich ein Gefühl der Furcht, und diese Erinnerung hat mich seitdem nicht verlassen. Ich habe den Hörtest mit sechs Jahren wieder nicht bestanden, auch nicht mit sieben oder acht. Danach kannten mich die Leute von der Kalifornischen Gehörgesellschaft, die die Tests durchführten, bereits und dachten sich, dass es sinnlos sei, mich mit den anderen Kindern zu testen, da ich ohnehin dauernd untersucht wurde. Ich war etwas enttäuscht, da ich immer noch glaubte, mein Zustand würde sich eines Tages bessern; dann würde ich den Test bestehen und wieder zu den „normalen" Kindern gehören. Aber das passierte nie.

Ich verlor mein Hörvermögen wahrscheinlich allmählich in meiner frühen Kindheit. Da ich häufig krank war, musste ich immer wieder zum Arzt und lag häufig im Bett, mit hohem Fieber, geschwollenen Drüsen, chronisch wiederkehrenden Ohrinfektionen. Was genau die Ursache meines Gehörverlusts war, werde ich nie wissen. Ich zeigte auch allergische Reaktionen auf Antibiotika. Heute sind sich die Ohrenspezialisten (Otologen) einig, dass mein Gehörverlust höchstwahrscheinlich durch hohes Fieber oder eine ototoxische Reaktion auf Antibiotika oder durch beides hervorgerufen wurde, wobei eine ototoxische Reaktion auf Gentomyocin am ehesten in Frage kommt. Allerdings ist es letztlich egal, wie ich mein Gehör verlor. Das Resultat bleibt das gleiche.

„Der Bub ist schwerhörig! Schwerhörig, Mrs. Ball! Er wird viel, viel Hilfe brauchen, Mrs. Ball! Ganz viel Hilfe", schrie die Audiologin.

Mit elf hatte ich mich schon daran gewöhnt, dass immer wieder Hörverlust festgestellt wurde, aber diese Audiologin tat das mit geradezu überschwänglichem Eifer. Jedes Mal, wenn mein Vater einen anderen Job bekam oder die Krankenversicherung wechselte, wurde mein Gehörverlust unweigerlich wieder von einem neuen Audiologen „entdeckt“. Als ich daher von dieser seltsam begeisterten Audiologin getestet wurde, hatte ich schon genug Erfahrungen mit diesen Tests. Ich weinte nicht mehr wie am Anfang, als man mir mitteilte, dass ich ein gravierendes Problem hätte. Ich hatte nicht mehr diesen Kloß im Hals, ich dachte nicht mehr, mein normales Leben sei für immer vorbei und ich müsse in eine Spezialschule gehen, nein, diesmal wurde ich wütend.

„Das wissen wir, verstehen Sie. Wir wissen, dass ich nicht hören kann. Was ist mit Ihnen los? Es ist wirklich nicht cool, sich bei dieser Diagnose so aufzuführen!“, schrie ich sie zornig an. Ich war wirklich wütend. Ihr Benehmen war einfach lächerlich.

Die Audiologin, die noch jung war, erstarrte. Meine Mutter stand hinter ihr und runzelte die Stirn.

Ich dachte mir: *Na toll, jetzt krieg ich es wieder ab.* Doch als wir im purpurnen Mercedes nach Hause fuhren, erklärte mir Mom, dass nicht ich der Grund ihres Ärgers war, sondern die Enthusiastische.

„Geoff“, sagte Mom, „manchmal werden sich die Leute verrückt aufführen und dumm auf deine Schwerhörigkeit reagieren. Das ist aber nicht deine Schuld.“

„Mom“, antwortete ich, „ich will nicht wieder zu der gehen. Die versteht das nicht.“

„Okay, wir werden schauen, was wir tun können.“ Und damit brachte mich Mom zurück zur Schule.

Ich hasste meine „Taubheit“. Sie machte mir Angst. Soweit ich das mitbekam, versuchten die Ärzte, eine ernsthafte Erkrankung auszuschließen. Obwohl ich nicht wusste, was Worte wie „Akustikusneurinom“ und „Tumor“ bedeuteten, war mir doch klar, dass diese Worte nichts Gutes verhießen. Was, wenn sich mein Zustand verschlimmern und ich den letzten Rest meines Gehörs verlieren würde?

Die Diagnose Gehörverlust war schrecklich, und durch all die Untersuchungen fühlte ich mich noch schrecklicher. Selbst heute, in der Rückschau, wird mir flau im Magen, und ich werde nervös, wenn ich daran denke. Es ist das Gefühl, etwas Kostbares verloren zu haben, das man nie wieder zurückbekommt, sosehr man auch versucht hat, es zu behalten. Die Situation schien hoffnungslos, düster, bedrohlich. In den ersten Wochen nach der Diagnose verbrachte ich Stunden um Stunden mit Hör- und Sprechtests in schallgeschützten Räumen. Ich konnte mich bemühen, wie ich wollte, das Resultat war immer gleich: Verdammt! Schon wieder beim Test durchgefallen. Nach ein paar Monaten hörten die Tests auf und ich nahm mein normales Leben wieder auf, aber dieses flaue Gefühl blieb mir erhalten.

Vielleicht war einer der Gründe, weshalb ich meine Schwerhörigkeit so hasste, das damit verbundene Stigma. Üblicherweise werden Personen mit Gehörverlust mit dem althergebrachten Terminus „taubstumm" bezeichnet. Ich weiß nicht, woher dieser Ausdruck kommt, vielleicht weil viele geistig oder sonst in ihrer Entwicklung Gestörte auch an Hörverlust leiden. Es könnte auch daher kommen, dass Personen mit Gehörverlust oft die richtige Antwort auf die falsche Frage geben. So machen wir manchmal einen beschränkten Eindruck, auch wenn wir sehr intelligent sind. Durch das verminderte Hörvermögen können wir auch die Lautstärke unserer Stimme nicht abschätzen und erscheinen oft laut und unerträglich. Wir geraten in viele peinliche und verwirrende Situationen, ohne dabei sozialen Regeln folgen zu können.

Warum sprechen Menschen automatisch leiser, wenn sie einem näher kommen? Das passiert jedes Mal und ist zum Wahnsinnigwerden. Auch beginnen Leute viel zu laut zu sprechen, ja sogar zu schreien, wenn sie sich mit einer schwerhörigen Person unterhalten. Dazu verwenden sie dann noch ein vereinfachtes Vokabular. Und meinen sie es besonders gut, beginnen sie noch wild zu gestikulieren.

„GEOFFREY!!! ICH WILL, DASS DU, DUHU! LIEST! DIESEN SATZ! VOR DER KLASSE! VOR DER KLAAAAASSE! VOR DEEER KLAAAASSE!" Heftige Gesten, Finger, die aufgeregt auf einen Absatz zeigen, während einen alle anderen Schüler verwirrt anstarren.

Da will man im Boden versinken. Ich erstarrte dann oft in einem verlegenen Schockzustand, versuchte fieberhaft die richtigen Worte zu finden, das Richtige zu sagen und verstummte gleichzeitig völlig angesichts dieser Idiotie.

Solche Verhaltensweisen sind nicht nur auf Gespräche mit Hörgeschädigten beschränkt. Als sie von meinem Gehörverlust erfuhr, setzte mich eine meiner Lehrerinnen sofort in die erste Reihe und begann dann mit Riesenbuchstaben und in Rot auf die Tafel zu schreiben. Immer wenn ich in der Klasse war, holte sie die rote Kreide hervor und schrieb drei Mal so groß wie sonst. Klar, wer nichts hört, ist auch dumm und kann daher von großer Schrift in Rot nur profitieren. Ich saß nur stumm, erstarrt vor Peinlichkeit, und war niedergeschmettert.

Natürlich wollte ich oft schreien: „Was machen Sie da? Ich kann doch gut sehen! Ich will nicht in der ersten Bank sitzen. Ich brauche keine extragroßen Buchstaben! Die anderen Kinder werden mich für einen Idioten halten!" Doch ich wand mich nur jeden Tag vor Erniedrigung, fühlte mich schutz- und wehrlos den besten Absichten ausgeliefert, hinter denen aber schlimme Vorurteile steckten.

Ich bin sicher, dass sich die anderen Kinder nicht annähernd das dachten, was ich mir in meiner jugendlichen Phantasie ausmalte. Aber damals hätte ich mich am liebsten verkrochen. Ich wollte nicht, dass irgendwer erfuhr, und insbesondere nicht meine Kameraden, dass ich anders war. Nachdem mein Gehörverlust diagnostiziert worden war, diente ich Forschern und Studenten, die sich mit dem Gehör befassten, als Fallstudie, und sie besuchten mich häufig. Sie saßen herum und beobachteten mich, manchmal musste ich etwas lesen oder irgendeine Übung machen. Sie zeigten mir neue Wörter, und ich sollte sie aussprechen. Mit Hilfe meiner Mutter, die meinem Bruder und mir jeden Abend vorlas, hatte ich mir schon vor der Schule das Lesen selbst beigebracht, und aus irgendeinem Grund war die Art, wie ich las und wie ich mir neue Wörter aneignete, faszinierend für die Forscher. Ich erinnere mich an viele Fragen, wie ich das Lesen eigentlich gelernt hatte, was ein einzelnes Wort im Zusammenhang mit anderen bedeutete usw.

Es ist faszinierend, dass ich nie gelernt hatte, Wörter vom ersten bis zum letzten Buchstaben zusammenzusetzen, wie es üblicherweise geschieht. Ich las, indem ich die Muster von Wörtern und Sätzen erkannte. Genau werde ich freilich nie wissen, was für die Forschung an meiner Art zu lesen, Worte auszusprechen und zu hören so interessant war.

Ich kann mich an eine Studentin erinnern, die viel Zeit mit mir verbrachte und mir Folgendes erklärte: „Du bist deshalb so interessant für uns, weil du das nicht so wie andere machst, und daher wollen wir verstehen, wie du es machst, damit wir dir und anderen besser helfen können."

Das absolut Letzte, was ich damals wollte, war natürlich, anders als die anderen zu sein. Ich vermutete, dass sie irgendeinen Grund suchten, mich aus der Serra-Schule zu nehmen und in eine Schule für Taube zu stecken. Ich wollte kein „Fall" für die Forscher sein. Vielleicht erinnere ich mich nicht so genau, was wirklich so interessant für sie war, aber ich erinnere mich, dass für mich das einzig wirklich interessante Konzept vieler Heilpädagogen und Sprachtherapeuten, die mit mir arbeiteten, eines war: Lippenlesen.

Ich bekam spezielle Betreuung, um Lippenlesen zu lernen. Ich war nicht das einzige Kind an der Serra-Schule, das besondere Beachtung und Betreuung erhielt. Unserer kleinen Gruppe wurde zwar immer wieder gesagt, dass wir besonders wären, doch dachten wir alle, dass wir irgendwie „nicht normal" wären. Zu Beginn wurde mir sprachtherapeutisch mehr geholfen als allen anderen. Doch da sich meine Sprechfähigkeit für jemanden mit meiner hochgradigen Schwerhörigkeit erstaunlich gut entwickelt und gebessert hatte, verwendete man mehr Zeit darauf, mit mir Lippenlesen zu üben. Das war genau das Richtige für mich. Für alle Normalhörenden wirkt Lippenlesen oft wie eine Art Zauberei. Ich wurde lange Zeit von Sprachcoaches in dieser Fertigkeit trainiert. Stundenlang wurden mir Worte ohne Ton vorgesprochen, musste ich in lauter, verwirrender Umgebung üben, wurden mir Worte mit halb verdeckten Lippen vorgesprochen. Manchmal konnte ich nur die Wangen der Therapeuten sehen. All das stundenlang, immer wieder. Mir machte das wesentlich mehr Spaß, als immer wieder Vokale und Konsonanten auszusprechen.

„O.“ „OOOOOh.“ „O.“ „Jetzt Geoffrey!“ „S.“ „Ssssss.“ „S.“ Ich kann mich noch ganz genau daran erinnern. Aber Lippenlesen fand ich cool, und ich liebte es.

Wenn ich zu meinen Hörtests ging, waren die Audiologen ganz erstaunt, wie gut ich es beherrschte. Zunächst dachten sie, mein Gehör hätte sich verbessert. Dann dachten sie, dass ihre Testgeräte nicht in Ordnung wären. Sie erfassten bald, dass es nicht genügte, ihren Mund zu verstecken, wenn sie die Worte für den Sprechtest vorlasen, und drehten sich schließlich während des Tests um. Ich konnte so gut Lippenlesen, dass die meisten Leute kaum merkten, dass ich so schlecht hören konnte.

„Mrs. Ball, Ihr Geoffrey ist der beste Lippenleser, der mir je untergekommen ist“, sagte einmal einer meiner Tester zu ihr.

Zu jener Zeit hatte das kalifornische Schulsystem genügend Geld für sonderpädagogische Betreuung. In der Grundschule erhielt ich sehr viel zusätzliche Unterstützung, ob ich wollte oder nicht. Bald verbrachte ich drei Tage pro Woche mit einem Sprachtherapeuten, um meine Sprechmuster und meine Aussprache zu verbessern. Ich trainierte, bis ich ein Lippenlese-Weltmeister war. Ich beherrschte das echt gut. Wenn die anderen Kinder ihre Fremdsprachklassen hatten, erhielt ich zusätzlichen Sprach- und Englischunterricht. (Damals glaubte man, dass eine Fremdsprache der Entwicklung eines erstklassigen Englisch abträglich wäre, heute ist man von dieser Meinung abgerückt.) Mit all dieser Unterstützung machte ich solche Fortschritte, dass man gar nicht versuchte, mir die Zeichensprache beizubringen. Manchmal besuchte ich Spezialklassen für taube Kinder, doch meist war ich mit Kindern mit unterschiedlichen sonderpädagogischen Bedürfnissen zusammen. Manche dieser Bemühungen waren erfolgreich, andere nicht. Manche Sonderpädagogen waren tolle Lehrer, andere weniger. Einige konnten mich gut motivieren und mir wirklich helfen. Heute spreche ich ordentlich und klar. Perfekt ist es natürlich nicht, und manchmal behauptet meine Frau, ich mache die ganze Zeit Fehler, aber Hauptsache, sie versteht mich.

Bald nach der Diagnose Hörverlust wurde mir mein erstes Hörgerät angepasst. Es sah wie ein großer Klumpen mit einer hässlichen, unförmigen Ohrmuschel aus. Damals hielten Audiologen in den Vereinigten Staaten Hörgeräte für keine geeignete Behandlungsmethode und durften deshalb laut Anweisungen ihres Hauptverbandes (der Amerikanischen Akademie für Audiologie) keine akustischen Geräte verordnen. Daher wurde mein Hörgerät von einem Mann, der in seinem Privathaus in San Jose arbeitete, angepasst. Eingequetscht zwischen einem Geschäft für Staubsauger-Verkauf und -Service und einer Werkstatt für Stoßdämpfer, machte das Haus einen schäbigen Eindruck. Die Akustikdecke wurde von Lichtreflektoren angestrahlt, das Büro war dunkel und beengt und roch unangenehm nach den drei Pekinesen, die ständig dort herumrannten. Seine Frau half im Büro mit und hatte eine jener Bienenstockfrisuren, die so hoch aufgetürmt war, dass sie an den Türstöcken streifte. Mein Ohrenarzt war damals Mansfield Smith. Er hatte eine reguläre Ordination, die offensichtlich dafür eingerichtet war, Leute zu behandeln. Als ich daher von dieser sauberen Praxis zu diesem schmuddeligen Haus kam, war für mich klar: *Das kann nichts Gutes verheißen.*

Als mir das erste Mal ein Hörgerät eingesetzt wurde, kam ich mir wie ein Alien vor, der gerade auf irgendeinem fremden Planeten gelandet ist. Elektronisches Surren, Quietschen, Kreischen – ich hörte nichts. Man zeigte mir, wie ich das kleinere Teil in meinen Gehörgang und das größere hinter mein Ohr stecken musste und wie ich mit einem kleinen Rad die Lautstärke regeln konnte.

Ich mochte das nicht, also testete der Mann das Gerät noch einmal, studierte die Ausdrucke und erklärte dann: „Es ist in Ordnung. Du musst dich einfach daran gewöhnen."

„Aber es tut weh und klingt schrecklich!", protestierte ich.

„Das braucht einfach einige Zeit", wiederholte er.

Ich setzte das Gerät ein, ging hinaus und wurde vom Verkehrslärm auf der First Street fast umgeworfen. Es war unglaublich laut. Alles war viel zu laut. Ich kam mir wie ein Marsmensch vor. Meine Mutter holte die Autoschlüssel heraus, und das Klimpern war wie Hämmern auf meinen Kopf.

„Ich hasse das", sagte ich ihr.

„Du wirst dich mit der Zeit daran gewöhnen, haben sie doch gesagt, du musst es halt versuchen."

Es war mir von Anfang an klar, dass das keine Lösung für mich war.

„Können die Ärzte meine Ohren nicht operieren?", fragte ich Mom.

„Nein, dein Ohrenleiden kann durch eine Operation nicht verbessert werden. Zumindest haben das die Ärzte gesagt."

„Gar nicht?"

„Nein", antwortete sie.

Der einzige Vorteil des Hörgeräts war, dass ich Montagvormittag die Schule schwänzen konnte, um zur Anpassung zu gehen. Das Schlimmste aber war, dass die Lehrerin der ganzen Klasse erzählt hatte, wo ich war und was passierte. Auf diese Weise erfuhr die gesamte Schule von meinem Hörverlust und dem Hörgerät, mit dem ich am Nachmittag auftauchen würde. Das war absolut keine tolle Idee.

Als ich daher am Nachmittag zurückkam und mich nur möglichst unauffällig auf meinen Platz setzen wollte, kam jedes einzelne Kind der Klasse zu mir:

„Lass mich das anschauen! Ich will es sehen!"

Ich empörte mich gegenüber der Lehrerin: „Sie haben es ihnen gesagt! Sie haben es jedem gesagt!", und als sie mich anschaute, wusste ich, dass dem so war. Die ganze Klasse schwirrte um mich herum. Ein Kind versuchte das Gerät herunterzunehmen, andere drehten an dem Lautstärkeregler, den ich mindestens eine Woche überhaupt nicht anrühren sollte, bis ich mich daran gewöhnt hätte.

Ich war am Boden zerstört. Zum ersten Mal hörte ich den Spottgesang: „Tauber Geoff! Geoff ist taub! Geoff kann nichts hören, weil er taub ist." Es war ein schrecklicher Tag, wirklich schrecklich. Ich wollte auswandern.

Die Minuten zogen sich wie Stunden, und als die Schule endlich vorbei war, rannte ich, der jüngste Mutant der Serra-Schule in Sunnyvale, den ganzen Weg nach Hause, jagte in mein Zimmer, sperrte die Tür zu, um mich in meinen Kissen zu vergraben, in der festen Absicht, nie wieder herauszukommen. Aber als ich den Kopf niederlegte, begann mein Hörgerät wie ein Banshee zu kreischen und ich konnte es weder abdrehen noch herunternehmen. So saß ich auf meinem Bett, überzeugt, dass mein Leben zu Ende war, dass mein Hörgerät niemals funktionieren würde und dass ich auf eine Schule für Taube geschickt würde.

Schwerhörigkeit

Silence comes and silence is
The quiet place
True thinking lives

Das war also mein Leben in Sunnyvale: gute Freunde, ein rosa Haus, ein purpurner Mercedes, mit dem ich einmal pro Woche zu einer guten Bibliothek fuhr, Kleider aus dem Mervyn-Store. Ich konnte zwar nicht wirklich etwas hören, aber ich konnte perfekt Lippenlesen und hatte unbegrenztes Lesematerial. Nach etlichen Versuchen trug ich mein Hörgerät nur noch selten, weil es mir ohne besser ging. Im Grunde verursachte es nur Kopfschmerzen, sonst nichts. Solange ich gut in der Schule war und hart arbeitete, war die Gefahr der „Schule für Taube“ gebannt. Ich erhielt so viel sonderpädagogische Betreuung in der Schule wie überhaupt möglich. Gottlob war ich in Sunnyvale.

In den frühen 1970ern gab es weit schlimmere Orte für ein Kind mit Hörschwäche als Silicon Valley, Kalifornien. Viele der dort ansässigen Ärzte, die mich zunächst behandelten, so auch Dr. Mansfield Smith und Dr. Rodney Perkins, gehörten damals zur Spitzenliga der Ohrenärzte. Ich ging sehr ungern zu all den audiologischen Testzentren, aber Dr. Smith und Dr. Perkins besuchte ich immer gerne. Sie machten mir und meiner Mutter Mut und äußerten sich immer positiv. Sie waren wirklich meine Stütze und halfen mir enorm, mit meiner Schwerhörigkeit zurechtzukommen. Sie halfen mir, das Beste aus dieser Situation zu machen. Ohne sie und ihren positiven Einfluss wäre ich heute wer weiß wo. Das klingt sehr nach Klischee, ist aber so.

Bücher waren meine Rettung, auch wenn mir das damals noch nicht klar war. Das Fernsehen strahlte in den frühen 1970ern kaum gute Kinderprogramme aus, und wegen meiner Schwerhörigkeit verstand ich die Worte ohnehin nicht. Obwohl ich damals schon extrem gut Lippenlesen konnte, reichte das nicht für die Lippenbewegungen von Bugs Bunny oder der Muppets in der Sesamstraße. Fernsehen stellte damals bereits ein großes Problem für mich dar. War es laut genug für mich eingestellt, hielt es sonst niemand im selben Raum aus. Ich war also vor die Wahl gestellt, vor dem Gerät zu sitzen und mir den Text selber auszudenken oder zu lesen. Also las ich – und wie.

Ich las jedes Buch, das man in der Bibliothek für meine Altersgruppe ausleihen konnte, und wenn ich alle fertig hatte, las ich sie noch einmal, bevor ich zu Büchern für die nächste Altersgruppe griff. Schon als Kind half mir die Sunnyvale-Bibliothek, und sie spielte auch in meinem späteren Leben eine entscheidende Rolle. Sie hatte auch eine Abteilung, in der man die in den USA ausgestellten Patente für die neuesten Erfindungen einsehen konnte. In dieser Abteilung verbrachte ich später noch viel Zeit.

Der durchschnittliche Mensch denkt nie an Gehörverlust. So sind die meisten sehr erstaunt, wenn sie von der Dimension des Problems erfahren. Sensorisch-neuraler Gehörverlust (bekannt als Taubheit) betrifft elf Prozent der Bevölkerung. Vielen dieser Leute könnte mit einem Hörgerät geholfen werden, aber das lehnen die meisten aus den unterschiedlichsten Gründen ab. Für viele ist das Tragen eines Hörgeräts mit dem sozialen Stigma der Taubstummheit verbunden, obwohl das eine veraltete Vorstellung ist. Moderne Geräte können die meisten Patienten sehr gut unterstützen, wenn man nur bereit ist, sie lange genug zu tragen, um sich daran zu gewöhnen. Fast allen Patienten mit geringem oder mittlerem Hörverlust hilft eine akustische Verstärkung. Aber man muss natürlich lernen, auch mit den Unannehmlichkeiten umzugehen, dem Ohrenschmalz, dem Unbehagen, der Resonanz, die im Ohr entstehen kann. Viele probieren zwar Hörgeräte, geben es aber rasch wieder auf oder tragen sie nur selten. Sie meinen: „Es klingt nicht natürlich“. Hörverlust betrifft alle Altersstufen, ist aber bei Senioren häufiger verbreitet. Da wir heute länger leben, wird das Problem sich verstärken.

Ungefähr ein Prozent der Bevölkerung ist auch von kombiniertem oder Schallleitungshörverlust betroffen. Bei diesem Leiden bietet die Chirurgie oft die Möglichkeit, das Trommelfell zu reparieren oder einen bzw. alle drei Gehörknöchelchen zu ersetzen, die den Schall ins Innenohr übertragen. Leider bringen die Versuche, durch Verstärkung oder operativen Eingriff die Gehörfunktion wiederherzustellen, oft schlechte und nur kurz anhaltende Resultate. Hörverlust ist eine medizinische Anomalie. Sensorisch-neurale Schwerhörigkeit stellt die am weitesten verbreitete chronische Krankheit dar, die nicht behandelt wird. In den Vereinigten Staaten sind derzeit ca. 30 Millionen Menschen betroffen, von denen sich ca. 80 Prozent nicht behandeln lassen. Eine echtes Versäumnis der Gesundheitsvorsorge. Viele Gründe sind dafür ausschlaggebend. Meist erkennen die Betroffenen gar nicht oder können nicht erkennen, wie stark sie eingeschränkt sind. Heute schicken meist die Partner Gehörlose zur Untersuchung, da sie es satthaben, alles dauernd zu wiederholen, oder sie können das Wort „Was?“ einfach nicht mehr hören. So ziehen, tragen oder schieben sie ihre Partner in die Ambulanz, um Hilfe zu suchen. Daher lautet ein gängiger Witz der Hörbehelfe-Industrie auch: „Wer verkauft die meisten Hörgeräte? Die Ehefrauen.“

Viele schätzen den einfachen Vorgang des Hörens nicht genug. Da wir weder denken müssen, um zu hören, noch es bewusst versuchen, halten wir diesen passiven Sinneseindruck für selbstverständlich. Hören passiert einfach. Wir haben vielleicht in der Schule einmal von den winzigen Gehörknöchelchen gehört, aber wir sind uns kaum bewusst, was für ein Wunder an Funktionen und biomechanischen Vorgängen den Hörvorgang bestimmt. Würde man jemanden fragen, ob er eher auf das Hören oder das Sehen verzichten könnte, wäre die Antwort wahrscheinlich „das Hören“. Das ist meiner Meinung nach die falsche Antwort.

Die Menschen sind so stark visuell orientiert, dass wir uns ein Leben ohne zu sehen nicht vorstellen können. Daher würden die meisten von uns den Sehsinn bewahren wollen. Das Gehör aber erlaubt uns, mit Freunden und Familie zu kommunizieren, Musik zu hören und ausgiebige Diskussionen zu führen. Ohne Gehör verliert man die Fähigkeit, effektiv zu kommunizieren. Wenn man daher die Auswirkungen eines Gehörverlustes bedenkt, wird rasch klar, wie wichtig das Hören für das psycho-soziale Wohlergehen und die Teilnahme am alltäglichen Leben ist. Hörverlust verursacht soziale Isolation.

Totaler Hörverlust führt zu einer markanten Abnahme der Sprechfähigkeit, und mit der Zeit wird diese immer schlechter, da es nicht möglich ist, Lautstärke und Intonation zu kontrollieren oder eine klar verständliche Sprache zu produzieren. Ich habe selbst Patienten beobachtet, die durch einen plötzlichen Gehörverlust erschreckend schnell auch die Kontrolle über ihr Sprechen einbüßten. Bei völligem Gehörverlust geht auch die Kontrolle über die Stimme verloren.

Gehörspezialisten im Gesundheitswesen wissen, dass es von äußerster Wichtigkeit ist, ein gehörgeschädigtes Kind so früh und so sorgfältig wie möglich zu behandeln. Wenn die Gehörbahnen nicht früh und gut stimuliert werden, laufen sie Gefahr, sich schlecht oder gar nicht zu entwickeln. Ohne angemessene Stimulation des Gehörs bleibt das Kind in seiner Fähigkeit, gesprochene Sprache zu verstehen, beeinträchtigt. Ist diese Fähigkeit gestört, hat das dauerhafte Auswirkungen auf das Verständnis der geschriebenen Sprache oder des Lesens. Bei schwacher Lesefähigkeit kann sich der schriftliche Ausdruck nur schlecht und nicht altersgemäß entwickeln. Für die Bildung der wesentlichen Kommunikationsfertigkeiten sind eine frühe Intervention und bestmögliche Behandlung entscheidend. Man könnte zum falschen Schluss kommen, dass taube Menschen besonders gut im Lesen oder Schreiben seien, da sie sich ja auf diese nicht auditiven Fertigkeiten konzentrieren können. Doch das Gegenteil ist der Fall. Leider findet man oft hörgeschädigte Schüler, deren Lese- und Schreibfertigkeiten weit unter dem Durchschnitt liegen.

Noch dazu erschwert die Erlernung der Zeichensprache anstelle der Muttersprache als primäres Kommunikationsmittel gutes Lesen und Schreiben. Das hängt mit der Zeichensprache zusammen. Wirkungsvolle Kommunikation in der Zeichensprache lebt von Geschwindigkeit und Abkürzungen. Meiner Meinung nach sollten Kinder möglichst die Regeln des gesprochenen Wortes lernen. Heutzutage gibt es kaum Hörschäden bei Kindern oder Jugendlichen, die nicht mit guter Gehörtechnologie behandelt werden können, daher wird die Zeichensprache noch seltener werden.

Für manche ist sie freilich noch immer das einzige effektive Kommunikationsmittel. Das gilt nicht nur für Schwerhörige, sondern auch für Personen mit stimmlichen oder anderen Entwicklungsstörungen. Einerseits finde ich es eine gute Sache, dass aufgrund der Technologie die Zeichensprache immer weniger benötigt wird, andererseits ist es aber von Nachteil, wenn sie von immer weniger Leuten verwendet wird. Heute sieht man kaum noch Personen, die sich in Zeichensprache unterhalten. Wann haben Sie das letzte Mal jemanden gesehen, der Gebärdensprache gebrauchte? Wahrscheinlich im Fernsehen oder bei irgendeiner großen öffentlichen Veranstaltung. Ich denke, aufgrund des technologischen Fortschritts wird die Übersetzung in Gebärdensprache bei Medienübertragungen bald der Vergangenheit angehören.

Die gute Nachricht ist, dass es heutzutage wesentlich mehr Behandlungsmöglichkeiten für Hörgeschädigte gibt als in meiner Jugend in Sunnyvale. Cochlea-Implantate gehören mittlerweile zur Standardbehandlung und bieten vielen Menschen Hilfe. Neugeborene werden in fast allen Industrienationen auf Gehörschäden untersucht, um früher mit gezielter Behandlung einsetzen zu können. Es gibt viele Möglichkeiten des Implantierens. Neue Systeme werden entwickelt, die erstaunliche Verbesserungen sogar in schweren Fällen erzielen. Für mittleren Hörverlust gibt es wesentlich kleinere und diskretere Hörgeräte, und die Verarbeitung von digitalen Signalen und Reizen erlaubt eine bessere Behandlung als früher. Trotzdem werden Menschen mit Hörverlust immer noch stigmatisiert, und die meisten Betroffenen unternehmen nichts dagegen.

Hörverlust hat überraschenderweise aber auch seine guten Seiten. Für mich war das die Entwicklung des kreativen Ausdrucks durch Zeichnen oder Malen. Meine Mutter schrieb mich in zahlreiche Zeichen- und Kunstkurse im Sunnyvale-Community-Center ein, um meine zeichnerischen Fähigkeiten zu fördern. Zwei Jahre lang unterrichtete mich Mr. Kirov, der dann von seinem Sohn abgelöst wurde. Mr. Kirov unterrichtete Zeichnen mit Kreide und Tinte sowie Karikatur. Unter seiner Anleitung arbeitete ich drei Mal in der Woche zwei Stunden lang mit Feder, Tinte und Kreide auf meinem Block. Zeichnen und Malen fördert bei Kindern die

Entwicklung des dreidimensionalen, konzeptuellen Denkens und die Vorstellungskraft. Ich zeichne seit damals, noch heute beginnt jede neue Erfindung für mich auf dem Zeichenblock. Diese künstlerische Begabung, die später durch Kurse in technischem Zeichnen, Design und Architektur erweitert wurde, war ein wesentliches Kapital für mich.

Silicon Valley

Die ersten bekannten Bewohner von Silicon Valley waren die Ohlone-Indianer, die sich ca. 3000 v. Chr. in der Gegend ansiedelten und bis in die Mitte des 18. Jahrhunderts dort lebten. Wahrscheinlich haben bereits diese frühen Siedler die schwere Tonerde, die im Silicon Valley abgelagert ist, mit Hoffnung, Optimismus und Unternehmergeist durchtränkt.

Man hat oft die Frage gestellt, was einen Unternehmer ausmacht. Manche meinen, dass vom „Startup"-Virus Befallene und Angezogene nicht nur hoch motiviert und kreativ, sondern auch risikofreudig seien. Viel wurde über die Persönlichkeit und psychosozialen Aspekte geschrieben, die den wahren Unternehmer ausmachen würden. Hätten wir all diese Informationen, könnten wir innovative Menschen frühzeitig erkennen. Aber diese Informationen sind nie perfekt, und wir können nie die Faktoren Glück, Gespür für den richtigen Zeitpunkt, Motivation etc. messen, durch die sich viele Unternehmer auszeichnen. Unternehmerisches Handeln ist bei manchen einfach genau das, was sie kennen und können. Wir sind damit aufgewachsen, und es würde uns komisch vorkommen, nicht etwas Neues in Gang zu setzen, nicht an der nächsten neuen Entwicklung auf unserem Gebiet zu arbeiten.

Silicon Valley ist berühmt für seinen Innovationsgeist. Im 19. Jahrhundert drangen Goldsucher am Fuß der Sierras nach Kalifornien vor, und dieser Pioniergeist ist seitdem für uns selbstverständlich. Echte Innovation braucht ein gewisses Maß an übertriebener Zuversicht, wie sie auch nötig war, um im eisigen Winter genauso wie in der sengenden Sommerhitze mit leidenschaftlicher Hingabe nach Gold zu suchen. Unter solchen Umständen im Schlamm Gold zu waschen und zu sieben, bis man ein paar Körner findet, braucht auch ein gewisses Maß an Verrücktheit.

Erfolg hat viel mit Glück zu tun, zu viel eigentlich. Glück und seine böse Schwester Pech soll man nicht unterschätzen. Die Erfolgreichen im Valley, die in großen Villen auf den Hügeln über dem Tal und in der Bucht von San Francisco leben, meinen, ihr Erfolg sei vor allem das Resultat von harter Arbeit, Ausdauer und Geschäftstüchtigkeit. Zweifelsohne haben viele ihren Erfolg verdient und hart dafür gearbeitet, doch meistens hatten sie auch einfach Glück. Der eine Goldsucher sticht seine Schaufel in die Erde und wird von der Glücksfee mit einem großen, tausende Dollar schweren Klumpen Gold belohnt, während der andere, der sogar härter arbeitet, knapp zehn Meter weiter flussaufwärts leer ausgeht. Die Stanford Business School lehrt nicht, wie man zur rechten Zeit am rechten Ort ist. Doch haben die wirklich Erfolgreichen genau dieses Gespür für das richtige Produkt, das richtige Geschäft und für die richtigen Leute, um es zu verwirklichen.

Matt Schenone, seine Schwester „Janine, die dünne Biene" und ich betrieben an heißen Tagen einen Limonadenstand vor unserem Haus. Oft gelang es uns sogar wirklich, den Stand aufzustellen, bestückt mit süßer, sirupartiger, gekühlter Limonade (aus einer Dose). Dann bestand unser Geschäftsmodell darin, stundenlang in der heißen Sonne zu sitzen und über den Namen und die Verwendung möglicher Profite zu diskutieren. Als Älteste war immer Janine der Boss. An einem typischen Geschäftstag verkauften wir drei Gläser Limonade à 25 Cent, eines an meinen Vater, eines an Mr. Schenone und eines an Mr. Kozina, der gegenüber wohnte. Die Umstrukturierungen und Massenarbeitsniederlegungen, die Diskussionen um Arbeitsbedingungen, die wir als Team durchstanden und unserer Geschäftsführerin auferlegten, hätten Janine schon mit elf Jahren als CEO qualifiziert. So schlecht es auch gewesen sein mag, müssen wir doch etwas daraus gelernt haben, und sei es auch nur die Erkenntnis, dass unser Standort ungünstig war und wir das Geschäft an einen belebteren Ort verlegen hätten müssen. Ich wollte alles auf einen Wagen stellen und unseren Stand vor dem 7-Eleven in der Homestead Road aufmachen, aber unsere Eltern verhinderten das. Wir haben auch gelernt, dass warme Dosenlimonade ziemlich grauslich schmeckt, wenn es draußen 40 Grad im Schatten hat.

Mit elf Jahren begann ich in meinem ersten Silicon-Valley-Startup-Unternehmen zu arbeiten. Die Firma hieß „InterDesign" und war die Verwirklichung eines Traums meines Vaters James V. Ball und seines Freundes Hans Camenzind. Hans und mein Vater bildeten ein starkes Team und gehörten damals fraglos zu den besten Spezialisten für integrierte Schaltungen. So beschlossen sie, sich damit selbstständig zu machen. Sie kannten sich aus Massachusetts und zogen zur gleichen Zeit mit ihren jungen Familien nach Silicon Valley. Mr. Camenzind stammte ursprünglich aus der Schweiz, und da die Ball- und Camenzind-Familien Neuankömmlinge im Valley waren, begannen wir Thanksgiving zusammen mit anderen Neuankömmlingen im Big Basin State Park zu feiern. Diese Tradition hat sich bis heute erhalten.

Ursprünglich bestand das Hauptquartier von InterDesign aus ein paar Büroräumen in der Murphy Street in Downtown Sunnyvale, gleich neben dem Tao-Tao-China-Restaurant, das noch immer dort ist. Diese Räumlichkeiten wurden aber schnell zu klein (und wahrscheinlich wurden alle auch zu dick von dem lukullischen chinesischen Essen), und so übersiedelte man in einen der neuen Business Parks im östlichen Sunnyvale an der Grenze zu Santa Clara. Nach der Übersiedlung entwickelte sich InterDesign schnell.

Mein erster Job bei InterDesign bestand darin, meinem Vater beim Bau der Labortische zu helfen. Wir fuhren zum Orchard-Baumarkt, kauften die größte Kreissäge, die wir finden konnten, und begannen aus diesen riesigen 12x2-Brettern Basisstützen für die Bänke zu machen. Zwei Tage lang glich Kingsgate 1526 einer Produktionsanlage für Laborbänke. Ich musste dabei die Bretter zur Säge tragen, dann alle Stücke aufeinanderlagern und die Reste auf einen Haufen schlichten. Danach luden wir alles auf den Gepäckträger des purpurnen Mercedes, brachten es zum neuen Standort und setzten die Bänke zusammen. Vier Mal mussten wir hin- und herfahren.

Als wir InterDesign mit den frisch gesägten Brettern betraten, trafen wir dort auf die Familie Camenzind, Hans, Pia und die vier Kinder, wie sie die neuen Räumlichkeiten inspizierten. Stolz, Glück und Enthusiasmus leuchteten aus Mr. Camenzinds Augen. Er und mein Vater waren auf dem Weg, den nächsten innovativen Schritt mit integrierten Schaltungen zu tun. Die Luft knisterte vor Elektrizität.

Der neue InterDesign-Firmensitz war ein einstöckiges Gebäude mit ungefähr 30.000 Square Feet. Beim Eingang war die Administration, die Pia organisierte. Hans, mein Vater und die Techniker hatten ihre Räume in einem Korridor rechter Hand. Links lagen ein kleines Besprechungszimmer und eine Cafeteria, die bereits mit Automaten für Limo (Tab, Fresco und Coke) und Süßigkeiten ausgestattet war. An der Hinterseite des Gebäudes befand sich das Lager, daneben eine große Produktionshalle. Ein gemeinsamer Gang verband die Entwicklungs- und die Testlabors.

Dad und ich begannen die Laborbänke zusammenzusetzen, und bald hatten wir alle 30 fertiggestellt, was die großen, kahlen Räume in eine richtige Firma verwandelte. Am Ende des Wochenendes war der neue Firmensitz von InterDesign ins Leben gerufen. Gewöhnlich begleitete ich meinen Vater an Wochenenden zur Firma, arbeitete er doch meist am Samstag oder Sonntag. Hans und mein Vater begannen mit der Rekrutierung von Personal und hatten bald 20 zusätzliche Ingenieure und Techniker eingestellt.

Eine meiner ersten offiziellen Aufgaben war die Unkrautbeseitigung rund ums Firmengelände und auf dem Parkplatz. Das war gar nicht so leicht. Die Hügel rund um das Valley und die Santa-Cruz-Berge waren bei der Erbauung von San Francisco und San Jose in den frühen 1800ern großteils abgeholzt worden, und dann nochmals nach den Bränden, die das große Erdbeben in San Francisco 1906 ausgelöst hatte. Das Valley wurde seither landwirtschaftlich genutzt, die lehmigen Böden in der Ebene waren ideal für den Obstanbau oder eben auch für das üppige Wachstum von dickem, tiefwurzelndem Unkraut rund ums InterDesign-Gelände. Das Valley war nun ein noch fruchtbarerer Boden für die neu aufkommende High-Tech-Industrie als für Aprikosen, Birnen, Mandeln und Kirschen, die dem Fortschritt weichen mussten. Zurück blieb ein dicker, harter Lehmboden, dem in trockenem Zustand nicht einmal mit Äxten beizukommen war.

Die frühen Siedler stellten aus diesem Material luftgetrocknete Ziegel her. Nimmt man einen Klumpen Erde aus dem Silicon Valley, presst ihn in eine entsprechende hölzerne Form, mischt etwas Stroh oder Schilf darunter und lässt das Ganze ein paar Stunden in der Sonne trocknen, so erhält man einen Ziegelstein. Schichtet man die Ziegel zu vier Wänden auf, legt ein paar Querbalken darüber und setzt ein Strohdach darauf, dann hat man eine gemauerte Hütte. Wenn man dann noch ein paar Freunde holt oder die lokale indianische Bevölkerung, um noch mehr Ziegel aufzuschichten, entsteht eine Missionsstation, wie viele an der El Camino Real von Kalifornien. An dieser Straße erbauten die frühen spanischen Siedler ihre Kirchen, um den Einheimischen spanische Herrschaft und katholischen Glauben zu bringen. Heute gibt es nur mehr wenige indianische Ureinwohner in der Region, und ich kann mich nicht erinnern, je einen in Sunnyvale gesehen zu haben. Aber der Boden ist noch immer hart wie Stein. Die Vorteile des Lehmbodens für den Bau von Missionsstationen und Hütten machten allerdings das Unkrautjäten praktisch unmöglich.

Ich brauchte zwei Stunden für jede Seite des Gebäudes, und wenn ich am folgenden Wochenende wiederkam, waren meine Bemühungen von neuem Unkraut wieder zunichtegemacht. Außer den 50 Cent, die ich pro Stunde verdiente, verschaffte mir höchstens das Aufschrecken eines der letzten Silicon-Valley-Hasen Vergnügen. Doch schon bald wurde ich befördert.

InterDesign wuchs und machte sich für die Produktion der ersten Chips bereit, also brauchten die Ingenieure immer mehr Platinendrähte. Heutzutage kann man dafür fertige Baukästen kaufen, aber 1970 musste man die Drähte für die Platinen und Produktionsanlagen noch per Hand einziehen.

Das war, bevor es Computersimulationswerkzeuge für den Entwurf und die Auslegung elektronischer Schaltungen gab. Die Schaltungen mussten vollkommen entwickelt sein, bevor ein Layout fotografisch angefertigt werden konnte. Auch das wurde alles manuell erledigt. Oft fand ich meinen Vater noch spätabends an einem von unten beleuchteten Glastisch, wo er seine Layoutzeichnungen mit kleinen Scheren und Cutter bearbeitete.

Ich wurde zum „Chef-Abisolierer“ ernannt. Auf dem lokalen Flohmarkt beim De-Anza-College fanden mein Vater und ich einen handbetriebenen Abisolierer, der jeglichen Draht abisolieren konnte und einen automatischen Rücklauf hatte. Es war mein erstes richtiges technisches Gerät, die erste von vielen Investitionen, die noch Millionen von Dollars kosten sollten. In meinem Labor steht noch immer genau der Abisolierer, den mir mein Vater gekauft hat, und ich verwende ihn noch immer.

Mit dem Abisolierer habe ich mich daran gemacht, die Enden der farbig isolierten Drähte von den Spulen in Längen zwischen einem und sechs Inches zu entfernen und sie je nach der Länge, kurz – mittel – lang, in Schachteln zu ordnen. Mit meiner Beförderung wurde auch mein Stundenlohn um 100 Prozent auf einen Dollar erhöht, was damals für mich eine wahrhaft fürstliche Bezahlung war. Da Pia mittlerweile die offizielle Firmenlohnverrechnung organisiert hatte, erhielt ich mit elf Jahren meinen ersten offiziellen Gehaltsscheck. Damals wusste ich es noch nicht, aber ab diesem Zeitpunkt hatte ich immer einen Arbeitsplatz und einen Job, manchmal sogar mehrere zur gleichen Zeit.

Nach ein paar Wochenenden Arbeit hatte ich so viele Drähte abisoliert, dass die Schachteln überquollen und meine rechte Hand voller Schwielen und Blasen war. Ich arbeitete so schnell, dass die Ingenieure und Techniker während der Woche, wenn ich in der Schule war, nicht damit nachkamen, alles Material zu verwenden. Daher erhielt ich meine zweite Beförderung.

Diesmal beförderte mich mein Vater zum Fertigungstechniker, allerdings zu meiner Überraschung ohne Lohnerhöhung. Zu diesem Zeitpunkt hatte InterDesign bereits einen automatischen IC-Tester (für integrierte Schaltungen). Ich steckte alle ICs einzeln in diese langen Plastikhalter, mein Vater oder einer der anderen Techniker halfen mir, sie in die Maschine einzulegen (ich war noch nicht groß genug, das selber zu tun), und dann stellte ich eine Schachtel an das eine Ende der Maschine für die Einheiten, die die Anforderungen bestanden hatten, und eine zweite ans andere Ende für die fehlerhaften Chips.

Das automatische Testsystem war nicht fehlerfrei und sortierte auch gute Einheiten aus. Sobald daher der IC-Test alle Halter geprüft hatte, nahm ich alle fehlerhaften Einheiten und schloss sie an einen der Labortische an eine manuell betriebene Testhalterung an. Ich nahm die ICs, lud sie sorgfältig in achtpolige

Fassungen, verriegelte sie und las dann die Spannungswerte an verschiedenen Oszilloskopen und Voltmetern ab. Mein Vater hatte eine Liste mit den akzeptablen Werten für die einzelnen Einheiten zusammengestellt, um die fehlerfreien von den unbrauchbaren zu sondern. Die ICs, die den manuellen Test bestanden, kamen in die Schachtel der fehlerfreien.

ICs manuell zu testen ist eine langweilige, mühsame und schwierige Aufgabe. Drähte abzuisolieren war schon ziemlich langweilig, aber im Vergleich dazu geradezu lustig. Einen Vorteil hatte diese Arbeit im Testlabor bei InterDesign jedoch: Ich war meist allein und musste mit niemandem sprechen. Ich arbeitete ja überwiegend an den Wochenenden oder in den Ferien, wenn kaum jemand da war, und daher war mein Hörproblem dann keines. Im Gegenteil, ich konnte mich so besser konzentrieren.

Manchmal kam Mr. Camenzind vorbei, zählte die fehlerfreien Einheiten in den Schachteln, rechnete etwas, schüttelte den Kopf und beschwerte sich bei meinem Vater. Das Ausmaß von Mr. Camenzinds Klagen stieg proportional mit der Anzahl der fehlerhaften Schaltungen. Daher lernte ich rasch, die fehlerhaften IC-Schachteln möglichst schnell verschwinden zu lassen und auszutauschen, wenn er vorbeikam.

Die Anfangsphase von InterDesign war schwierig. Wenn die Fehlerquote bei der Produktion hoch lag, erhöhte das die Kosten, und man konnte die Aufträge nicht erfüllen. Letztendlich meisterte InterDesign aber diese Anfangsschwierigkeiten und wurde eine erfolgreiche Startup-Firma.

Man kaufte einen VW-Bus, mit dem Mr. Camenzind im Valley herumfuhr und den er am Wochenende als Familienkutsche benützte. Der InterDesign-Bus fuhr viele Male zu unseren jährlichen Big-Basin-Thanksgiving-Feiern und zu anderen größeren Familienzusammenkünften.

Zusätzlich zu seinen Rollen als Ingenieur und Entwickler hatte mein Vater begonnen, zusammen mit den Kunden Entwürfe zu verbessern und neue Anwendungen und Nischen für InterDesign-Produkte zu finden, die ja meist individuell für größere Kunden hergestellt wurden. Daher bekam auch er einen InterDesign-Firmenwagen. Entsprechend dem Faible der Familie für eine interessante Farbgebung wählte er eine Plymouth-Limousine in Knallgrün-Metallic, mit einem weißen Vinylverdeck und passender metallic-grüner Innenausstattung sowie weißer Bereifung.

Bald kam auch Hans Sigg, ein anderer Schweizer und ausgezeichneter Ingenieur, zu InterDesign, und unsere Großfamilie wuchs weiter an. InterDesign war bald eine äußerst erfolgreiche Firma. 1998 wurde InterDesign an Plessey verkauft, die später von Mitel übernommen wurde. Mein Vater, der von Anfang an bei der Firma war, arbeitete dann wieder für „National Halbleiter". Hans machte seine eigene Consulting-Firma auf und arbeitete weiter an neuen Projekten. Insgesamt war InterDesign ein erfolgreiches Unternehmen.

Als junger Mitarbeiter InterDesign wachsen, gedeihen, schwierige Zeiten meistern und schließlich auf Erfolgskurs zu sehen, hat mich zweifelsohne mit dem Startup-Virus infiziert. Bei so einem Unternehmen dabei zu sein, wenn auch nur als mikroskopisch kleiner Teil, hat mich für immer geprägt. Es erfüllte mich nicht nur mit Stolz, sondern gab mir auch die Gewissheit, dass ich trotz meiner persönlichen Schwierigkeiten und Unzulänglichkeiten meinen Platz in der Welt und auch gute Jobs finden würde.

Rückblickend glaube ich, dass das Fußballspielen für mich einer der wesentlichen charakterbildenden Bausteine war, der mir auch als Unternehmer half. Ich hatte damit begonnen, Fußball zu spielen, was damals für einen amerikanischen Jungen eher ungewöhnlich war, denn in den frühen 1970ern war Fußball, das Soccer genannt wurde, in Amerika weitgehend unbekannt. Im Valley spielten vor allem Emigranten aus Europa, Mittel- und Südamerika.

Ich wurde durch Steven Duncan in die Welt des Fußballs eingeführt, einen Nachbarjungen, der gerade mit seiner Familie aus England nach Sunnyvale gekommen war. Wir schrieben uns bei der Mannschaft der American Youth Soccer Association ein und trainierten fast jeden Abend für die Spiele am Samstagvormittag. Ich hatte meinen Sport gefunden. Schwerhörigkeit war auf dem Fußballfeld offensichtlich kein Nachteil. Anders war es beim American Football, wo es unabdingbar ist, auch im Gedränge die Rufe zu verstehen, was für mich ein Ding der Unmöglichkeit war und oft dazu führte, dass ich in die falsche Richtung lief oder durch falsch verstandene Zurufe den Ball ins Gesicht bekam und mich ganz allgemein idiotisch anstellte. Soccer hatte kein Repertoire an Zurufen, es war ein ständiger Wechsel von Sturm und Verteidigung. Im Gegensatz zu Baseball fand ich es überhaupt nicht langweilig, sondern mir gefiel der schnelle Spielverlauf in ständiger Bewegung. Auch die Schiedsrichter musste ich nicht verstehen, denn sie verwendeten immer Handzeichen, laute Pfeifen und Fähnchen. Aber das Beste war, dass ich wirklich gut Fußball spielen konnte, und dass ich erkannte, wie schnell ich war.

Schnell zum Ball zu kommen, als Erster dort zu sein, zu wissen, wann man abgeben muss, mit dem Team zusammenzuspielen, das war wichtig. Zu wissen, wem man zuspielt, den Lauf des Balls abzuschätzen, die Züge der Gegner vorauszusehen, all das waren die Schlüssel zum Erfolg.

In meinem ersten Fußballjahr hatte ich von all dem noch keine Ahnung, und da Trainer wie Spieler nur schlecht Englisch sprachen, ging es Steven auch nicht besser. Aber im zweiten Jahr hatte ich das Wesentliche erfasst. In meinem ersten Turnierspiel erzielte ich drei Tore, und am Ende der Saison führte ich die Liga bei den Toren und Torvorlagen an. Es spielte keine Rolle, wie laut am Rande des Spielfelds geschrien und geklatscht wurde, ich war allein in meiner stillen Welt, in der nur das Spiel zählte. In dieser Saison hatten wir jedes Spiel gewonnen, mit Ausnahme eines Auswärtsspiels gegen Pippen Park in North Sunnyvale.

Damals lebte dort eine wachsende Bevölkerung von Mittel- und Südamerikanern, und jeder Junge im Team sprach Spanisch oder Portugiesisch. Statt drei Tore zu schießen, musste ich erkennen, dass trotz all meiner Liebe zum Fußball andere viel, viel besser spielten.

Sie hatten drei kleine Spieler im vorderen Mittelfeld, zusammen mit zwei Flügelspielern und dem vorgerückten Mittelfeld, sodass eigentlich sieben Spieler in der Offensive waren, gegen die unser Tormann machtlos war. Nach der Halbzeit setzte mich unser Trainer als Libero ein, das heißt, ich sollte am Ball bleiben, egal wo dieser war. Das würde für die nächsten 15 Jahre meine Position bleiben. Damals half das aber nichts, und wir Piraten wurden Zweite hinter den Santos aus North Sunnyvale.

Das regelmäßige Training stärkte meine Beine und Lungen, sodass ich auch bald beim Laufen im Sportunterricht Erster wurde. Manchmal hatte ich so einen großen Vorsprung, dass ich den Trinkbrunnen lange Zeit ganz allein für mich hatte.

Je mehr wir trainierten, desto besser wurden wir, und meist verloren wir nur dann, wenn die Trainings vorher ausfielen. Übung war der Schlüssel zum Erfolg, außer gegen Teams wie die Santos, die einfach viel talentierter waren. Ich lernte auch, dass es darauf ankam, etwas zu tun, es gut zu tun und einer der Besten zu werden. Wenn man einmal richtig gut ist, wird es immer leichter, sich zu steigern, und so konnte ich dann an schwierigen Abläufen arbeiten. Ich lernte, beide Beine einzusetzen, nicht nur mein bevorzugtes rechtes. Ich begriff auch, dass eine Mannschaft sehr talentierter Spieler unter einem schlechten Trainer mit lausiger Teamarbeit und geringem Spielgeist häufig einer Mannschaft mit viel schlechteren Spielern, aber mit echtem Teamgeist unterlegen war.

Es kam eben auf Teamwork und Timing an. Die Schnelligkeit und das Zuspiel mit den anderen machten mir großen Spaß. Ich erinnere mich noch gut an ein Match, in dem ich rechts außen den Ball zum Tor dribbelte, den Verteidiger umspielte und vor mir das offene Tor sah, aber Steve stand hinter dem Tormann links in der noch besseren Position. Also ließ ich Steve abschließen. Den Erfolg mit Steve zu teilen, war genauso schön wie ihn selbst zu haben.

Mit zwölf Jahren begann ich das Sunnyvaler *Valley Journal* auszutragen. 1975 gab es eine ganze Reihe von täglich erscheinenden Zeitungen: die *San Jose Mercury News* wurde zweimal täglich ausgeliefert, der *Sunnyvale Scribe* zweimal wöchentlich, die *San Francisco Chronicle* ebenfalls täglich und eigenartigerweise jeden Nachmittag die *Palo Alto Times*. Das *Valley Journal* hatte damals schon zu kämpfen, dass sie täglich erscheinen konnte, und als ich anfing, wurde die Zeitung nur noch drei Mal wöchentlich ausgetragen. So stand ich also jeden Montag, Mittwoch und Freitag um 5.30 Uhr in der Früh auf, faltete meine 122 Zeitungen, steckte sie in meine Lenkertasche und begann meine Route abzufahren. Als ich mein Fahrrad das erste Mal mit den Zeitungen belud, war es so schwer, dass es Übergewicht bekam und auf mich fiel. Kaum hatte ich alles wieder in Position, wollte ich am Ende unserer Einfahrt rechts abbiegen, doch die Taschen blockierten das Vorderrad, und ich flog in hohem Bogen mit dem Kopf voran auf die Straße, wo Mr. Kozinas Pontiac Catalina gerade noch bremsen konnte. Mr. Kozina half mir auf, und so begann ich meine erste Runde zu spät, dafür voller Blut und blauer Flecken. Das war wesentlich schwieriger als meine Arbeit bei InterDesign.

Meine Route umfasste das ganze Gebiet zwischen Dallas Cascade, Hollenbeck und Mary Avenue, und zwar jede Straße und Sackgasse. Die Politik des *Valley Journal* war es, jedem Haushalt eine Zeitung zuzustellen, außer sie wurde ausdrücklich abbestellt. Ich brauchte jedes Mal eineinhalb Stunden für die Runde, danach lief ich zur Schule. Häufig stürzte ich, da die Zeitungen schwerer waren als ich und sie das Rad vorne belasteten und es schwierig machten, damit zu fahren. Dafür besuchte ich am Ende des Monats alle meine „Kunden" und erhielt 75 Cent von jedem. Dazu kamen noch zwei Cent extra pro Blatt von der Zeitung und sogar etwas mehr, wenn es zusätzliche Werbung auszutragen gab. In guten Monaten verdiente ich mit Trinkgeld auch schon mal 90 Dollar, was ein kleines Vermögen war. In den Weihnachtsferien gab es oft nochmal 15 oder 20 Dollar an Trinkgeldern. Ich hatte herausgefunden, dass ich das mit einer Santa-Mütze auf dem Kopf noch steigern konnte. Es war ein netter Job, und ich erledigte ihn gut.

Dreimal pro Woche Zeitungen auszutragen war eine gute Übung, und ich bemühte mich, immer pünktlich zu sein, aber das Aufstehen um 5.30 Uhr fiel mir wirklich schwer. Wie das meine Eltern ausgehalten haben, weiß ich nicht. Ich fragte mich oft, wie das die „echten" Zeitungsjungen geschafft haben, wie mein Freund Mitch Kirk, der den *San Jose Mercury* jeden Tag austrug, auch am Samstag, und dazu noch die schwere Sonntagsausgabe. Die Zeitungsjungen der *San Jose Mercury News* mussten wochentags auch jeden Abend die Abendausgabe austragen, das heißt ihre Tour zweimal abfahren. Zusätzlich mussten sie auch das Geld einkassieren, und das neben der Schule und den Hausaufgaben. Das war wirklich schwer für sie und wirkte sich auch negativ auf ihr Verhalten aus, obwohl sie mehr als doppelt so viel verdienten wie wir niedrigen Austräger des *Valley Journal*.

Da ich wegen meiner Zeitungen immer wieder über den Lenker flog, kaufte ich mir von meinem ersparten Geld beim Bicycle Tree, gleich neben Farrell's Eisgeschäft, ein neues Rad speziell zum Zeitungsaustragen. Im Einklang mit der Vorliebe der Familie Ball für interessante Farbgebungen wählte ich ein kräftiges Metallic-Gelb, kombiniert mit einem schwarzen Sitz und der schwarzen Aufschrift „Challenger BMX", was dem Rad das Aussehen einer Hummel gab. Für mich war es aber der Lohn harter Arbeit und eine Investition in meine Zeitungsverteilerfirma. Ganz abgesehen davon reduzierte es meinen morgendlichen Gesichtskontakt mit der Pflanzenwelt.

Da passierte es: Aus irgendeinem Grund – vielleicht aus Eifersucht oder vor Erschöpfung wegen des ständigen Zeitungsaustragens – stahl Mitchie mein Fahrrad. Alle Kinder in der Nachbarschaft wussten das, sogar Mitchies Bruder wusste es. Ich wusste es und Mitchie wusste, dass ich es wusste. In der nächsten Straße wusste es Bob Chapman. Um 5.30 Uhr legte ich die Zeitungen zusammen mit meinen Taschen neben das Rad vor dem Haus, ging noch einmal ins Haus zurück, um schnell zu frühstücken, und als ich wiederkam, war das Rad weg. Verschwunden! Um 5.30 Uhr in der Früh. Für meinen detektivischen Spürsinn war es nicht schwierig zu kombinieren, dass die einzige Person, die zu dieser Zeit schon unterwegs war, ein Zeitungsjunge sein musste, und das konnte nur Mitchie sein. Ich schnappte das Rad meines Vaters, raste zu Mitchies Haus und traf ihn gerade, als er losfahren wollte. Er sah mich und lief vor Schuldbewusstsein rot an.

„Mitchie, hast du mein Rad genommen?", schrie ich.

„Nee", und Mitchie fuhr weg, so schnell er konnte.

Ich jagte ihm nach, aber ich war schon spät dran und musste alle Zeitungen noch vor Schulbeginn ausliefern. Mitchie blieb hartnäckig, stritt alles ab, und seine Freunde, Brüder und die anderen Zeitungsjungen der *Mercury News* deckten ihn. Auch wenn alle wussten, dass er der Täter war, gab es doch keinen konkreten Beweis, weil ihn ja niemand gesehen hatte.

Daraus habe ich wieder etwas gelernt. Mitchie war eigentlich ein netter Junge, der mich vermutlich nur nicht leiden konnte, oder es war eben nur ein Kinderstreich. Vielleicht war es auch ein Racheakt, weil mein Fußballteam seines geschlagen hatte oder so etwas in der Art; ich weiß es nicht. Aber ich weiß, dass dieser Diebstahl Mitchie viel mehr geschadet hat als mir. So wie ich das Stigma des Schwerhörigen tragen musste, gab er sich selbst jenes, ein Dieb zu sein. Und das blieb ihm bis heute. Ein gemeinsamer Freund seiner Brüder erzählte mir, dass er damit die letzten 30 Jahre gehänselt wurde und es wahrscheinlich noch weitere 30 Jahre hören wird. Es hat ihm wesentlich mehr geschadet als mir, denn eine einzige Dummheit kann den Ruf zerstören. Bis zu diesem Vorfall galt Mitchie als toller Skateboarder und allgemein cooler Typ. Danach begegneten ihm die Jugendlichen in Sunnyvale mit Vorsicht und Argwohn. Sollte das wer lesen, der Mitchie kennt, könnte er ihm ja vorschlagen, zehn oder 20 Fahrräder dem „Toys for Tots“-Programm zu spenden.

Mitchie hat das Rad möglicherweise aus Wut über ein verlorenes Fußballspiel gestohlen, aber ich vermute, es war eher aus Eifersucht wegen Kristi Michels. Kristi wohnte am Cascade Drive, zwei Häuserblöcke von 1526 entfernt, und sie war die beste erste Freundin, die man nur haben konnte. Mit zwölf, bei einem gemeinsamen Hot Fudge Sundae in Farrell‘s Eisgeschäft, für das ich mit meinem selbst verdienten Geld bezahlte, machten wir es offiziell: wir „gingen miteinander“.

Kristi war nicht nur das hübscheste Mädchen, sie war auch das erste Mädchen, das richtig Baseball in der Sunnyvale Serra Little League spielte. Vor Kristi durften Mädchen nicht mitspielen. Kristi durchbrach diese „Mädchen ausgeschlossen“-Barriere vor allen anderen Mädchen. Kristi und ich waren beide Pitcher, und wir waren wahrscheinlich eines der ersten, wenn nicht überhaupt das erste Pärchen, das jemals in gegnerischen Teams gegeneinander antrat. Kristi war auch viel besser als viele Jungen; wenn ich ehrlich bin, spielte sie auch besser Baseball als ich. Ich war ein besserer Pitcher, aber Kristi erzielte mehr Treffer. Ich war ein schnellerer Base-Läufer, aber Kristi war besser im Feld. Das machte mir nicht viel aus, da ich Baseball im Vergleich zu Fußball insgeheim für ein langweiliges Spiel hielt. Aber Kristi spielte auch bald Fußball.

Anders als die meisten Mädchen hatte Kristi eine sehr laute, volle Stimme, dazu ein breites Lächeln und tolle Lippen, die sich leicht lesen ließen. Sie war auch eine der wenigen, die wussten, wie schwer mein Hörverlust eigentlich war. Doch das störte sie nicht, sie dachte einfach, das sei schon in Ordnung so. Für mich war Kristi gerade in dieser wichtigen Phase eine große Stütze, denn seit ich in der Cupertino Junior High School war, wurde ich viel häufiger verspottet, nicht nur wegen meiner Taubheit, sondern auch wegen meines Nachnamens.

Es gab bestimmte Jungen, die es unglaublich witzig fanden, mich wegen meines Namens Ball aufzuziehen. Damals war Ball ein ziemlich schlimmes Wort in einem bestimmten Zusammenhang. Ich hatte schon früh beschlossen, dass ich keinerlei Spott wegen meines Gehörverlustes dulden würde. Wenn ich mich bloß umdrehte und wegginge, würde der Spott nur ärger. Daher war das absolut inakzeptabel. Jeder, der es versuchte, spürte sofort meine Faust im Gesicht. Mit der Zeit sprach sich das herum, sodass mich auch die größeren Kinder in Ruhe ließen. Ich dachte, selbst wenn ich geschlagen würde, könnte der Gegner auch nicht schmerzfrei nach Hause gehen.

Mit der Zeit gewann ich mehr Erfahrung im Pausenhofgeplänkel als die meisten, und die Situation entspannte sich. Ich war kein Fiesling, der nur auf eine Rauferei aus war. Aber ich hatte gelernt, dass Weglaufen, Ausweichen und die andere Wange hinhalten den Konflikt nur eskalieren ließen und ihn verlängerten. Es war für alle besser, das gleich zu unterbinden. Kristi hielt immer zu mir. Wir fuhren mit unseren Rädern durch ganz Sunnyvale, gingen zum Bowling, spielten Minigolf auf dem El Camino Real Golffeld und taten, was Kinder eben so tun. Mit ihr erlebte ich auch meinen ersten, besten Kuss.

Als ich mich dann beim YMCA engagierte, löste sich die Freundschaft mit Kristi auf. Der Northwest YMCA, zu dem wir gehörten, war eigentlich in Cupertino, Kalifornien, und bot alle möglichen Programme für Kinder und Familien an. Im Sommer war ich immer, wirklich immer, irgendwo auf irgendeinem Y-Camp. Diese Camps gab es im ganzen Staat, das hieß, ich war viel unterwegs.

Ich habe ja sogar den Ruf, gern für etwas Neues auf und davon zu fahren. Der erste große „Aufbruch" war verbunden mit der Chance, die Serra Elementary zu verlassen. In der fünften Klasse erzielte ich bei einem der Begabungs- und Eignungstests, an dem sich alle Schüler beteiligten, sehr gute Ergebnisse. Anders als bei den meisten standardisierten Tests wurden bei diesem nicht nur Eignungen, sondern auch die Problemlösungsfähigkeit getestet, und da ich eine hohe Punkteanzahl erreichte, erhielt ich die Möglichkeit, von der Serra Elementary an die Grant Elementary in Los Altos zu wechseln, wo es ein neues, spezielles Unterrichtsprogramm für Begabte gab. Ich traf die Lehrerin, Mrs. Seacrest, und da sie mir gefiel, war ich mit dem Schulwechsel einverstanden, auch wenn das jeden Morgen eine wirklich lange Strecke auf dem Rad bedeutete. Es hieß auch, alle meine Freunde und Klassenkameraden in Serra zurückzulassen, aber mir machte ein Neuanfang Spaß.

Ich begann im September, und in jenem Jahr gab es in Nordkalifornien einen sehr heißen Indian Summer. Daher zog ich kurze Hosen an, was heute normal ist. Damals jedoch dachte niemand auch nur im Traum daran, in der Schule etwas anderes als lange Blue Jeans zu tragen. Ab der zweiten Woche jedoch gab es schon einige andere, die lieber in kurzen Hosen kamen, als in langen zu schwitzen. Mrs. Seacrest hatte bemerkt, dass ich meine Hörgeräte nicht trug, sondern mich ausschließlich aufs Lippenlesen verließ.

„Warum trägst du nicht deine Hörgeräte?", fragte sie mich.

„Die machen alles nur laut und verwirrend, ich bekomme nur Kopfschmerzen davon, meine Hörgeräte sind Sch..., und die anderen Kinder lachen mich aus, wenn ich sie trage", erklärte ich ihr. „Es macht einen verrückt."

Mrs. Seacrest gab mir einen Brief an meine Mutter mit und bat sie um eine Erklärung. Meine Mutter ließ mich ihre Antwort lesen.

Sehr geehrte Mrs. Seacrest,

Letzte Woche ging mein Junge in kurzen Hosen in die Schule. Er sagte mir: „Die anderen Kinder werden mich wahrscheinlich auslachen, aber ich trage Shorts und basta." Jetzt tragen schon einige andere Shorts. Mein Sohn ist immer seinen eigenen Weg gegangen und macht Dinge auf seine Art.

Mein Sohn hat sich zahllosen Hörtests unterzogen und versucht, seine Hörgeräte zu tragen, aber er sagt, sie helfen ihm nicht. Er wurde von den besten Spezialisten untersucht. Er kann hervorragend Lippen lesen und konnte bis jetzt immer mit den anderen Kindern Schritt halten, obwohl manche meinten, mit der Zeit würde er gegenüber den anderen zurückfallen. Er ist bis jetzt hervorragend mitgekommen. Früher dachte man, er müsse eine Spezialschule für Gehörlose besuchen, aber das ist nicht mehr der Fall. Im Gegenteil, er wurde in ein fortgeschrittenes Lernprogramm aufgenommen, und er wird auf seine Art auch hier erfolgreich sein.

Mit freundlichen Grüßen
Diane Ball

Das war ganz meine Mom. Ich glaube, dass die Mütter nie genug Anerkennung erhalten. Meine Mom musste sicherlich mit mir mehr als genug mitmachen. All diese endlosen Besuche bei Ärzten, in Hörgerätezentren, bei audiologischen Tests und Sprachtests. Das kann nicht lustig gewesen sein. Aber ich glaube, das Beste war, dass sie mir und meinen Brüdern allabendlich eine Gute-Nacht-Geschichte vorgelesen hat. Das hat wirklich viel bewirkt.

Hart arbeiten, nichts Dummes anstellen, das den Ruf schädigt, früh aufstehen und pünktlich sein. Einfache Dinge. Aber sie funktionieren.

Die Garage

„To invent, you need a good imagination and a pile of junk."

Thomas A. Edison

Die Garagen im Silicon Valley hatten so einen legendären Ruf, dass sie fast zu mystischen Orten wurden. Aber das ist kein Mythos, sondern Realität. Hewlett und Packard bauten ihre ersten Transistoren in einer Garage in Palo Alto, und viele andere Startup-Unternehmen haben auch in Garagen begonnen. Im Silicon Valley sind Garagen nicht für Autos.

Es gibt zwei Gründe, warum sich die Garagen im Silicon Valley zu solchen Brutstätten der Innovation entwickelten: Der eine ist das milde Klima, das es erlaubt, die Wagen im Freien zu parken, ohne fürchten zu müssen, sie am nächsten Morgen mit einer Eisschicht überzogen wiederzufinden. Die Autos draußen zu lassen, stellt also kein Problem dar. Im Winter kann man zum Arbeiten einfach einen Wärmestrahler in die Garage stellen. Ein weiterer Grund ist die Größe der Garagen, die meist für zwei große Autos gedacht sind und zusätzlich Platz für Waschmaschine und eine kleine Werkstatt bieten. Ohne Autos macht das mindestens 300 Square Feet, also Platz genug für ein Forschungslabor.

Die Garage meines Vaters in Nr. 1526 war sogar für Silicon-Valley-Standard legendär. Es gab kein Werkzeug, keine Schraube oder Vorrichtung, die man dort nicht hätte finden können.

Mein Bruder Chris machte sich immer darüber lustig, wenn irgendwer ein kaputtes Gerät oder ein Ersatzteil suchte: „Fragen wir doch Dad, er hat sicher irgendwo genau das aufgehoben, was jetzt fehlt", und das stimmte.

Mein Vater war und ist noch immer ein Flohmarkt-Junkie. Was er bei privaten Flohmärkten und in Second-Hand-Läden wie Haltek auftrieb, erstaunte uns immer wieder, auch wenn es für meine Mutter Gerümpel war. Sie konnte die Schönheit und den Wert einer Schweizer Präzisionsdrehbank oder einer Hobelbank, die er für ein paar Dollar erstand, einfach nicht erkennen. Ehrlicherweise muss ich Mom auch Recht geben, denn vieles war im Grunde nur Ramsch, aber zumindest billiger.

Außer meiner Mutter schätzten alle Dads Talent, im Müll Gold zu sehen. In einem Berg alter Ausschussgeräte sah er die aufladbaren Batterien und wiederverwertbaren Schalter, die man abmontieren konnte. Ein Haufen Drähte verwandelte sich unter seinem Blick zur Lösung für besseren Fernsehempfang. Kurz gesagt, unsere Garage wurde in ein komplett ausgestattetes Labor umgewandelt, mit elektronischem Labortisch, Oszilloskopen, Messgeräten, mit Großmaschinenwerkzeugen und Schweizer Präzisionswerkzeugen, Versuchsklammern, Halterungen, Schachteln für Bauteile, mit Steckern, Saugnäpfen, Spulenwicklern und Unmengen von Kleinzeug. Dad fand auch irgendwie Platz, um für mich und meinen Bruder eine kleine Werkbank, voll ausgestattet mit Säge, Fräse, Schleifmaschine und Werkzeugen, einzurichten.

Das einzige, was man nie in dieser Garage von Nr. 1526 fand, war ein Auto. Unser alter Mercedes war ohnehin purpurn und hätte auch geschützt in einer Garage nicht besser ausgesehen. Er wurde kein einziges Mal in der Garage geparkt. Ich selber lernte dort mehr über Elektronik, Physik, Herstellung und Funktionsweise von Dingen als sonst irgendwo. Die Kinder aller dieser Ingenieure in Sunnyvale konnten nach Lust und Laune ihre eigenen Projekte entwerfen, bauen und testen. Wenn jemand ein tolles neues Spielzeug wollte, einen Wasserbomben- oder Raketenwerfer zum Beispiel, war es meist das Einfachste und Schnellste, es in der Garage selbst zu machen. In unmittelbarer Nachbarschaft baute Frank Fellenz (einer meiner späteren Ingenieure) explosive Kartoffelgewehre, Tennisballwerfer und jede Menge von Geräten, die irgendwelche Projektile in die Luft beförderten. Heute würden die Behörden einschreiten. Aber in den 1970ern war in Silicon Valley mit seinen offenen Obstgärten noch genug Platz für Chaos. Als es noch kein Toys'R'Us gab, war der schnellste Weg, zu etwas richtig Coolem zu kommen, es selbst zu bauen. Und das taten wir.

Modellflugzeuge mit Benzinmotor waren bei mir und Frank besonders beliebt, denn sobald sie explodierten (sie hatten nämlich diese frappierende Eigenschaft, Fingerspitzen wegzureißen, bevor sie von alleine wegflogen), konnten wir die Motoren herausnehmen und sie neu bauen.

Eine meiner ersten großen Erfindungen war es, den Benzinmotor aus dem Flugzeug zu entfernen und auf einem einfachen zweiachsigen Auto zu montieren, so dass es vorne angetrieben wurde. Das Problem war die fehlende Steuerung, wodurch die Autos nicht geradeaus fuhren. Eines Tages lösten sich die Vorderräder, es blieben nur die Hinterräder übrig, doch plötzlich fuhr das Ding eine kerzengerade Linie, das Vorderteil am Boden dahingleitend wie ein Ski. Perfekt! Wir rannten nach Hause und begannen neue Versionen dieses „Zugschlittens" zu entwerfen, der nur Hinterräder hatte und einen einfachen Ski vorne. Das war genial. Bald bauten sie andere Kinder nach, und wir lieferten uns im Serra Park tolle Rennen mit diesen superschnellen, gefährlichen, benzinbetriebenen Land Dragsters. Warum dabei niemand einen Finger oder ein Auge verlor, bleibt ein Rätsel.

Als die Firma Estes ihre Modellraketen im lokalen Hobby-Shop anbot (inklusive der Motoren mit festen Brennstoffen, die auch explodierten), konnten wir Geschoße in die Flugbahn der P3-Flieger abfeuern, die vom nahen Moffett-Flugfeld starteten. Frank entwickelte darin eine richtige Meisterschaft, genauso wie Greg Kremer, der uns gegenüber wohnte. Meine Laufbahn als Raketenbauer dauerte ungefähr ein Jahr, bis ich herausfand, dass es lustiger war, die Raketenmotoren auf die Zugschlitten zu montieren und sie über den Boden sausen zu sehen, bevor sie explodierten.

Wasserbomben zu starten, wurde ebenfalls eine hohe Kunst. In der Garage meines Vaters gab es dazu jede Menge chirurgischer Schläuche und große Packen von Gummibändern. Eine Wasserbombe zielgenau in die nächste Straße zu schießen, ohne dass sie beim Start explodierte, war alles andere als leicht. Das waren unsere Hobbys. Damals galt es für einen achtjährigen Jungen nicht als cool, noch mit Spielzeug zu spielen. Man musste Hobbys haben, und je mehr, desto respektierter war man bei den Gleichaltrigen.

Die Liste meiner Hobbys, die keineswegs außergewöhnlich war, umfasste HO-Rennautos, Modellraketen, Roboter bauen, Elektronik, Mini-Benzinmotoren (ja, das war ein Hobby), Modelleisenbahnen und ganz allgemein Modellbau. Das beinhaltete noch nicht die vielen anderen Beschäftigungen wie Botanik und Malen, die ich aber geheim hielt, obwohl ich ein richtiges Gewächshaus hinter dem Haus baute. Die Ausflüge ins Spielzeuggeschäft wurden von solchen ins Modellbaugeschäft abgelöst. Das erste war der Hobby-Shop Ecke Fremont und Mary Avenue, das zwar etwas teuer war, aber eine gute Auswahl an Material, Balsaholz, Modellbausätzen und anderen Teilen bot. Jungen wie Frank und ich nahmen jedes Jahr am großen Modellbauwettbewerb des Hobby-Shops teil, wo das beste Modell nach Bau und Farbe in vier Altersgruppen ausgewählt wurde. Das nächste war Kiddie World in der Nähe der Sunnyvale Public Library auf der El Camino Real. Sie verkauften auch Spielzeug, aber ein Teil des Geschäfts war vollgestopft mit Material für den Modellbau, Geleisen und RC-Fliegern. Das letzte und eigenartigste war das Engine House, das sich in einem unheimlichen Gebäude in der Nähe von Serra Park befand, in einer Straße, in der es unserer Meinung nach spukte. Das große, alte Haus, früher Herrenhaus einer Obstplantage, wirkte in der Nachbarschaft völlig deplatziert. Der Besitzer von Engine House hatte ein riesiges Lager voll mit altem Material für Modelleisenbahnen, aber auch Berge von anderem Zubehör und Teilen, darunter eine große Auswahl an älteren Ersatzteilen, mit deren Hilfe wir unsere Modelle reparieren konnten.

Unsere Garagen waren voll mit Material, unsere Köpfe voll mit Ideen – kein Wunder, dass die Garagen für die Söhne und Töchter von Silicon Valley, die dort selbst forschten und entwarfen, die wahren Lehrsäle wurden. Mit zehn Jahren baute und lötete ich meine ersten Schaltungen zusammen. Mit elf baute ich meinen ersten Roboter, mein Bruder Chris seinen mit acht. Wenn etwas kaputtging, reparierten wir es. Auch wenn es nicht kaputt war, zerlegte ich es manchmal, um zu sehen, wie es funktionierte.

Nie kam uns auch nur in den Sinn, ein Modellauto oder -flugzeug zu ersetzen oder ein neues zu kaufen, bevor wir nicht alle Möglichkeiten ausprobiert hatten, es selbst wieder in Gang zu bringen oder es zu etwas anderem umzubauen. Mein jüngerer Bruder war auf der Verliererseite dieser F&E-Anstrengungen und verletzte sich auch immer wieder. Einmal zog er sich schlimme Brandwunden an der Hand zu, mit einem Raketenmotor, den wir als Motor für ein Flugzeug zu verwenden versuchten. Starts von mit Benzinmotoren betriebenen Propellerflugzeugen ließen ihn oft mit Pflastern übersät zurück. Zum Glück passierte nichts wirklich Schlimmes.

Außer den formalen Wettbewerben des Hobby-Shops gab es auch einen richtigen und anerkannten, permanenten Wettbewerb zwischen uns. Da ging es nicht darum, wer sich im Geschäft den neuesten coolen Gegenstand kaufen konnte. Ich selbst besaß zum Beispiel nie das damals beliebteste Spielzeug, das Evil-Knievel-Stunt-Motorrad. Ich sah auch nie irgendein anderes Kind damit, denn nur wenige hatten solche Objekte. Außer dass sie tolle Effekte bei einer Explosion abgeben würden, sahen wir auch keinen Nutzen in ihnen, oder, wie Frank meinte: „Sie sind tolles Kanonenfutter". Unter den Jugendlichen war Frank der Meister, wenn es darum ging, illegale chinesische Feuerwerkskörper und M-80er zu organisieren. In Kingsgate gab es leider niemanden mit diesen Möglichkeiten, und richtigen Sprengstoff aufzutreiben war schwierig. Wir waren von Hochachtung erfüllt, wenn jemand ein paar Atomic-Feuerwerkskörper oder den legendären M-80-Sprengstoff besaß. Tony Dennis von der Mary Avenue hatte immer ein paar davon, aber wir verstanden nie, wie man selbst an so was herankommt.

Greg Kremer, der uns gegenüber wohnte, war drei Jahre älter als ich. Wenn ich mich recht erinnere, arbeitete sein Vater als Raumfahrtingenieur bei Lockheed. Greg war eine Legende in der Modellbauwelt. Er hatte nicht weniger als 200 Modellflugzeuge gebaut, jedes Modell eines zivilen Fliegers oder eines Militärflugzeugs konnte man in seinem Zimmer finden. Seine fertigen Modelle waren Meisterwerke der Ingenieurskunst mit ultraglatten Oberflächen, die er durch Spray und die Verwendung von giftigem Lack erzielte, mit mehrfachen Schichten, Schleifen und feinster Handarbeit. Seine Raketen waren atemberaubend schön. Sie konnten höher fliegen als alle anderen. Er und sein Vater konstruierten die größte HO-Modellautorennbahn, die fix auf großen Spanplatten montiert war. Sie war an der Garagendecke aufgehängt und konnte mit einem genialen Seilzugsystem heruntergelassen werden. Es war seine beste Leistung, geradezu unglaublich. Ich war hingerissen.

Also baute ich mit Hilfe meines Vaters ebenfalls eine HO-Autorennbahn. Sie war nicht so groß wie die von Greg; da wir nicht so viel Platz in der Garage hatten, bauten wir sie in meinem Zimmer auf. Wir bauten Tunnels und Landschaften aus Pappmaschee, die wir anmalten und mit Gebäuden und Bäumen ausschmückten. Sobald die Bahn fertig war, begannen die Rennen. Das machte Riesenspaß, und da die Autos nicht auf der Bahn blieben, konnten wir die Autos schleudern lassen, bis sie zu Bruch gingen, was sie regelmäßig taten. Also mussten wir sie immer wieder reparieren.

HO-Autos wurden mit Niederwechselspannung betrieben, die mit einem Potentiometer zur Geschwindigkeitskontrolle arbeitete. Die Teile dieser Autos bestanden aus elektronischen Kontakten, sogenannten Bürsten. Diese hatten meist winzig kleine Mikrofedern, deren Kontakte einen Motor antrieben, bestehend aus einem Befestigungselement sowie Wicklungen, Spulen, zwei oder mehr Magneten, einer Motorwelle, einem Innengehäuse und winzigen Maschinenteilen. Wir wurden zu Experten für die Reparatur dieser Teile und schafften einen vollständigen neuen Zusammenbau in weniger als einer Stunde. Durch die Arbeit an unseren häuslichen Projekten lernten mein Bruder und ich unglaublich viel über Elektronik und Elektromagnetik. Hätte uns jemand auf diesen Lerneffekt, den unsere Hobbys hatten, aufmerksam gemacht, wären sie für uns sicher nicht so spannend und interessant gewesen.

Als in der Mitte der 1970er Jahre Skateboarding in Kalifornien populär wurde, kam das einem Erdbeben in der Kinderwelt gleich. Skateboards gab es schon seit Jahren, aber die Entwicklung der Polyurethan-Räder bedeutete, dass man nun die Gehsteige und Straßen richtig entlangsausen konnte, ohne befürchten zu müssen, vom Board zu fliegen, wenn die Räder steckenblieben. Der Sport verbreitete sich mit rasender Geschwindigkeit in ganz Kalifornien. Ursprünglich stammt das Skaten aus Dog Town in Südkalifornien, wo man die aufgrund einer siebenjährigen Trockenheit leeren Schwimmbäder dafür benützte. Die Gehsteige in

Sunnyvale waren perfekt zum Skaten, die Randsteine eigneten sich bestens für Sprünge. Die Skateboards selber, die damals hergestellt wurden, waren jedoch – mit Ausnahme der Räder – ziemlich schlecht und aus massivem, gegossenem Plastik. Sie waren viel zu klein und rutschig, also entstanden in den berühmten Garagen Kaliforniens hunderte und aberhunderte kleiner Skateboard-Geschäfte. Da ich geschickt in der Holzbearbeitung war, baute ich bald unsere eigenen Skateboards aus mehrfach verleimtem Holz und Spanplatten. So konnten wir auch Bremsen, Vertiefungen für die Räder und Haftstreifen anbringen und die Boarde größer, länger, steifer oder biegsamer machen.

Mein erstes Unternehmen, das ich in der Garage von Nr. 1526 zu gründen versuchte, nannte ich „Dalles Surfer", nach der Querstraße zur Kingsgate. Denn diese Straße hatte einen besonders glatten Asphalt, der perfekt fürs Skaten war. Ich erzeugte alle Arten von Boards, lange, kurze, mit Schwalbenschwanz und eines mit einer besonders langen Nase, das sich bestens zum Slalomfahren eignete. Da mir jegliche Marketingkenntnisse fehlten, verkaufte ich jedoch kein einziges Board. Nur meine Mutter kaufte das beste, das ich hatte, für fünf Dollar, um es meinem Bruder zu schenken. Das ärgerte mich, denn er erlaubte mir nicht, es weiter zu benützen. Sonst verkaufte ich leider nichts, aber um ehrlich zu sein, andere Jungen machten viel bessere Boards. Sogar mein Bruder Chris fing mit der Erzeugung an, die Konkurrenz war überall.

Da es diese Überproduktion an Skateboards gab, beschloss ich, mich anderen Gebieten zuzuwenden. Zu dieser Zeit hörte ich einmal in den Nachrichten, wie Gerald Ford den Terminus „WIN" (Whip Inflation Now) als Mittel zur Inflationsbekämpfung prägte. Damals wirkte sich die Inflation verheerend auf die Wirtschaft aus. Dem sollte man Gewinn entgegensetzen. Ich verstand zwar nicht, wie ein Durchschnittsbürger im Valley einen makroökonomischen Indikator wie die Inflationsrate beeinflussen sollte, aber ich sah eine Geschäftsmöglichkeit. Ich lief in die Garage, warf die Sägen an und begann handgemachte Kreise auszusägen, wobei die Buchstaben „WIN" ausgeschnitten waren. Ich besprayte sie mit Silber- und Goldfarbe und zog ein Band durch, sodass man sie um den

Hals tragen konnte. In zwei Stunden hatte ich ein Dutzend in drei Größen erzeugt. Noch bevor die Farbe trocken war, begann ich sie von Tür zu Tür den armen Bewohnern von Kingsgate zu verkaufen. Weil ich der Erste war, so hatte ich mir überlegt, würde ich der Konkurrenz davonlaufen. Ich möchte nicht wissen, was sich meine potentiellen Kunden dachten, als sie mich auf ihrer Türschwelle sahen mit diesem geschmacklosen silber- und goldfarbenen Zeug, wie ich einen fragwürdigen politischen Slogan und den fragwürdigen nationalen Aufruf „Gewinn gegen Inflation" einer fragwürdigen Politik zu verhökern versuchte. Ich verkaufte keine einzige „Gewinn"-Kette. Diesmal kaufte mir nicht einmal meine Mutter etwas ab.

Stundenlang bastelte ich in der Garage an diesem oder jenem herum, reparierte und untersuchte Dinge. Einmal zerlegte ich den heißgeliebten HP-35-Rechner meines Vaters, der damals in der Elektronikabteilung von Payless Drugs 600 Dollar kostete. Eigenartigerweise hatte Payless Drugs eine sehr umfangreiche Elektronikabteilung. Eines Tages schraubte ich also, während mein Vater in der Arbeit war, das Gehäuse auf und staunte.

Bevor 1972 der erste Taschenrechner auf den Markt kam, hatte jeder gute Ingenieur einen Rechenschieber, meist in einer Lederhülle. Oft beobachtete ich meinen Vater, wie er am Abend mit seinem Rechenschieber neue Schaltungen kalkulierte. Der HP-35 änderte das alles. Ich war bei der Präsentation des HP-35 im Payless Drugstore dabei. Gut hundert Ingenieure drängten sich in der Elektronikabteilung und erwarteten die erste Lieferung. Es war, als ob die Beatles auftreten würden. Als die ersten Schachteln kamen und in die Regale eingeordnet wurden, herrschte gespannte Stille. Dann wurden die ersten Rechner herausgenommen, die Menge drängte vorwärts, alle auf Zehenspitzen, um das tollste Geräte aller Zeiten zu sehen. „Ohs" und „Ahs" waren zu hören. Und das für einen Taschenrechner mit einem Listenpreis von 600 Dollar. Natürlich war das mehr, als die meisten Ingenieure damals ausgeben konnten, trotzdem war das erste Gerät im Handumdrehen verkauft, dann noch eins, und noch eins. Manche Ingenieure wurden von ihren CEOs oder CFOs begleitet. Die Geräte wurden

den Verkäufern aus den Händen gerissen, und nach zwei Stunden waren alle weg. Mein Vater wartete mit mir in der Schlange, um das Gerät ausprobieren zu können. Er war offensichtlich schwer beeindruckt, denn eine Woche darauf hatten wir so einen Rechner.

Ich war daher etwas nervös, als ich den Schraubenzieher zur Hand nahm, um die Hülle aufzuschrauben. Viele Teile im Inneren waren mir völlig neu. Der Rechner hatte ein komplettes PC-Mainboard mit diskreten elektronischen Komponenten, die Tastaturmatte durch irgendeinen Prozess geformt, den ich mir kaum vorstellen konnte, beeindruckend war auch die Anzahl der Chips in diesem Ding. Wie schafft man es, alle diese Chips in diesem kleinen Gehäuse unterzubringen? Wie kann ein Bildschirmdriver in so einem kleinen Gerät funktionieren? Ich flippte völlig aus und setzte alles schnell wieder zusammen, zum Glück so gut, dass mein Vater nichts bemerkte.

Die Garage diente mir auch als Experimentierlabor, wo ich herumprobierte, welche Teile zueinander passten, wie viele Glühbirnen man an eine Batterie Größe D anschließen und betreiben konnte, wie man einfache Geräte zusammenbaute, Kaputtes reparierte. Mein Vater war ein erfinderischer Geist. Er hatte immer mindestens zehn verschiedene Projekte gleichzeitig laufen. Er konnte alles bauen, Möbel für das Haus genauso wie elektronische Testgeräte für die Arbeit. Er baute Solarzellen, die wir auf das Dach schleppen mussten. Mit dem gewonnenen Strom wollte er das Wasser seiner Hot Tub erwärmen. Und fast immer lief irgendeine kleine Produktionskette für irgendetwas.

Dads Arbeitstisch war streng tabu für mich und meine Brüder, dort durfte nichts berührt werden, und er versteckte die besten Werkzeuge oder brachte sie außer Reichweite. Er konnte einfach alles bauen, zerlegen und wieder neu bauen. Andererseits gab es auch viele Projekte, die er anfing, aber nicht zu Ende brachte. Doch die Dinge, die er fertigstellte, waren erstklassig. Er war von Natur aus ein Bastlertyp und stieß bei seinen Projekten immer auf Neues. Ich habe dieses Bastler-Gen nicht geerbt. Ich stellte mir dagegen ein 3D-Bild von dem vor, was ich brauchte oder wollte. Das führte am Beginn von Projekten zu Frustrationen, weil die Realität dem

Bild in meinem Kopf nicht entsprach. Aber mit der Zeit lernte ich, meine Bilder genau umzusetzen.

Meist habe ich ein oder zwei große Ideen oder Projekte im Kopf, sowie einige kleinere. Mein Vater hingegen arbeitete meist an 20 großen Projekten gleichzeitig und wahrscheinlich noch an 80 kleineren, auf die er später zurückkommen wollte. Bei einem Projekt bin ich völlig zielorientiert, während meinem Vater der Prozess wichtig ist und die vielen Ideen, die er dabei zusätzlich entwickelt. Wenn mein Vater im Zuge eines Projekts nicht mindestens fünf oder sechs kleinere entwickelte und jede Menge zusätzlicher Erfindungen, war er nicht zufrieden. Ich arbeite eher geradlinig und direkt an einzelnen Projekten, denke darüber nach und beginne dann das nächste.

Meine eigene Garage ist absolut ordentlich und alle Werkzeuge haben ihren Platz. Ich verfüge natürlich auch über einen modernen Labortisch in der Arbeit, sodass ich mir zu Hause kein Labor bauen muss. Die Garage meines Vaters ist heute noch so, wie sie vor 40 Jahren war. Sie ist in sein neues Haus in Chemowa Court mitübersiedelt. Unsere Garage war nicht die berühmte Silicon-Valley-Garage, in der Steve Jobs und Steve Wozniak ihre ersten Computer, die späteren Apples, bauten, in ihr wurden nicht die ersten Transistoren zusammengesetzt, aber für mich war sie unübertroffen. Jahre später, als ich einmal mit einem Team meiner Ingenieure und Vertreter eine Konferenz an der Stanford-Universität besuchte, zeigte ich ihnen nachher allen die Garage.

Ich erklärte ihnen: „Das ist zwar nicht die berühmteste Garage im Valley, aber hier begann meine Erfindung."

Mein Vater rief dazwischen: „Richtig. Ich habe noch ein paar von den ersten Geräten dort oben in der Schachtel stehen."

Und wirklich leerte er die Teile auf dem Tisch aus. Nach so vielen Jahren hatte er sie noch immer aufgehoben. Wie schon mein Bruder Chris feststellte: „In der Garage meines Vaters findet sich alles, was du brauchst."

Musikstunden

Come face the music
Come taste the wine
Hear them preach
Then everything is fine

Mrs. Sigg war ebenso wie ihr Mann Hans eine ausgezeichnete Musikerin. Sie war eine begabte Cellistin, aber ich glaube, sie konnte fast jedes Instrument spielen. Sie gab Blockflötenstunden in ihrem Haus, und da sie eine gute Freundin der Familie war, wurde ich zu wöchentlichen Musikstunden zu ihr geschickt. Meist waren noch zwei oder drei andere Schüler da. Sie zeigte uns, wie wir die Instrumente halten mussten, wie wir unseren Atem einsetzen sollten und dass die richtige Körperhaltung „gerade und leicht vorgebeugt" war. Am besten gefiel mir an Mrs. Sigg die Art, wie sie meinen Namen aussprach: „Gwooophrie!", sagte sie mit einem Augenzwinkern und ihrem schweren Schweizer Akzent. Ich lernte, dass ich die Bässe durch die Vibrationen des Fußbodens fühlen konnte, und so war es einfach, den Takt zu halten. Die Schwierigkeit für mich war, dass ich nicht die Feinheiten eines Tons hören, daher nie ein Instrument stimmen oder meine eigene Lautstärke erkennen konnte. Ich spielte zwar Musik, aber sehr schlecht.

Mrs. Sigg wusste von meinem Gehörschaden, sprach immer laut mit mir und hielt Augenkontakt. Sie war auch nicht zögerlich im Umgang mit mir und schrie mir oft Anweisungen ins Ohr. Irgendwie schaffte ich es, geradeso die Töne des Instruments zu hören oder eigentlich die Schwingungen durch meine Zähne zu fühlen. Es machte mir Spaß, und anders als die meisten Kinder übte ich auch genug, um ein bisschen besser zu werden, obwohl ich es natürlich aufgrund meines Gehörs nie zu besonderer Meisterschaft brachte. Zusammen mit einem anderen Mädchen aus Mrs. Siggs Klasse musste ich sogar vor der versammelten Gemeinde bei dem Weihnachtsspiel in der St. Luke's Lutheran Church spielen. Wir spielten „Stille Nacht", nach den Anfangszeilen setzte die Orgel in voller Lautstärke ein.

Später spielte ich in der Schulband Saxophon, was nicht schwer war, weil ich die Fingersätze schon von der Blockflöte her kannte. Während der gesamten High School spielte ich Sax und war sogar in der Homestead High School Marching Band, der „flottesten Band im Westen“. Ich glaube, meine Rettung war, dass ich durch meinen Hörschaden ein gutes Gefühl für Takt und Rhythmus entwickelt hatte, denn ich konnte den Beat durch den Boden spüren. Immer wenn Mrs. Siggs leicht auf den Boden klopfte, konnte ich die Vibrationen fühlen. Abgesehen von diesem Talent spielte ich sicher ziemlich schlecht, aber vielleicht hatten die Leute auch mehr Geduld mit mir. „Schau, das taube Kind spielt was“, konnte ich von den Lippen einer Person einmal ablesen. Ich hatte meine Mutter und Mrs. Siggs in Verdacht, in dieser Hinsicht konspirativ tätig gewesen zu sein. Um das Argument zu unterstützen, dass ich durchaus an einer normalen Schule bleiben könnte, ließen sie mich Musik spielen. Das Tolle an Musikstunden ist, dass dort wenig gesprochen wird, außerdem sind Musiklehrer meist sehr laute und lebhafte Personen, die gern quer durch den Raum ihre Schützlinge anschreien. Das war eine große Erleichterung für mich, denn in den anderen Stunden musste ich meist ganz vorne sitzen, wo sich dann die Lehrer vor mir aufpflanzten und laut sprachen. Die meisten schrien dauernd aus nächster Nähe. Ich schätze durchaus die gute Absicht und bedaure die Stimmbeschwerden, die das verursacht haben muss, aber eigentlich hätte es mir mehr geholfen, ihre Lippen zu sehen. Wann immer sie sich zur Tafel drehten, war es unmöglich für mich mitzukommen, egal wie laut sie sprachen. Oft gab ich die perfekte Antwort auf eine ganz andere Frage als die gestellte. In den Musikstunden hingegen kam es selten zu dieser Frage-Antwort-Situation.

Meine Eltern meldeten mich auch für den Kinderchor der St. Luke's Lutheran Church an. In einem Chor zu singen und Musikstunden zu haben, half mir zwar, die Welt der Töne bewusster zu erleben, gleichzeitig wurde mir aber auch stärker bewusst, wie viel mir fehlte.

Unsere Familie besuchte die St. Luke's Lutheran Church, seit wir in Sunnyvale angekommen waren. Dann kam es zur großen Spaltung der Lutheran Church, und wir mussten die Gemeinde verlassen und zu einer anderen Lutheran Church in Los Altos wechseln. Wenn Sie jemals von offizieller Religion desillusioniert werden wollen, schlage ich Ihnen vor, sich mit der Spaltung zu befassen, die in den 1970ern in der Lutheran Church stattfand und die Missouri-Synod-Lutheraner betraf. Da wurde aufgebauscht, hinterhältig gedacht, kleinlich, rachsüchtig, politisch intrigiert und alles Mögliche getan, was nicht der christlichen Lehre entspricht.

In St. Luke's wurden wir jeden Sonntag mit der außergewöhnlichen Sangeskraft der Familie von Pastor Mitchell überschwemmt. Die Tochter Claudia dröhnte auf der Orgel, während der Pastor vorne die Luft mit seiner großen, kräftigen Tenorstimme erfüllte. Sein Sohn Paul bearbeitete inzwischen den Synthesizer, dazu kam noch ein Chor mit Jugendlichen, einer mit Erwachsenen, ein Glockenchor und verschiedene andere Instrumentalisten. Das war ein wöchentliches musikalisches Großereignis, so als ob jede Woche eine Live-Performance von Sonny und Cher in der Kirche stattfinden würde. Wenn die Mitchells einen wirklich guten Tag hatten, konnte der Gottesdienst auch schon mal zwei Stunden dauern.

Während meiner Junior-High-School-Zeit verbrachte ich viel zu viele Stunden in der Kirche. Zwei Jahre lang ging ich montags und mittwochs zum Konfirmationsunterricht. Am Dienstag war Chorprobe, am Sonntag Sonntagsschule und anschließend Gottesdienst. Ich hasste das, dieselben alten Geschichten, wieder und wieder. Viele der Kirchenlieder und -texte schienen geschraubt und unklar, aber was sollte ich tun?

Ich glaube nicht, dass ich Pastor Mitchell je besonders aufgefallen bin – bis zu dem Zeitpunkt nach meiner Konfirmation, als ich zu ihm ins Büro ging: „Pastor Mitchell, letzte Woche wurde ich konfirmiert, ich bin jetzt ein erwachsenes Mitglied der Gemeinde. Heißt das, dass ich mit allen Rechten eines Erwachsenen an der Kirche teilnehmen kann?"

„Ja, natürlich", sagte er, „du bist jetzt in Gottes Augen ein Erwachsener."

„Okay, also will ich als erwachsenes Mitglied dieser Kirche das Evangelium vorlesen, so wie die anderen erwachsenen Mitglieder."

Er sah mich fassungslos an. Die Lesungen aus dem Evangelium waren die Domäne der älteren Gemeindemitglieder und eine Ehre. Meine Motivation war allerdings weniger die Ehre, sondern eher die Hoffnung, die endlos langen Gottesdienste etwas weniger langweiliger für mich zu machen. Nach ein paar Wochen erhielt ich eine Robe und schritt in der Eingangsprozession neben Pastor Mitchell, setzte mich in eine Bank rechts (was ironischerweise fast identisch mit meiner Position in der Grundschule war). Im entscheidenden Moment des Gottesdienstes gab mir der Pastor ein Zeichen, ich stieg auf die Kanzel und schmetterte der erstaunten Gemeinde die Lesung entgegen. Ich konnte nicht einmal über die Kanzel schauen, so wurde ich auch nicht gesehen. Es war meine erste öffentliche Rede, und der Gottesdienst verging schneller. Fast ein Jahr lang hielt ich die Lesungen, dann wollten auch andere Eltern ihre Kinder lesen lassen. Ich lernte, dass ein öffentlicher Auftritt Selbstvertrauen und eine klare Aussprache braucht, und es machte mir Spaß.

Gehörgeschädigt oder taub und gleichzeitig schüchtern zu sein, schließt einander fast aus. Um in der Welt der Hörenden Erfolg zu haben, braucht man Mut und aktives Handeln. Wenn man schüchtern ist und sich nicht traut, jemanden zu bitten, lauter zu sprechen, hat man es schwer. Ich erfasste auch rasch, dass es besser war, ein Gespräch anzufangen, denn dann konnte ich es kontrollieren, wusste, worum es ging und konnte leichter folgen. Wenn ein Gespräch jedoch eine unerwartete Wendung nahm, konnte ich den anderen nicht folgen und war verloren. Je mehr ich sprach, umso mehr verstand ich. Ich hatte auch bald die Technik heraus, einen Satz mit einer Frage zu beenden und dann die Antwort von den Lippen zu lesen, was leichter ist, besonders, wenn es eine Ja/Nein-Frage ist. Der Schlüssel zu gutem Lippenlesen ist es, immer vorherzusehen, was der andere wahrscheinlich als Nächstes sagen wird. Das konnte man erleichtern, indem man an gewissen Punkten zu sprechen aufhörte. Ich erriet auch oft, was jemand vermutlich nicht sagen würde. Wenn aber etwas völlig Unerwartetes auftaucht, dann bin ich verloren. Also, um es kurz zu machen: Ich spreche zu viel. Das wird jeder bestätigen.

In der St. Luke's Lutheran Church unternahm Pastor Mitchell große persönliche Anstrengungen, die Lehre auch den tauben Gemeindemitgliedern nahezubringen. Er stellte einen tauben Seelsorger an, er begann, eine taube Gemeinde zu versammeln, und bald führte er auch Kurse für Gebärdensprache für die anderen Mitglieder ein. Eine Teletype-Maschine wurde installiert, und bald gab es fünf bis zehn Leute, die oft von weit her zu unseren schrecklich langen und langweiligen Gottesdiensten fuhren, die jetzt für Gehörlose in Gebärdensprache übersetzt wurden. Der Übersetzer stand links von der Kanzel und übersetzte alles, sogar die Musik. Ich kann mich erinnern, wie alle Mädchen herumgerannt sind und „I love you" und „Jesus is Lord" gesungen und dabei die Handzeichen für die einzelnen Buchstaben geübt haben. Gebärdensprache war en vogue in St. Luke's. Aber der taube Hilfspastor konnte Lippenlesen, und zwar extrem gut. Er hatte aber auch gelernt, auf sehr gutem Niveau zu sprechen. Die Gebärdensprache war mir unheimlich, und ich wollte sie nicht lernen, weil ich dachte, ich müsste sie dann auch verwenden. Ich gab es nach den ersten Versuchen auch bald auf.

Dr. Mansfield Smith war absolut dagegen, dass ich die Gebärdensprache lernte.

Er erklärte meiner Mutter einmal: „Mrs. Ball, wenn Sie zulassen, dass Geoffrey Gebärdensprache lernt, kann er nur mit Leuten kommunizieren, die ebenfalls die Gebärdensprache verwenden. Und das ist eine sehr, sehr kleine Gruppe. Außerdem braucht er das nicht."

Seine Überlegungen waren nicht nur richtig, sondern sogar zutreffender, als er damals wissen konnte.

Mit dreizehn Jahren hatte ich ein Problem. Bei einem der unzähligen Hörtests, die ich machen musste, oder vielleicht auch bei irgendeiner Untersuchung stimmte etwas nicht. Um ernstere Probleme auszuschließen, wurde ich zu einer genaueren Überprüfung bestellt. Ich erhielt die volle Testbatterie, zusätzlich zu den üblichen audiometrischen Untersuchungen wurden Elektroden an meinem Kopf befestigt, und ich musste einige Stunden ruhig sitzen bleiben. Ich war wirklich auf einem Brett fixiert und angeschnallt, während ich gescannt wurde. Nach drei Monaten musste ich das Ganze nochmals durchlaufen.

„Mom“, sagte ich, „sie untersuchen mich auf Krebs, nicht wahr? Irgendwas Schlimmes.“

Meine Mom antwortete: „Man will nur sicher sein ...“

„Haben sie schon was gefunden?“

„Nein, bis jetzt ist alles okay.“

„Sag mir halt, wenn sich das ändert.“

Nach ein paar Monaten erhielt meine Mutter einen Anruf von einem der Ärzte, und ich fragte sie, ob ich Krebs hätte. Ich wusste zwar nicht genau, was das war, außer dass es sehr schlimm für mich wäre.

Aber sie sagte: „Nein, alles ist in Ordnung.“

Also schnappte ich mein Rad und fuhr in den Serra Park auf den hohen Hügel beim künstlichen Teich und schaute mich um. Es war ein unglaubliches Gefühl. Ich sagte mir, ich könnte nicht glücklicher sein, hier im Serra Park, lebendig und ohne Krebs. Ich kletterte meinen Lieblingsredwoodbaum so hoch hinauf, wie ich konnte. Ich war wirklich „On top of the world“ und so hoch, wie ich in Sunnyvale überhaupt kommen konnte.

Später nahm ich am Bell Choir der St. Luke's Lutheran Church teil. Nach ein paar Wochen im Chor erhielt ich das beste Glockenset, obwohl es andere mit mehr Erfahrung gab. Das Tolle bei den Glocken war, dass es vor allem auf Rhythmus und Takt ankam. Sonst waren sie leicht zu spielen, denn ich musste mich nicht um die Lautstärke oder Atemtechnik kümmern, und stimmen brauchte ich sie auch nicht. Einfach den Takt halten und an der richtigen Stelle auf die Glocken schlagen, das war einfach. Jeden Monat fuhren wir zu Aufführungen in Spitälern, Einkaufszentren, Seniorenresidenzen oder anderen Kirchen. Wir hatten sogar zur Weihnachtszeit, als die Glocken sehr gefragt waren, einen zweitägigen Auftritt an der Stanford-Universität. Am Heiligen Abend waren wir auf Channel 7. Ich denke, zumindest sieben Leute haben auch zugeschaut.

Das Verständnis für Musik muss mir geholfen haben, die Wichtigkeit von besseren Verstärkern für Gehörgeschädigte zu erkennen. Heute spiele ich leidlich gut Gitarre, Saxophon, Blockflöte und Harmonika sowie noch einige andere Instrumente, die aber wirklich schlecht. Aber wenn ich singe, behauptet meine Frau, das sollte ich wirklich niemals tun, nie.

Als ich nach unserer Show in Stanford durch die sonnige, kalte Dezemberluft über den Campus ging, um meinen Glockenkasten zum Parkplatz zu tragen, fasste ich den Entschluss, dass ich eines Tages auch in Stanford studieren würde.

Rettungsschwimmer

Return of the tide
The ebb and the neap
Longest echo
Silently sweet

Wann ich beschlossen hatte, Rettungsschwimmer zu werden, weiß ich nicht mehr, aber ich war noch ziemlich jung. Auf die Frage: „Geoffrey, was willst du einmal werden, wenn du groß bist?“, habe ich immer geantwortet: „Rettungsschwimmer“. Ich habe früh schwimmen gelernt. Im Schwimmbecken braucht man nicht gut hören.

Immer wenn ich an den Pools und am Strand die Badewärter sah, dachte ich mir, was das für ein toller Job wäre. Man kann Leben retten, man kann die ganze Zeit schwimmen und ist die wichtigste Person am Strand. Was könnte besser sein, als dafür bezahlt zu werden, dass man am Strand ist, beim Wasser, im Freien, mit roten Shorts und Sonnenbrille?

Mit 14 Jahren machte ich beim Roten Kreuz die Rettungsschwimmerprüfung. Vorher allerdings hatte ich mir auf einem YMCA-Camp bei La Honda in den Santa-Cruz-Bergen an vier Wochenenden in einem eisigen Pool im Spätwinter meine delikatesten Teile fast abgefroren. Die Poolheizung funktionierte nicht, und das Wasser war so kalt, dass man sofort hinauswollte, kaum war man hineingesprungen. Nach 20 oder 30 Minuten konnte ich unterhalb meines Halses nichts mehr fühlen. Ich war eindeutig der Jüngste bei diesem Rettungsschwimmerkurs. Später fand ich heraus, dass ich einer der jüngsten, wenn nicht sogar der jüngste geprüfte Rettungsschwimmer im Staate Kalifornien war. Ich empfand das als eine große Leistung. Ich war ein wirklich guter Schwimmer und hatte einen Vorteil. Da niemand im Wasser gut hören und Anweisungen befolgen kann, schrie der Trainer seine Kommandos ganz laut heraus und unterstrich sie mit lebhaften Gesten, die wir alle schwer verstanden. Aber ich konnte Lippenlesen und war im Gegensatz zu den anderen gewohnt, nonverbaler Sprache zu folgen. Deshalb hatte ich an diesen vier eisigen Wochenenden im Niemandsland durch meine Gehörschädigung einen Vorteil und bestand die Prüfung.

Die größte Belohnung war, dass ich als Camp Counsellor im YMCA-Sommer-Programm die besten Aufgaben bekam. Allerdings musste ich noch ein System entwickeln, wie ich meine Hörgeräte möglichst schnell entfernen konnte, bevor ich ins Wasser sprang. Also trug ich eine Kappe. Wenn ein Schwimmer Hilfe brauchte, nahm ich sie schnell ab, klappte die Ohrenschützer herunter, legte meine Hörgeräte hinein, warf sie so geschützt auf den Boden, und das alles in Sekundenschnelle, ohne den Schwimmer aus den Augen zu lassen.

Aufgrund meiner Tätigkeit als Rettungsschwimmer und Camp Counsellor beim YMCA engagierte ich mich dort wesentlich mehr als bei irgendwelchen Freizeitaktivitäten in der Schule. Die Homestead High School war „Home of the Mustangs" und breitete sich auf einem großen Campus zwischen Homestead und Mary Avenue aus. Der Campus war ein ausgedehntes Netzwerk aus der besten Holzkonstruktion des Staates Kalifornien, und vor der Schule stand eine riesige Kalifornische Schwarzeiche.

Meine ehemalige Babysitterin Erin O'Connor begleitete mich zu meinem ersten Tag in der High School – meinem Freshman-Jahr. Trotz ihrer Bemühungen wurde ich von einer Gruppe älterer Schüler unter dem Anführer Joe Walker empfangen, die mich schnappten und kopfüber in eine Mülltonne steckten.

Dazu riefen sie: „Willkommen auf der Homestead High School! Anfänger! Anfänger! Freshman!"

Rückblickend muss ich sagen, dass ich immer ein auserwähltes Opfer älterer Burschen war, die mich schikanierten und boxten, und zwar wesentlich mehr als alle meine Freunde zusammen. Damals dachte ich, meine Behinderung wäre schuld daran. Jetzt denke ich, dass es gut war, denn Joe und die anderen älteren Jungs, die mich immer quälten, wussten, dass ich damit fertig würde. Es war ja nichts Neues für mich und beschränkte sich auch nicht auf die High School, sondern passierte überall, auch im Y und in der Kirchengruppe. Es machte offenbar Spaß, mich zu sekkieren, denn ich konnte einiges einstecken, zeigte Sportsgeist und wusste außerdem, dass ich es ihnen immer zurückzahlen konnte, sollten sie zu weit gehen. Ich war ein hochangesehenes Ziel, und nach einigen weiteren Kontakten mit dem Mülleimer kannte mich jeder in der Klasse. Eigentlich sollte ich Joe dankbar sein.

Ein Bonus der Homestead High School war, dass sie Sitz des HOH(Hard of Hearing)-Programms des Cupertino High School Districts war. Das bedeutete, dass alle tauben oder schwerhörigen Kinder einmal täglich eine spezielle Schulstunde hatten. Wir waren ungefähr zehn. Das erstaunte mich sehr, denn bis dahin hatte ich nur ein einziges anderes hörgeschädigtes Kind kennengelernt, nämlich Jeff, der in einem meiner Fußballteams spielte. Wahrscheinlich hätte sich eine Freundschaft entwickeln können, aber er wohnte weit weg in der Gegend des Ortega-Parks. Die Hälfte der Klasse war taub, die andere wie ich gehörgeschädigt.

Mr. Harvey Day war der Leiter des HOH-Programms. Sein Ziel war es, uns durch spezielle Hilfe zu unterstützen, sich auf Problemfelder zu konzentrieren und allgemein unsere Lese-, Schreib- und Sprechfertigkeit zu fördern. Wenn nötig, gab es auch besondere Berater für Sprechtraining und akute Probleme.

In dieser Klasse konnten ich und ein wunderschönes Mädchen namens Sharon am besten mit dem Gehörverlust umgehen. Sharon hatte sich schnell einer Clique von coolen Mädchen angeschlossen und sah so toll aus, dass jeder Bursche gerne über ihren Gehörverlust hinweggesehen hat. Im Gegensatz zu mir hatte Sharon aber eine starke Sprechbehinderung, rollte ihre Konsonanten und verwendete überhaupt kein T oder S, was eigentlich recht herzig wirkte. Außerdem war sie zu jedem überwältigend liebenswürdig.

Der Lebhafteste der Gruppe war „Disco Charlie", der es cool fand, wie John Travolta auf dem Campus herumzuspazieren, was natürlich ein Denkfehler war, denn die Disco-Mode war schon wieder vorbei. Trotzdem stolzierte Charlie in schwarzen Hosen, einem schwarzen Hemd, einer schwarzen Lederweste und vier Inches hohen, schwarzen Stiefeln über den Campus. Er lebte in seiner eigenen Welt und war zufrieden damit, anders zu sein.

Was immer unsere Strategien gewesen sein mögen, im Grunde hassten wir unsere Behinderung. Die meisten von uns ließen sich die Haare wachsen, um die Hörgeräte zu verstecken (wenn wir sie überhaupt trugen), und wir alle übten Lippenlesen und arbeiteten daran, unsere Aussprache zu verbessern. Mr. Day sprach mit unseren Lehrern, und schon mussten wir in der ersten Bank sitzen. Vier Jahre High School, wieder in der ersten Bank!

Mr. Day und meine Mutter trafen sich am ersten Tag nach der Schule, um meine Fächer zu besprechen. Meine Mutter war beunruhigt, denn in meinem Stundenplan fanden sich Kurse wie Metallarbeit, Mechanik, Holzarbeit, Elektronik und Skizzieren Stufe II. Offensichtlich war etwas schiefgelaufen. Da ich auf den Formularen als taub angeführt war, hatte mein Studienberater offenbar beschlossen, mich in möglichst viele praktisch orientierte Kurse zu stecken, damit ich mich für einen Industriejob qualifizieren könnte. Daraus schloss meine Mutter nicht ganz zu Unrecht, dass ich auf eine Arbeit als Automechaniker, Stahlarbeiter oder für sonstige industrielle Schwerarbeit vorbereitet werden sollte. Viele meiner HOH-Klassenkameraden landeten auch in Jobs wie Bodenverleger, Automechaniker, Bestatter etc., alles Berufe, in denen Hörvermögen nicht besonders wichtig war.

Also machten meine Mutter und Mr. Day der Administration die Hölle heiß, und bald verschwanden die praktischen Kurse von meinem Stundenplan und wurden durch die allgemeinen, anspruchsvolleren Kurse wie Biologie, Physik, Englisch und Mathematik ersetzt. Zum Glück durfte ich Entwerfen und Elektronik behalten. Mein Lehrer, Mr. McCollum, war ein hervorragender Elektroniker und selbst schon eine Silicon-Valley-Legende. Steve Wozniak war einer seiner Starschüler und arbeitete als Assistent in diesem Kurs. Ich glaube auch mich zu erinnern, Steve Jobs im Elektroniklabor der Homestead High School gesehen zu haben, bin mir aber nicht sicher, denn ich sah ihn auch im Computergeschäft und bei Haltek Elektronik. Es ist schwer zu glauben, dass es nichts Besonderes war, diese Leute zu treffen, aber wer konnte das damals schon wissen.

Alle HOH-Schüler waren vom Fremdsprachenunterricht an der Homestead High School entbunden. Man dachte, es wäre schon schwer genug für uns, Englisch zu verstehen und zu sprechen, also wäre eine Fremdsprache zu viel und würde sogar unsere Fortschritte in Englisch torpedieren, wie manche Experten meinten.

Ich verstehe ihren Standpunkt: warum all das in Englisch Erreichte aufs Spiel setzen durch Herumexperimentieren in einer anderen Sprache?

Heute kenne ich allerdings eine junge Frau mit einem Cochlea-Implantat, die drei Sprachen spricht. Da ich früher nie mit einer Fremdsprache konfrontiert war, fällt es mir jetzt, da ich in Österreich lebe, schrecklich schwer, Deutsch zu lernen. Hätte ich schon früher gelernt, mich mit Alternativen zum Englischen auseinanderzusetzen, hätte mir das sehr wohl helfen können, bessere Deutschkenntnisse zu entwickeln. Nach sechs Jahren in Österreich spreche ich noch immer sehr schlecht Deutsch. Wahrscheinlich könnte mir nur ein Einzeltraining helfen, in dieser Hinsicht eine Verbesserung zu erzielen.

Mr. Day ließ mich in seinem Kurs das Standardprogramm absolvieren, ich arbeitete aber auch mit einem Sprachspezialisten und anderen Trainern, je nach Bedarf. Hatte ich Schwierigkeiten mit einem Lehrer oder Fach, organisierte er zusätzliche Hilfe für mich, manchmal mit einem Tutor, aber meist mit einem älteren Schüler. Er stellte mir auch sofort fortgeschrittene Schreib- und Leseaufgaben. Ich bekam ein Buch zu lesen, musste dazu eine Zusammenfassung oder einen Vergleich mit anderen Büchern und Autoren schreiben, dann hatten wir eine Diskussion darüber, worauf ich eine Note erhielt. Die ersten Bücher waren sehr einfach und ich hatte in einer Woche alles erledigt, was Mr. Day zunächst sehr erstaunte.

„Hast du das wirklich alles so schnell gelesen?", fragte er.

„Klar, Mr. Day."

„Aber wie?"

„Es macht mir einfach Spaß, das ist alles." Ich verstand nicht ganz, warum er fragte.

Ich las sehr viel, denn es machte mir mehr Spaß als ins Kino zu gehen oder fernzusehen. Wenn ich mit Freunden ins Kino ging, konnte ich nichts hören und verstand nichts. Der Ton in den Kinos war ja auch nicht laut genug für mich. Zu Hause hatte mir mein Vater spezielle Kopfhörer entworfen, und das ging besser. Er hatte auch einen Lautsprecher hergerichtet, den ich neben meinen Kopf stellte, sodass auch meine Brüder mithören konnten, aber ich las lieber.

Ich begann mein Freshman-Jahr mit allen Tolkien-Romanen, viel von Mark Twain (noch immer einer meiner Lieblingsschriftsteller), Shakespeare, den ich zwar schätzte, aber auch schwierig fand. Mr. Day hatte eine Liste mit allen Büchern, die ich in der High School gelesen hatte. Pro Monat las ich meist drei bis vier Bücher, je nach Länge und Schwierigkeit. Als ich die High School abschloss, hatte ich laut Mr. Days Liste 187 Bücher gelesen (und damit knapp mein Ziel von 200 bis zur Graduation verfehlt).

Die anderen Kinder konnten Steinbeck nicht leiden, aber ich las alle seine größeren Werke und Essays. Ich verschlang Mailer, Orwell, Conrad, Jung, Kesey, Dickens. Ich las die Biographien von Rommel, Churchill, Jefferson, Lincoln und *The Art of War*, Essays zur politischen Philosophie, Drehbücher, ja sogar ein paar Manifeste. Mr. Day gab mir auch Management-Bücher zu lesen, wie Peters‘ *A Passion for Excellence*, Bücher über Edison, Newton, Galileo, Einstein und Kidders fantastisches *Soul of a New Maschine*. Ich las Bücher über hydroelektrischen Antrieb, Wassersysteme, Kanalisation und die Elektrifizierung Kaliforniens. Auch solche Langweiler wie die Geschichte der Landwirtschaft im San Joaquin Valley standen auf der Liste. Mr. Day heizte meinen unersättlichen Appetit auf Lektüre an, der bis heute anhält.

Mich lesen und über das Gelesene schreiben zu lassen, war wahrscheinlich das Beste, was mir passieren konnte, auch wenn Mr. Day für diese Spezialmethode ein paar Regeln brechen musste.

Er erklärte dem Schulleiter: „Ich gebe ihm Bücher, und er liest und liest. Was könnte besser sein?“

Ich besuchte die Homestead High School von 1978 bis 1981. In der Hippie-Phase strömte die Kultur der Blumenkinder ins Silicon Valley. Das manifestierte sich nicht nur in den vielen Arts-and-Craft-Messen, sondern auch in dem Glauben, dass die Haare bei niemandem lang genug sein konnten, und einigen überoptimistischen Ansichten: dass es keinen Bus gab, der zu kaputt war, und dass man gar nicht zu viele streunende Hunde aufnehmen konnte.

Jahrelang sahen wir, wenn Mom meine Brüder und mich in den purpurnen Mercedes verfrachtete, Kolonnen von Hippie-Vans und Volkswagen auf dem Highway 17 und jede Menge Anhalter, die nach Santa Cruz oder ins Cats-Restaurant in Los Gatos wollten. Ich fand die Hippies cool. Sie sagten immer „Peace!" zu mir, oder, noch besser, „Peace, little man!" Total cool! Sie waren sicher freundliche Leute, und die entspannenden Drogen, die sie nahmen, machten sie noch friedlicher. Dann kam die Discozeit, Kokain und Speed wurden Modedrogen, und alles war weniger friedlich. Und es wurde noch schlimmer, als die Motorradgang Hells Angels den Drogenhandel übernahm.

Plötzlich erschien das City of Sunnyvale Police Department in der Schule, um uns zu warnen. Die Botschaft war unmissverständlich: Wenn wir im Park waren, besonders in der Gegend des Stevens Creek Dam, oder sonst wo, und die Hells Angels oder irgendein Motorradclub zeigte sich, dann sollten wir davonlaufen. Das war die Botschaft: Lauft! Es war uns allen klar, dass das ungute Typen waren, und da wir die echt gefährlichen nicht erkennen konnten, liefen wir vor allen weg. Nach der Rolle der Angels bei der Tragödie des Altamont-Rock-Konzerts musste man uns das nicht zweimal sagen. Wann immer einer dieser Burschen auftauchte, verzogen wir uns sofort. Sicher waren nicht alle Leute, die sich schwarz anzogen und sich wie die Hells Angels benahmen, gefährlich. Aber Zweifel waren angebracht, wenn sich einer auf einer Maschine wie ein Drogendealer anzog und aufführte. Solange wir innerhalb der Stadtgrenzen blieben, waren wir okay, weiter draußen in den Hügeln war Vorsicht angebracht.

Als jemand, der in Kalifornien aufgewachsen ist, wo ja viele der Bikermoden ihren Ursprung hatten, verblüfft es mich immer wieder, wie diese Moden heute zum Mainstream geworden sind. Über den gegenwärtigen Trend, wie die Hells Angels auszuschauen, mit Tattoos und dieser Motorradmanie, kann ich nur den Kopf schütteln. Hätte man mir gesagt, dass richtig nette Leute eines Tages in schwarzen, halloweenartigen Outfits daherkommen, die fast identisch mit der Kluft der Drogendealer meiner Jugend sind, wäre ich äußerst verwundert gewesen. Mit Erstaunen betrachte ich all diese Leute, die sich genauso anziehen und auf Motorrädern herumfahren wie die Motorradfahrer, vor denen ich in meiner Jugend davonlief. Einerseits verstehe ich ja dieses „In-den-Bergen-Dahindonnern“, andererseits auch wieder nicht. Ich bin aber sicher, dass ich nicht der Einzige bin, der an der Westküste aufwuchs und den modernen Harley-Davidson-Kult ungläubig betrachtet.

Ich engagierte mich nicht nur beim YMCA und als Rettungsschwimmer, sondern betrieb auch viele andere Sportarten, wie Kajakfahren, Surfen, Skifahren, Schwimmen, Windsurfen und Fußball. Auch war ich Mitglied im Debattierklub und nahm an der Modellregierung für Jugendliche des Staates Kalifornien teil. Darüber hinaus arbeitete ich natürlich. Sei es als Hausarbeiter im Y, Techniker in Vertretung, Kartenlocher, Weihnachtsbaumverkäufer, Kopier- und Botenjunge oder Rettungsschwimmer. In meinen Junior- und Seniorjahren an der High School belegte ich schon Kurse am De-Anza-College und verbrachte die Hälfte meiner offiziellen High-School-Zeit am Junior College.

Einen meiner besten Jobs während der Jahre an der High School hatte ich in der Sunnyvale Filiale von Farrell's Eisdiele und Restaurant. Mit fünfzehneinhalb Jahren hatte ich gerade meine Arbeitserlaubnis erhalten. Ich begann als Aushilfe und Tellerwäscher immer gleich nach der Schule, und innerhalb von zwei Monaten durfte ich erst Gäste empfangen, dann war ich Kellner.

Ich hatte gerade meine neuen Hörgeräte mit Richtmikrofonen erhalten, was mein Leben erleichterte. Ab 1980 begannen Audiologen Hörgeräte zu verkaufen, und meine Hörgeräte wurden besser. Ich ließ mir auch kleine Karten drucken, auf denen stand: „Ich bin heute Ihre Bedienung. Ich höre sehr schlecht, daher wäre es eine große Hilfe für mich, wenn Sie mich beim Bestellen anschauen könnten. Danke!“ Mit diesen Kärtchen wurden meine Trinkgelder viel höher.

Farrell's war das In-Lokal für die lokale Bevölkerung. Untergebracht im alten Alpha Beta Supermarkt und Einkaufszentrum an der Ecke Fremont und Mary Avenue brodelte es vor Aktivität. Es ging lustig zu, man verkaufte Eisbecher, Burgers und Riesenportionen Pommes. Die Angestellten waren dafür bekannt, tolle Geburtstagsfeste auszurichten, und es gab kaum eine Familie in Sunnyvale, die nicht regelmäßig hinkam.

Doch leider näherte sich Farrell's dem Ende seiner Glanzzeit. Chuck E. Cheese Pizza Time Theatre, eine Pizzarestaurantkette, hatte gerade eröffnet und zielte auf den Markt für Kindergeburtstagspartys. Statt nur Eis, Burgers und Kuchen gab es bei Chuck E. Cheese auch Pizza zur Begleitmusik einer mechanischen Ratte, die Lieder abspielte. Chuck E. Cheese-Läden waren nur eine Modeerscheinung, aber zunächst verbreiteten sie sich so schnell wie später die Starbucks Coffee Shops. Bei Chuck E. Cheese gab es zur Pizza Videospiele und nicht das hausgemachte Gesangs- und Gröhlrepertoire mit dem Livepianisten, das wir bei Farrell's anboten.

Die Franchiserechte von Farrell's wurden an die einzelnen Unternehmer verkauft, von denen jeder versuchte, sein Image zu modernisieren. Farrell's hatte ursprünglich Eisbecher mit heißen Saucen, Schlagsahne und enorm viel Kalorien verkauft oder riesige, fette Burgers und Pommes. Plötzlich wurde in einem Geschäft eine Salatbar installiert, in einem anderen gab es neue Kaffeegetränke. Wir alle wussten, dass mit der tiefgefrorenen Pizza die Schwierigkeiten erst richtig beginnen würden. Der letzte Nagel im Sarg war dann der Aufkauf durch die Pepsi Co. Bis auf wenige erhaltene Restaurants in abgelegenen Orten wie Eugene, Oregon oder Hawaii verschwand die Kette Farrell's. Ironischerweise gibt es auch kaum mehr Chuck E. Cheese Restaurants. Wenn Farrell's sich nur eine Zeit lang hätte verstecken können und bei der Linie, absolute Spitzenqualität bei fettreichen Produkten anzubieten, geblieben wäre (o, der leckere Nussbecher!), hätten sie wahrscheinlich überlebt. Mit Farrell's verschwand auch ein großer Teil des alten Sunnyvale.

1980 eröffnete das Sunnyvale Town Center, ein Megaeinkaufszentrum, dort, wo einst das Zentrum von Sunnyvale war. Einer der fragwürdigsten Beschlüsse der Gemeinderäte war die Zustimmung zum Abriss des alten W. T. Grant-Gebäudes, zusammen mit dem alten Kern von Sunnyvale, und zum Bau einer Mega-Mall gleich neben dem malerischen Town and Country-Einkaufszentrum. Man wollte konkurrenzfähig gegenüber anderen Einkaufszentren in der Nähe werden. Diese Rechnung ging aber nicht auf, denn mit dem Abriss des alten Viertels ging die Seele des Zentrums verloren, und man errichtete direkt vor der Mall ein riesiges, hässliches, zweistöckiges Parkhaus. Kam man aus den Seitenstraßen, war es auch nicht besser. Man konnte direkt am Sunnyvale Town Center vorbeifahren, ohne es überhaupt zu sehen. Sie versuchten, die Attraktivität noch durch Filialen von Montgomery Ward's, Macy's und J. C. Penny's zu steigern, von denen man aber größere Filialen in allen anderen Malls finden konnte. Schon nach zwei Jahren kam das Sunnyvale Town Center finanziell ins Schleudern, konnten doch nie alle Geschäftslokale vermietet werden. Man ging eigentlich nur wegen der dunklen Kinos dorthin. Zur gleichen Zeit und aus den gleichen Gründen wurde damals auch in Mountain View die Old Mill Mall geschlossen.

Einer meiner besten Freunde aus der High-School-Zeit war Greg White. Wir hatten uns zwar schon 1973 auf einem Tagescamp kennengelernt, freundeten uns aber erst Jahre später so richtig an. Greg war eine der interessantesten Persönlichkeiten, die ich je getroffen habe. Seine Eltern waren äußerst erfolgreiche Stanford-University-Absolventen und wohnten in einem beeindruckenden Haus hoch oben am Arboretum Drive in Los Altos. Es hatte weit und breit die größte s-förmige Einfahrt und bot einen fantastischen Blick über das Valley. Greg und ich waren beide recht belesen, und wir hielten uns für Jungintellektuelle. Bis spät in die Nacht diskutierten wir über unsere aktuelle Lektüre und fuhren oft mit Gregs altem Kombi in die Santa-Cruz-Berge und die nahegelegenen Nationalparks, um zu wandern und über die Bücher der von uns verehrten Schriftsteller, wie Conrad, Updike, Steinbeck, Mailer, Orwell, Jung und viele andere, zu debattieren. Wir fuhren auch auf den Campus von Berkeley, kauften uns Pizza bei Blondie's, lasen die neuesten Studentenpublikationen, Zeitungen und hin und wieder auch kommunistische Manifeste. Wir waren beide Campleiter und liebten Skifahren und die freie Natur.

Wir unternahmen viele Rucksacktouren. So wanderten wir einmal den gesamten Skyline to the Sea Trail, der von den Santa-Cruz-Bergen bis zum Pazifik führt. Wir hatten eine Übernachtung auf dem Big-Basin-Redwoods-Campingplatz reserviert. Als wir hinkamen, regte sich der Ranger fürchterlich auf, weil wir erst 16 Jahre alt waren. Wir mussten unsere Eltern anrufen, die ihn schließlich davon überzeugen konnten, dass sie einverstanden waren. Er wies uns dann einen Platz zu, der von Waschbären besiedelt war, die in der Nacht unsere gesamten Vorräte stahlen. Die folgende Nacht teilten wir unser Lagerfeuer mit – wie wir glaubten – Hippie-Intellektuellen, die aber wahrscheinlich nur Hippie-Penner waren. Wir träumten davon, im Winter ganz Alaska zu durchwandern, warum, weiß ich nicht.

Greg und ich wurden wirklich gute Freunde. Ich bin sicher, dass die jeweiligen Elternpaare unsere Freundschaft mit Misstrauen betrachteten, aber fürchten Eltern nicht immer den schlechten Einfluss der Freunde auf ihre Kinder? Die meisten unserer Freunde damals waren „New Wavers", und wenn ich mir so die Fotos aus jener Zeit ansehe, schauten Greg und ich ganz wie Surfer-Hippies aus. Man sah uns natürlich unsere Arbeit im Freien und unsere Rucksacktouren an. Durch meine Gehörschädigung schätzte ich die freie Natur viel mehr, da ich stark visuell orientiert war.

1981 wurde die Sunnyvale High School zugesperrt. Die Babyboomer-Generation war bereits in der High School, und es gab nicht genug Schüler für alle Schulen. Mr. Days Spezialkurse für Gehörgeschädigte wurden an die Monte Vista High School in Cupertino verlegt. Da ich damals ziemlich gut in der Schule war, stellte man mich vor die Wahl, meine Abschlussjahre in der High School zusammen mit meiner Klasse in Homestead zu verbringen oder an eine neue Schule zu gehen, wo es das HOH-Programm gab. Ich entschloss mich für Letzteres, denn ich fand den Gedanken, an eine andere Schule zu gehen, durchaus attraktiv, auch wenn ich die Elektronikstunden mit Mr. McCullum vermissen würde. Es ging mir eigentlich weniger darum, an eine bessere Schule zu gehen, als vielmehr darum, herauszufinden, wie es woanders war.

Ich fügte mich gut in die Monte-Vista-Schule ein und nahm am Debattierklub teil. Ich dachte, dass eine Verbesserung meiner verbalen Ausdrucksweise meine Chancen in der Modellregierung für Jugendliche in Kalifornien verbessern würde. Ich zeichnete auch die Comics in der Schülerzeitung und erlebte einen sozialen Durchbruch, der alles zuvor Dagewesene in den Schatten stellte.

Das hübscheste und beliebteste Mädchen in der Schule war Kelli Nichols. Sie war Mitglied des Drill-Teams und das Traummädchen aller Jungen. Sie war natürlich äußerst beliebt an der Schule. Drei Tage vor dem Winterball sahen wir Kellis Freundin im Kurs für Journalismus. Ich fragte sie, mit wem denn Kelli zum Ball gehen würde und erfuhr, dass sie noch keinen Partner hatte.

„Sie wird mit mir gehen!“, erklärte ich meinen Freunden.

„Mit dir? Niemals, Schwachkopf“, war die Reaktion.

„Sie muss aber, es bleibt ja nicht mehr viel Zeit“, antwortete ich.

Ich ging über den Hof, wo Kelli mit ihren Freunden herumstand, und sagte: „Du hast noch keinen Partner für den Ball. Ich wollte zwar eigentlich nicht gehen, aber dich würde ich gerne begleiten. Wir haben gerade genug Zeit, die restlichen Klassen zu schwänzen, um einen Frack und ein Kleid für dich zu organisieren. Was meinst du?“

„O mein Gott, ja!“

Sie war ganz aufgeregt. Ich drehte mich um und sah, wie meine Freunde mit offenem Mund dastanden.

Kelli und ich unterhielten uns prächtig auf dem Ball, sahen uns nachher aber seltener, vor allem, weil wir beide sehr beschäftigt waren. Ich war gerade dabei, zusammen mit meinem Freund Gary Crawford, den ich beim YMCA kennengelernt hatte, meine erste „richtige“ Firma aufzumachen. In den Kunstklassen hatte ich begonnen, Siebdruckformen zu erzeugen, mit denen ich Drucke herstellen konnte. Mit einem ließ sich ein Schachbrettmuster auf Hemdsärmeln anbringen. Das klingt vielleicht lächerlich, aber bald wollte jeder in der Schule Hemdsärmel und Hosen mit Schachbrettmustern. Mit der Vision im Kopf, Ocean Pacific Clothing Konkurrenz zu machen, gründeten Gary und ich Casual Concepts Surf Designs. Bald hatten wir so viele Aufträge, dass wir etwas überfordert waren.

Wir gaben uns als Arbeitssuchende aus und besuchten möglichst viele andere Siebdruckhersteller, um ihre Arbeitsweisen,

Entwürfe und Maschinen kennenzulernen. Bald hatten wir entsprechende Informationen gesammelt, die wir zu Hause kopierten.

Ich erklärte meinem Vater, was ich gesehen hatte, und er half mir, eine Siebdruckform zu entwerfen und herzustellen, mit der man vier Fotodrucke auf einer rotierenden Platte in der Art einer „Lazy Susan" erzeugen konnte. Und los ging es.

Gary und ich hatten eine heftige Auseinandersetzung nach unserem ersten großen Auftrag, und dann warf uns auch noch seine Mutter aus ihrem Haus in Cupertino, nachdem es durch ein Feuer Schaden erlitten hatte. Da Gary keinen Wagen zur Verfügung hatte, war es schwierig für ihn, zum neuen Firmensitz nach Sunnyvale zu kommen. Ich war allein. Ich hatte Aufträge für den Windsurfing-Wettbewerb von Frank Fellenz' Chef im Sunnyvale Surf und Segel-Zentrum an der El Camino Real. Viele High-School-Gruppen und lokale Surfgeschäfte bestellten bei mir. Bald liefen alle mit schachbrettartig gemusterten Ärmeln herum. Ich hielt alles für eine großartige Sache und war überzeugt, Ocean Pacific, die damals größte Firma für Surfbekleidung, übertrumpfen zu können.

Eines Abends, kurz nach meinem High-School-Abschluss, arbeitete ich gerade an einem großen Siebdruckauftrag, war voll mit Farbe und konnte T-Shirts schon nicht mehr sehen, als mein Vater hereinkam und sagte: „Weißt du, Geoff, ich bezweifle nicht, dass du noch ein paar Jahre an dieser T-Shirt-Firma arbeiten, sie ausbauen und nicht schlecht davon leben kannst. Aber wir könnten dir auch einen Kombi kaufen und du fährst ins College an die Universität von Oregon."

Das beseitigte alle meine Bedenken, die ich gegenüber einem Studium hatte. Ich würde wahrscheinlich nur einer von vielen anderen mittelmäßigen T-Shirt-Druckern im Valley werden und nie Ocean Pacific schlagen. So viel war klar. College wäre da die bessere Option. Bevor ich an die Universität ging, besuchte ich noch einmal Dr. Perkins, um meine Hörgeräte von seinen Audiologen kontrollieren zu lassen.

Ich hatte über die Entwicklung neuer Gehörimplantate für gravierende Schwerhörigkeit gelesen und fragte Dr. Perkins: „Wann kann ich endlich Implantate bekommen und diese Hörgeräte loswerden?"

„Wir arbeiten daran, aber es wird noch ein paar Jahre dauern."

„Wenn ich da bei der Forschung irgendwie mithelfen kann oder ein Versuchspatient gebraucht wird, bitte lassen Sie es mich wissen."

Dr. Perkins lachte, aber ich meinte es ernst. Er konnte sich nicht vorstellen, wie ernst.

An der Universität

„I am always ready to learn although I do not always like being taught.“

Winston Churchill

Ich hatte immer geglaubt, dass sich mit meiner Rettungsschwimmerausbildung mein Traum erfüllen könnte, eines Tages Marineoffizier, vorzugsweise Froschmann, zu werden. Schließlich kann man im Wasser ohnehin nichts hören. Außerdem hatte ich ja schon bewiesen, dass mein Gehörschaden meine Tätigkeit als Rettungsschwimmer nicht beeinträchtigte. Als ich mich das erste Mal bei dem lokalen Rekrutierungsbeamten über die Teilnahme an einem ROTC-Programm erkundigte, war er ganz erpicht darauf mich einzuschreiben, bis er von meinem Gehörverlust erfuhr, der mich automatisch für den Dienst disqualifizierte. Enttäuscht wartete ich ein paar Monate, bevor ich wieder zum Rekrutierungsbüro ging, um es diesmal bei der Air Force zu versuchen. Gleiches Resultat. Ich ging schließlich noch einmal hin, aber der Rekrutierungsoffizier lachte mir ins Gesicht.

„Schaut einmal, da ist ja wieder der taube Junge!“, dröhnte er zu seinen Kollegen. „Ich sag ihm immer wieder, dass er nicht genommen wird.“

Noch verletzt von seinem beißenden Spott fragte ich: „Was ist mit der Küstenwache? Vielleicht ginge das?“ Voller Hoffnung wartete ich auf die Antwort, aber die Offiziere schüttelten sich nur vor Lachen. Ich ging hinaus und kam niemals wieder.

Es war eigenartig, dass auf der High School aufgrund meiner Gehörschädigung jeder höchst zufrieden war, wenn ich B-Noten nach Hause brachte. Meine Mutter und ich hatten ja immer wieder von Audiologen gehört, wie bemerkenswert mein bisheriger Fortschritt gewesen sei. Sie warnten uns immer: „Nächstes Jahr, da werden dann die Probleme so richtig anfangen.“ Man dachte immer, dass ich eben aufgrund meines Gehörverlustes im nächsten Schuljahr Schwierigkeiten bekommen würde. Aber zum Glück traf dieses „nächste Jahr“ nie ein und ich kam immer gut in der Schule mit.

Ich frage mich immer, was diese Leute wohl gesagt hätten, wenn sie von meiner Aufnahme an eine der besten West-Coast-Universitäten erfahren hätten. Ich wählte die Universität von Oregon, weil sie ein interessantes Programm in Physiologie, Biomechanik und Sportmedizin anbot und mir Rehabilitation nach Sportunfällen, Unfallchirurgie und Rehab als sehr interessante Berufsmöglichkeiten erschienen. Die Kombination von Elektronik und Systemtechnik zur Herstellung von Geräten, die biomechanische Funktionen verbessern oder unterstützen konnten, war damals noch eine sehr nebulose und entfernte Zielvorstellung.

Oregon gefiel mir auch, weil es in der Nähe gute Skigebiete und einige der besten Kajakgewässer in ganz Amerika gab. Die Gegend von Hood River war das Mekka der Windsurfer. Ich konnte alle diese Sportarten betreiben, meist im strömenden Regen des Nordwestens. Da ich aus Kalifornien kam, hatte ich keine Ahnung, wie viel es im pazifischen Nordwesten regnete. Ich dachte, zweimal so viel Regen wie in Kalifornien bedeutet vier bis sechs verregnete Wochen pro Jahr. Dass es jeden einzelnen Tag regnen würde und dazwischen immer grau und bewölkt wäre, wusste ich nicht. Das trostlose Wetter im pazifischen Nordwesten ist trüb, aufreibend und endlos. Ich musste im Regen Ski fahren, im Regen Kajak fahren, im Regen laufen, alles einfach immer im Regen machen, sogar Tennis spielen. Wenn die Sonne herauskam, glich das einem nationalen Feiertag. Das passierte zumindest zweimal, während ich dort war. Aber trotz oder vielleicht wegen des Regens war ich erfolgreich an der Universität.

Unmittelbar nach meiner Ankunft in Oregon traf ich Dr. Don Van Rossen, den Schwimmtrainer und Organisator aller Wassersportprogramme an der Universität. Bald setzten er und seine Frau Virginia mich voll ein, und ich arbeitete mit all ihren Gruppen, so auch mit „Sports for Understanding“, einem internationalen Austauschprogramm für Jugendliche, und der National Swimming Pool Foundation. Ich wurde geprüfter Pool Spa Operator (CPO) und half im Anschluss bei den CPO-Kursen für andere mit. Wir waren auch im Organisationskomitee für den Olympic Scientific Congress, der zwei Wochen lang die besten Fachleute der Biomechanik, Physiologie und Sportmedizin zusammenbrachte.

Dr. Van Rossen stellte mir immer leicht verrückte, anspruchsvolle Aufgaben, wie etwa zehn Längen im Pool unter Wasser zu schwimmen ohne Luft zu holen oder 23 Credits in einem einzigen Semester zu schaffen. Beides gelang mir.

Bei einem Projekt über die Biomechanik des Brustschwimmens versuchte ich ein Stroboskop zu verwenden, um eine Verbesserung der Bewegung zu erzielen. Ich hatte Glück in Oregon, da einer meiner besten Freunde, Randy Pryde, ein Absolvent der Physiologie war und mich wirklich mit Fragen und Laborarbeit herausforderte. Auch meine frühere Arbeit mit Elektronik kam mir zustatten, denn die Ausstattung und die Geräte der Labors waren mir vertraut. Bald machte ich elektrophysiologische Untersuchungen mit Neurostimulatoren, Elektroden-Anordnungen, Kraftmessern und allem, was ich mir damals so vorstellen konnte. Die Elektroniklabors in Oregon waren bestens ausgestattet, und ich hatte erstklassige Oszilloskope zur Verfügung und alle Teile, die ich sonst für meine Experimente brauchte. Ich fand mich da viel besser zurecht, als ich dachte. Die Labors für Physiologie und Biomechanik waren ebenfalls überraschend gut ausgestattet. Sie hatten Test- und Analysegeräte sowie Elektronik vom Feinsten und Regale voll neuer oder fast neuer Instrumente. Auch das Computerlabor war bestens in Schuss, und ich absolvierte viele Programmierkurse. Damals wurde auf DEC-99-Maschinen programmiert, die selbst vom einfachsten PC meilenweit entfernt waren. Die Programme konnte man am besten spät am Abend oder in den frühen Morgenstunden laufen lassen, wenn das System am wenigsten belastet war. Ich lernte bald, dass man aufgrund der langen Wartezeiten die letzten Programme nie in der Woche vor dem Abgabetermin einsetzen durfte, denn da wurde man nicht rechtzeitig fertig.

Mich erstaunte mein Erfolg an der Universität. Ich wurde zum Präsidenten meines Studentenheimes gewählt, ich war Gründungsmitglied der „Lambda Chi Alpha“, ich leitete das Sportprogramm und war im Führungsteam des Eugene-Young-Life-Programms für High-School-Schüler. Zusätzlich zu meinen formalen Studien verfolgte ich immer viele andere Aktivitäten. Dass ich nie auf Partys ging, war sicher ausschlaggebend für meinen Erfolg. Während sich die meisten unserer Studienkollegen freitag- und samstagnachts auf Partys herumtrieben, verbrachten mein Zimmerkollege Hans Go und ich die Zeit in der Bibliothek oder in unserem Zimmer und lernten einfach. Ich sah, wie gut Hans bei Prüfungen abschnitt und machte es ihm nach. Meine Resultate waren nie ganz so gut wie die von Hans, aber hätte ich in den Vorlesungen alles rein akustisch besser verstanden, wären meine Noten sicher auch besser gewesen.

Kaum jemand wusste von meinen Gehörproblemen. Ich empfand meinen Gehörverlust noch immer als verhassten Makel, und wenn es nicht unbedingt erforderlich war, erzählte ich nicht einmal meinen besten Freunden davon. Ich las noch immer von den Lippen ab und bekam bestimmt viel nicht mit, besonders wenn ich von hinten angesprochen wurde. Meine Hörgeräte funktionierten nicht besonders, sondern waren höchstens Hilfen beim Lippenlesen. In lauter Umgebung waren sie nutzlos, denn sie verstärkten nur die Lautstärke. Daher vermied ich solche Situationen wo immer möglich, was mit ein Grund war, mit Hans zu lernen statt auf Partys zu gehen. Nur einmal löste mein Gehörverlust eine Krise aus. Ich verlor meine Hörgeräte am Abend vor den Zwischenprüfungen. Also raste ich die Interstate 5 zurück nach Kalifornien, wo ich ein Reservepaar hatte. Als ich zu Hause ankam, war eine Nachricht von Van Rossen auf dem Anrufbeantworter: „Wir haben deine Hörgeräte gefunden, du Esel! Du hast sie in der Trainergarderobe liegen gelassen, schau, dass du sofort zurückkommst!"

Hans Go hatte einen Job in der Verwaltung, und weil er sich mit Computern gut auskannte, hatte er unter anderem Zugang zu dem neuesten Macintosh. Hans arbeitete spät von 17 bis 23 Uhr, wenn die Angestellten bereits gegangen waren. So konnte ich ihn begleiten und den neuen Mac begutachten. Ich war sehr beeindruckt von der kleinen Größe, aber auch von der Benutzeroberfläche, die die erste „richtige" PC-Benutzeroberfläche war und DOS obsolet machte.

Wir spielten ein bisschen herum, um die Möglichkeiten auszuloten, und fanden schnell ein Programm, mit dem wir die Main-Frame-Verzeichnisse und alle Links durchsuchen konnten. Zu unserer großen Überraschung hatten wir nach ein paar Minuten die Dateien mit den Noten aller Studenten gefunden.

„Aber die können wir sicher nicht einfach so aufrufen", meinte ich.

„Da gibt es sicher irgendein Password oder einen Sicherheitsschlüssel, bevor man Noten ändern kann", antwortete Hans.

Doch wir brauchten nur auf die Return-Taste drücken, und schon konnten wir alle Noten und mein komplettes Transcript mit allen meinen Noten aufrufen. So viel zur Sicherheit.

„Aber Noten können wir so sicher nicht ändern", wiederholte Hans.

Doch auch das funktionierte. Ich hatte durch einen Irrtum eine falsche Note bekommen, protestiert, der Professor hatte Änderung versprochen, aber die Universität verlassen, ohne das entsprechende Formular abzugeben. Jetzt blieb ich auf meinem ungerechtfertigten D sitzen, obwohl ich ein B+ bekommen sollte. Darüber war ich extrem verärgert, besonders weil ich dadurch den Kurs wiederholen musste. Der Professor war weg, und ich hatte keine Möglichkeit, die Note ändern zu lassen. Und jetzt sahen wir mein offizielles Transcript und hätten mit einem Klick Gerechtigkeit herstellen können. Wir brauchten dazu nicht den Professor, der Mist gebaut hatte. Wir wussten auch, dass man das nie entdecken würde. Trotzdem taten wir es nicht. Wir hätten uns selber überall eine glatte A+ geben können, und niemand hätte es bemerkt. Ohne Absicht waren Hans und ich in den Hauptcomputer eingedrungen, da Sicherheitssperren kaum vorhanden waren. Wir nützten das aber nicht aus, weil uns klar war, dass das einen absoluten Regelbruch bedeutete. Wir wollten den Grat des Schwindelns nicht überschreiten, auch nicht, um einen offensichtlichen Fehler zu korrigieren. Also stiegen wir aus und surften nie mehr durch die Verwaltungscomputer.

Heute ist die Computersicherheit an der Universität bedeutend besser, doch es würde mich nicht wundern, wenn damals die Abteilung für Computerwissenschaft einen verdächtig hohen Anteil an Studenten hatte, die mit A+ graduierten.

In meinem Seniorjahr an der Universität war ich Direktor und Haupttrainer des neueröffneten Downtown Athletic Club in Eugene, der alles bot, was man sich vorstellen konnte. Ich organisierte alle Kurse für Schwimmen, Wassersport, Rettungsschwimmen, das Schwimmteam und Einzeltrainingsprogramme. Mir unterstanden vier Mitarbeiter, und zusammen mit einem lokalen Arzt begannen wir ein sportmedizinisches Programm und ein Rehabilitationsprogramm.

Da die Anlage neu war, hatte man wenig Erfahrung damit, und ich hatte mir einen Vertrag ausgehandelt, bei dem ich (und das ist mir sogar jetzt noch peinlich) 90 Prozent aller Einkünfte aus meinen Kursen bekommen würde, die restlichen zehn Prozent gingen an die Anlage. Diese 90 Prozent änderten sich auch nicht, als ich meine eigenen Mitarbeiter für die Arbeit engagierte. Für meine damaligen Verhältnisse verdiente ich ein kleines Vermögen. Ich hatte aber noch ein volles Studienprogramm an der Universität. Der Athletic Club bot mir nach meinem Abschluss für noch mehr Geld eine Vollzeitstelle an. Aber ich lehnte ab, ich hatte andere Pläne.

Nach dreieinhalb Jahren graduierte ich an der Universität Oregon. Der Tag der Zeremonie war der letzte, den ich je in Oregon verbringen sollte. Ich hatte beim Nationalen Olympischen Komitee eine Praktikumsstelle angenommen und fuhr nach Colorado Springs, Colorado. Es war der Job, den ich mir ersehnt hatte. Als ich meine Bewerbung abschickte, machte mir mein Studienberater wenig Hoffnung, zu elitär sei die Stelle. Doch zwei aus Oregon schafften es.

Kaum war ich in Colorado Springs angekommen, zog ich mir auch schon eine größere Kopfverletzung zu. Meine Freundin, eine Olympiaeisläuferin, hatte versucht, mir Rückwärts-Eislaufen beizubringen, und schon hatte ich eine Gehirnerschütterung. Ich konnte mich weder an den Namen der jungen Dame noch an sonst etwas erinnern und brauchte fast vier Wochen, bis mir meine eigene Telefonnummer wieder einfiel. Bis heute bilden die Woche vor dem Unfall und vier Wochen danach ein Loch in meiner Erinnerung.

Eigentlich brauchte ich sechs Monate, bevor die Kopfschmerzen aufhörten und alles wieder normal funktionierte. Seitdem trage ich, wo immer so etwas passieren könnte, einen Helm. Dass mir das gleich am Anfang meiner olympischen Karriere passierte, war, um es milde auszudrücken, unglücklich gelaufen.

Beim Olympischen Komitee zu arbeiten war ein Traumjob. Eine Praktikantin musste auf einer teuren neuen Maschine arbeiten, die die Sauerstoffaufnahme im Blut der Athleten analysierte. Ich sollte ihr dabei helfen, dieses großartige Gerät in Gang zu bringen und zu kalibrieren. Einer anderen Praktikantin half ich bei einer komplizierten statistischen Analyse der Speerwerfer. Wir hatten sehr gute Computer dafür und konnten bald Faktoren herausarbeiten, die offenbar die Wurflänge beeinflussten. Wir stellten fest, dass die Fußhaltung und der Aufsatzwinkel von wesentlicher Bedeutung waren.

Als Praktikanten mussten wir auch bei Sportveranstaltungen im olympischen Lager aushelfen. Einmal fehlte bei der Panamerikanischen Tae-Kwon-Do-Meisterschaft einem Filmaufnahmeteam ein Kameramann, und ich sprang ein und filmte dieses Ereignis. Ich half bei der Organisation der Internationalen Kongresse der Sportvereine. Ich half auch dabei, die Sportler unter Aufsicht erfahrener Sportmediziner vor und nach den Wettbewerben zu verbinden. Ich hatte es geschafft! Ich war sicher, dass ich nach ein, zwei Jahren Erfahrung eine gute Stelle im sportmedizinischen Bereich erhalten könnte. Ich würde ein richtiger Arzt werden. Aber das sollte nicht sein. Es gab Finanzierungsprobleme, und es stellte sich immer klarer heraus, dass ich kein oder fast kein Gehalt bekommen würde, sollte ich länger bleiben.

Als ich nach sechs Monaten im olympischen Trainingslager nach Hause fuhr, sah ich eine Anzeige, in der ein Vollzeit-Forschungsbeauftragter an der Stanford-Universität gesucht wurde. Mein alter Traum, in Stanford zu arbeiten, war zum Greifen nah. Also bewarb ich mich rasch entschlossen und ohne viel Hoffnung. Ich schickte einen Lebenslauf ab, übrigens den ersten und einzigen, den ich je für einen Job eingereicht habe. Ich hielt mich für nicht gut genug und war überzeugt, dass es viele bessere Bewerber geben würde.

Doch zu meiner Überraschung wurde ich zu einem Vorstellungsgespräch eingeladen.

Gute Zeiten bei Goode

The alchemist toils
Night and day
Searching for gold
To find the way
For tin ears to turn
Poor sound to good
Welcome to the labs
Of Richard L. Goode

Mein Termin bei Dr. Goode wird mir unvergesslich bleiben. Ich erschien in meinem besten (und einzigen), sehr unbequemen Anzug. Goodes Sekretärin, Linda Massengil, schien abgelenkt und schrie etwas ins Telefon. Als ich meinen Namen nannte und sagte, dass ich zu einem Vorstellungsgespräch käme, bat sie mich, Platz zu nehmen.

„Dr. Goode wird gleich kommen."

Ich befand mich in der HNO-Klinik des Veteran Affairs Spitals (VA), das den Ärzten von Stanford als Lehrspital diente. Zusätzlich gab es ein umfangreiches Forschungsprogramm, das mit Bundesmitteln unterstützt wurde. Ich wartete fast eine Stunde. Ich hörte eine laute, dröhnende Stimme ins Telefon schreien, dann mit einem Turnusarzt, dann mit Linda debattieren. Gestresste Ärzte aller Altersstufen eilten in den Gängen und Krankenzimmern auf und ab. Eine lange Schlange von Patienten wartete auf eine HNO-Untersuchung oder auf die Augenärzte am anderen Ende des Ganges. Auf meinem Weg zum Vorstellungsgespräch in der Klinik hatte ich mich in den langen Gängen und Gebäudekomplexen verlaufen und war froh, dass mein Zuspätkommen nicht bemerkt worden war. Meine Handflächen waren feucht, und trotz des kühlen Frühlingstages schwitzte ich. Ich hatte große Angst, war nervös, meine Beine zitterten, und ich wusste eigentlich nicht, was ich da wollte, so sicher war ich mir, dass die Sache eine Nummer zu groß für mich war.

Endlich rief mich Dr. Goode in sein Büro. Die Sonne schien durch die etwas verschmutzten Fenster und beleuchtete seine Silhouette. Er war der größte Mann, den ich je gesehen hatte, nicht so sehr in physischer Hinsicht, sondern weil seine Ausstrahlung den ganzen Raum zu füllen schien. Sein Büro war eigentlich sehr groß, aber jede freie Stelle war mit Büchern, Instrumenten, Geräten und Schachteln mit Testmaterial bedeckt. Nur neben seinem Telefon war ein kleines freies Plätzchen. An den Wänden hingen unzählige Diplome, akademische Urkunden und Auszeichnungen. Ich musste erst einen Stuhl von einem Stoß Bücher befreien, bevor ich Platz nehmen konnte.

Ohne Einleitung fing er gleich an.

„Also Geoff, wir machen Folgendes. Ich bin Professor für HNO hier in Stanford und wir haben Labors und da suchen wir einfach jemanden, der sich darum kümmern kann. Also hauptsächlich untersuchen wir das Gehör und die biomechanischen Prozesse des Hörens und ..."

Das Telefon läutete und Dr. Goode hob ab. „Ja, komme schon", und damit segelte er aus dem Zimmer. Ich hörte ihn draußen bei den Patienten reden und schreien.

Nach 20 Minuten war er zurück.

„... und daher verwenden wir ein mikroskopisches System von Stroboskopen, um die Ohren zu messen. Und da fragen Sie sich ... also Sie fragen sich, was das ist, aber eigentlich, ja eigentlich messen wir nur die mikroskopischen Schwingungen im Ohr. Wir haben einige Gastprofessoren, die uns dabei helfen. Wir arbeiten auch an Implantaten. Und dann, ach ja, wir haben Brad ... der arbeitet an einem Forschungsprojekt über neurologische Reparaturvorgänge. Er ist ein echter Knaller und kann Sie herumführen ... und ... also wir suchen jemanden, der da mithelfen kann und von Ihrem Lebenslauf hier ... also wo hab ich den schon wieder hingelegt? Linda! Linda! Findest du da irgendwo den Lebenslauf von Geoff?!"

„Ich habe eine Kopie mitgebracht, Dr. Goode", platzte ich heraus, und dann begann meine Stimme vor Angst zu zittern.

„Dr. Goode, ich habe mit diesen Geräten schon in Oregon in den Physiologielabors gearbeitet und kenne mit auch gut mit Fotografie, Anatomie und Physiologie aus und diese Arbeit bedeutet mir wirklich viel, denn ..., also ich leide selbst an starkem Gehörverlust.“ Erschrocken über meine eigenen Worte hörte ich plötzlich zu sprechen auf.

Dr. Goode zog seine Augenbrauen in die Höhe: „Ach, wirklich?“

Damit begannen wir eine lange Unterhaltung über Gehörverlust und meine Arbeit in Oregon mit Randy Pryde. Absurderweise sprach ich hier genau über jenes Thema, das ich normalerweise unter allen Umständen vermied, doch im Vorstellungsgespräch für meinen Traumjob diskutierte ich ausführlich meine Taubheit. Aber Dr. Goode war ja ein Ohrenspezialist.

„Wer ist der behandelnde Arzt?“, erkundigte sich Goode.

„Im Augenblick Dr. Perkins am CEI.“

„O wirklich? Rod? Das ist ja interessant, denn wir arbeiten gerade gemeinsam an diesem Projekt ..., also wir entwickeln gerade ein neues Implantat.“

„Ja, das weiß ich. Ich frage ihn immer wieder danach, aber er sagt immer, es sei noch nicht fertig. Ich habe ihm angeboten, bei der Forschungsarbeit zu helfen, es hat irgendwas mit einer Spule zu tun, aber es funktioniert noch nicht ...“

Dr. Goode unterbrach mich. „Also Geoff, das gibt's ja nicht. Ich ruf Rod jetzt an.“

Was er auch tat.

„Hallo Rob, hier ist Goode, ja ..., ja ..., ja. Hör zu, in meinem Büro sitzt ein Kandidat für den Forschungsjob hier im Lab. Schaut aus, als könnte er passen, und jetzt sagt er, er sei dein Patient und hätte schon mit dir über unser Forschungsprojekt gesprochen ...“ Dann unterhielten sich Dr. Goode und Rodney stundenlang, wie mir schien, während ich stumm wartete und nicht wusste, was ich von all dem halten sollte. Endlich legte er auf.

„Also, Rod sagt, Sie hätten einen ziemlich schweren Gehörverlust.“

„Ja, aber ich kann sehr gut Lippenlesen, und es wäre kein Problem bei der Arbeit.“

„Ja, das merke ich schon. Bei uns wäre das kein Problem. Und denken Sie daran, sich noch weiter fortzubilden?“, fragte er.

„Ich wollte ursprünglich noch weiter studieren und dann entweder Forschung oder Sportmedizin machen, aber ich habe noch keine konkreten Pläne.“

„Also, ja, ich denke, Sie sind unser Mann, ja. Arbeiten Sie ein paar Jahre hier, wir werden Ihr Gehör mit unseren neuen Implantaten ausstatten, und dann können wir Sie zum Medizinstudium schicken. Vielleicht sogar hier."

Ich war perplex. *Was war das? Hat er mir da jetzt gerade den Job angeboten? Was? Das gibt es nicht! Ich hatte doch kaum Chancen.* Ich glaubte zu träumen.

Dr. Goode unterhielt sich noch gut zwei Stunden mit mir. Dazwischen läutete das Telefon, er antwortete schnell, Linda brachte einen Stapel Papiere zur Unterschrift, Ärzte, die schwierige Fälle mit ihm besprechen wollten, standen Schlange. Es war das reinste Chaos, aber Dr. Goode führte drei Gespräche gleichzeitig und zusätzlich telefonierte er noch. Er sprach über Gehörverlust, biomechanische Bewegung, Ferritkerne, Spulen, Gegentaktverstärker und medizinische Vorgänge, von denen ich noch nie gehört hatte. Ich dachte, mein Kopf würde bald explodieren. Ich unterhielt mich mit einer außergewöhnlichen Persönlichkeit. Doch das war nur die erste von vielen Stunden, in denen ich mich mit dem Genie Dr. Richard Goode unterhalten sollte.

Linda rief mich am nächsten Tag an und ich fuhr zurück, um jede Menge Formulare auszufüllen und administrative Erfordernisse zu erledigen. Da mein Arbeitsplatz von der Regierung finanziert wurde, brauchte alles noch ein paar Wochen. Es folgten der TB-Test, die Impfkontrollen und die Einführung, der sich alle neuen Mitarbeiter unterziehen mussten. Gemäß der strengen Einstufung nach Bundeskriterien wurde ich anhand meiner Ausbildung ein „Forscher Stufe GS-7". Das bedeutete einen ziemlich mageren Verdienst im Vergleich zu meiner Entlohnung beim Downtown Athletic Club. Aber die Möglichkeit, mit Dr. Goode zu arbeiten und von ihm zu lernen, entschädigte mich für vieles, denn das würde unbezahlbar sein. Und Linda fand bald eine Möglichkeit, mein Gehalt zu erhöhen. Da ich tippen konnte, reichte sie meine Unterlagen noch einmal als „Forscher Stufe GS/Typing" ein. Dieser kleine Strich erhöhte mein Gehalt um 35 Prozent! So machte sich mein zweijähriger Maschinenschreibkurs an der High School bezahlt.

Eine Persönlichkeit wie Dr. Goode trifft man nur selten im Leben. Er war und ist eine Klasse für sich. Ich kann hier nicht seinen ganzen Lebenslauf anführen, aber er ist einfach ein wandelndes Wunder an Wissen. Er hat auch die höchst seltene Eigenschaft, fächerübergreifend zu denken und zu handeln. Er kombiniert Technologie und Wissen in einem Gebiet, um es auf einem anderen anzuwenden, nimmt die Technologie und die Erkenntnisse des zweiten Feldes und untersucht die ursprüngliche Frage von einem neuen Standpunkt aus. Er war Präsident der Amerikanischen Akademie für Otolaryngologie, hat einen Lehrstuhl für HNO-Medizin an der Stanford-Universität, hält mehrere Patente und hat unzählige Forschungsarbeiten über Gehör, Biomechanik, Neuroreparatur und Plastische Chirurgie publiziert. Er war und ist die absolute Kapazität auf diesem Gebiet.

An meinem ersten Arbeitstag, als ich durch dieses schreckliche Labyrinth von Korridoren, Hallen, Übergängen, Treppenhäusern meinen Weg zum Labor finden musste, verlief ich mich prompt und musste auf Dr. Brad Simmons, den Forschungsleiter, warten, damit er mir den Weg zeigen konnte. Mir war das furchtbar peinlich, doch mit Brad war das alles kein Problem. Wir eilten durch die Gänge.

„Dieses Labor nervt richtig", sagte Brad zu mir. „Ich schwör's, ich verirre mich auch jedes Mal."

Und so kamen wir endlich zu Goodes Labor, meiner Heimstatt für die nächsten acht Jahre. Das Labor war schallgeschützt und zum Bersten gefüllt mit Ausrüstung, Stapeln von Schachteln, elektronischen Geräten und Flaschen mit Chemikalien. Wohin man auch blickte, standen Maschinen, Phiolen, riesige Schaumstoffkegel, Kühlschränke, Mikroskope, Stroboskope, Kameras, isolierte Tische, Verdrahtungen und Reagenzgläser. Überall lagen Notizen, an den Wänden klebten Post-its. Zwei riesige Schreibtische mit den ältesten grünen Sesseln, die man je gesehen hat, und eine enorme Tafel ergänzten die Ausstattung. Ein großer Bereich diente der Gewebeuntersuchung. Ich war in einem Palast angekommen!

Ich fand das alles sehr aufregend und faszinierend, doch befürchtete ich auch, so à la Forrest Gump: *Was wird man von mir halten, wenn man herausfindet, dass ich zu unrecht hier bin?*

„Also, ich glaube, du solltest Leonard Kelly in der Prosektur kennenlernen und dann Dr. Aritomo. Dann schnappen wir uns an der Uni was zum Essen, gehen zur medizinischen Bibliothek und holen ein paar Zeitschriften, die ich kopieren muss. Ach ja, und im Tierlabor schauen wir noch nach den Kaninchen für unsere Studie zur Wiederherstellung der Gesichtsnerven." So weit Brad. Wir taten all das und noch mehr.

So lernte ich Blair Simmons und seine Labormitarbeiter kennen. Dr. Simmons war eine lebende Legende. Seine Mitarbeiter und Dr. Charlie Long hatten einige Elektroden, die sie mit einem einfachen Displaysystem verbunden hatten, an ein Katzenhirn angeschlossen. „Wir hoffen, das zur intra-operativen Analyse verwenden zu können", erklärte er. „Wir sind noch nicht ganz sicher, wie das alles zu korrelieren ist, aber wir beobachten Unterschiede in der Intensität je nach Eingabe."

Dann ging es in die Prosektur, wo ich meine ersten richtigen Leichen sah. In den Anatomielabors hatte ich bisher nur mit sehr alten und schon überuntersuchten Exemplaren zu tun gehabt. Diese hier waren jedoch noch ganz frisch.

Leonard Kelly, der Laborleiter, musterte mich: „Du bist also Goodes Neuerwerbung. Bereit, mitzutun?"

„Echt? Ich meine, darf ich?"

„Handschuhe und Mäntel sind dort drüben. Ich habe zwei Regeln: Erstens, beachte immer, immer die allgemeinen Vorsichtsmaßnahmen."

Ich begann mich fertigzumachen. „Mr. Kelly, Mr. Kelly", rief ich, als ich zu seinem Büro stapfte.

„Ja?"

„Sir, Sie haben vergessen, mir die zweite Regel zu sagen."

„Die zweite Regel heißt: Beachte immer die allgemeinen Vorsichtsmaßnahmen. Und lerne, lerne. Immer."

Der diensthabende Arzt begann Befehle auszugeben und verwendete bald eine Knochensäge, um den Schädel zu öffnen, damit er das Gehirn entnehmen konnte. Ich dachte mir: *Hier geht die Post ab.*

An einem meiner ersten Tage half mir eine der älteren Gehilfen, eine recht alte, kleine Schwedin. Sie zeigte mir, wie ich das Gehirn vom Schädelknochen trennen musste und erklärte mir mit starkem schwedischem Akzent: „Sehr guut, Gweeephry! Guuut. Und jetzt musst du das Hirn auf die Waage legen.“ In diesem Augenblick schlüpfte mir das Gehirn aus der Hand und fiel fast auf den Boden. „Gweeephry! Gweeephry! Du darfst das Hirn nicht auf den Boden fallen lassen, niemals.“ Das zählt zu dem Eigenartigsten, das man mir je sagte, und aus dem Mund dieser winzigen Großmutterfigur war es echt surreal.

Noch nach einem Jahr kam ich aus dem Staunen über meine neue Arbeitsumgebung nicht heraus. Je mehr ich mit wissenschaftlichen Projekten zu tun hatte, desto klarer erkannte ich ihre Bedeutung. Gutes naturwissenschaftliches Arbeiten erfordert eine Reihe von unterschiedlichsten Fähigkeiten, deren Summe erst erfolgreiche Experimente möglich macht. Die Personen, Geräte, Proben, der Experimentaufbau und unterstützende Aufgaben, alles muss zusammenpassen, damit ein großes Experiment beginnen kann. Unzählige Male war das natürlich nicht der Fall, weil irgendeine Kleinigkeit fehlte oder nicht verfügbar war. Wir waren ständig auf Achse, um einmal zu kopieren, dann wieder eine Zeitschrift zu finden, Testanschlüsse zu suchen, zurück zum Labor zu laufen. Es herrschte eine Lebendigkeit und Betriebsamkeit, die süchtig machen konnte, wenn man mithielt.

Da die meisten Labors fensterlos waren – damit niemand die unweigerlichen Explosionen bemerkte, wie wir scherzten –, verloren wir oft jedes Zeitgefühl, besonders ich. Wenn ich Knochen untersuchte und in einem schallisolierten Labor arbeitete, war es oft ein oder zwei Uhr in der Früh, wenn ich wegging. Manchmal liefen auch Experimente, die jeweils vierstündige Messungen erforderten. Dann schlief ich eben im Labor. Ich versäumte etliche wichtige gesellschaftliche Ereignisse, weil ich mein Zeitgefühl einfach verloren hatte.

Ich war von Anfang an voll bei der Sache. Dr. Goodes Schwerpunktarbeit war es, einen Weg zu finden, „Blechohren in Gold“ zu verwandeln – durch die Entwicklung einer perfekten, passiven Prothese der Knöchelchen im Mittelohr sowie durch Perfektionierung eines implantierbaren Hörsystems für das Mittelohr, wozu auch eine detaillierte Grundlagenforschung des Gehörs und Hörens gehörte. So arbeiteten wir parallel an angewandter Forschung, zielgerichteter Forschung und Grundlagenforschung. Dazu kamen noch kleinere Projekte wie die Rekonstruktion des Unterkiefers, Neurochirurgie und generell Wiederherstellungsprojekte in allen Hals, Nasen und Ohren betreffenden Gebieten. Ich war damals der einzige Forscher in den USA, der in einem subventionierten Labor in Vollzeit an Mittelohrimplantaten arbeitete, was ich allerdings nicht wusste.

Ein wesentlicher Bereich meiner Arbeit in Stanford war die Vermessung der biomechanischen Funktionen des menschlichen Ohres. Wir lernen meist schon in der Schule, dass das Trommelfell durch Schallwellen, die das Ohr treffen, in Schwingung versetzt wird. Uns interessierte damals das genaue Ausmaß dieser Vibrationen als Reaktion auf einen definierten Schallimpuls. Man wusste zwar, dass die Bewegung des Ohres auf einen Schallimpuls minimal war, aber wir wollten exakte und genaue Messresultate. Darüber hinaus untersuchten wir die Schwingungen des menschlichen Ohres bei niedrigen, mittleren und hohen Frequenzen.

Dazu gab es in den Labors ein Arsenal an unglaublich teuren Instrumenten. Ein einziges wissenschaftliches Versuchsmikrofon kostete 15.000 Dollar, ohne die 12.000 Dollar für die Vorverstärker, die noch benötigt wurden. Um diese kleinsten Schwingungen zu messen, waren die Labortische vibrationsfrei vom Boden isoliert, was noch einmal 25.000 Dollar kostete. Damals arbeiteten wir noch mit analogen Messgeräten, die sehr teuer, schwierig zu bedienen und in ihren Möglichkeiten beschränkt waren.

Fast alle unsere Aufgaben waren mühsam. Um die nötige Anzahl von Ohren zu erhalten, musste ich jeden Tag in die Prosektur, entfernte die Schädeldecke von einer Leiche und bohrte die Felsenbeinregion heraus, die das Mittelohr und das innere Ohr enthielt. Dann entnahm ich sie mit einer Pinzette, setzte die Schädeldecke wieder auf und nähte alles zusammen. Das klingt makaber, aber durch die zahllosen Autopsien erhielt ich viel Erfahrung und Einsicht in die Anatomie und Physiologie. Mir machte diese Arbeit nichts aus, ich fand sie faszinierend. Mr. Kelly war eine Persönlichkeit, die die Leichenhalle samt ihren Freiwilligen und Auszubildenden ernsthaft, aber verwegen leitete.

Eines Tages, als ich gerade an einer Schädeldecke arbeitete, sollte ein neuer Turnusarzt eine Autopsie durchführen, was ihm in dieser Atmosphäre offensichtlich ziemlich zu schaffen machte.

Zögernd fragte er Mr. Kelly: „Und was ... was war jetzt die Todesursache?“

Mr. Kelly schaute ihm ernsthaft in die Augen. „Kurzatmigkeit ... Doktor.“

Der Arzt senkte den Blick und antwortet: „Oh, ja. Klar.“

Darauf Mr. Kelly: „Passiert häufiger als man denkt. Manchmal werden Leute so kurzatmig, dass sie einfach zum Atmen aufhören. Sehen wir häufig hier.“

„Ah ja, ja, ich verstehe.“

Keiner von uns sagte ein Wort. Mit ernsten Gesichtern arbeiteten wir weiter, während wir eigentlich schon vor Lachen platzten. Logischerweise hört jeder, der stirbt, zu atmen auf, daher kann man diese Todesursache überall anführen. Und da war ein armer Turnusarzt, der gerade an einer der weltweit besten medizinischen Fakultäten sein Studium beendet hatte, der vollgestopft mit Wissen und Training war und dennoch Mr. Kellys „Kurzatmigkeit“ auf den Leim ging. Galgenhumor, der diese Arbeit oft erleichterte.

Sobald ich Ohren entnommen hatte, legte ich sie in eine vorbereitete Lösung, damit sie nicht verunreinigt werden konnten, und trug sie ins Labor, wo ich sie sezierte, um zum Mittelohr zu gelangen. Meist musste ich dazu bohren, bis ich die Stapesfußplatte und die anderen Knöchelchen sehen konnte. Ich durfte unter keinen Umständen diese winzigen Strukturen verletzen. Jetzt ging es an die eigentliche Messung. Dazu führte ich einen Lautsprecher mit einer Röhre in den hinteren Kanal ein, versiegelte ihn und vergewisserte mich, dass alle Geräte und der Kompressor-Schaltkreis richtig eingestellt waren. Dann begann ich bei niedrigen, mittleren und hohen Frequenzen zu messen. Wenn wir ein Video-Stroboskop einsetzten, begannen wir meist bei 134 dB. Das entspricht etwa dem Lärm eines Presslufthammers. 1988 konnten wir allerdings nur bis auf Zellniveau genau messen. Um zu einem wirklichen Verständnis zu kommen, hätte man ins Innere der Zellen dringen müssen. Die Messungen dauerten bei einem einzigen Ohr einen ganzen Tag, und wir machten mindestens vier pro Woche. Ich arbeitete meist im Tandem mit japanischen Wissenschaftlern der Universität Ehime zusammen. Es gefiel mir, mit den japanischen Ärzten zu arbeiten: Da sie kaum Englisch sprachen, waren wir auf Pantomime, Gestik und sehr langsames Sprechen angewiesen. Das war natürlich perfekt für mich.

Eines meiner Hauptprojekte, das aktive Mittelohrimplantat, erforderte viel kreatives Denken. Theoretisch könnte so ein Gerät direkt angetrieben werden, um die winzigen Strukturen des inneren und mittleren Ohres mechanisch zu aktivieren. Der Einsatz solcher mechanischer Energie, um Mikrovibrationen auf das Ohr zu übertragen, erfordert – wie der Name schon sagt – einen direkten Kontakt zwischen dem Ohr und dem Wandler. Theoretisch könnte so ein Gerät akustische Hörhilfen ersetzen und dauerhaft ins Ohr eingesetzt werden. 1988 existierte allerdings kein solches Gerät. Das einzige, das überhaupt verwendet worden war, wurde in Japan von Dr. Suzuki und Dr. Yanigihara erforscht.

Da Dr. Yanigihara von der Universität Ehime und Dr. Goode eng zusammenarbeiteten, fanden wir auch hier einen Patienten, dem wir dieses japanische Implantat chirurgisch einsetzen konnten. Dr. Yanigihara flog eigens aus Japan ein, um bei der Operation zu assistieren, die technisch gesehen erfolgreich verlief, doch ließ sich das Gerät trotz aller Bemühungen nicht aktivieren. Wir erwogen eine zweite Operation, aber der Patient kam nicht zurück. Wir konnten uns nicht erklären, was schiefgelaufen war. Später erfuhr Dr. Goode, dass der Patient Alkoholiker war und einen schweren Sturz gehabt hatte. In Japan hatte man dieses Gerät etwa 100 Mal einoperiert, mit unterschiedlichem Erfolg. Nach einiger Zeit fielen die Piezoelemente der Wandler aus. Schließlich wurde diese Methode aufgegeben.

Für mich persönlich bedeutete das, dass noch ein langer Weg vor mir lag, bevor ich an ein Implantat denken konnte. Ich fürchtete, dass ich auf ein Implantat für meinen Gehörverlust noch sehr viele Jahre warten musste. Dr. Goode meinte, ein elektromagnetischer Wandler wäre am chancenreichsten für ein Implantat. Ich verbrachte Monate und Jahre mit dem Versuch, Dr. Goodes bahnbrechenden Entwurf eines perfekten spulenmagnetischen Systems zu optimieren. Es funktionierte immer, aber die Geräte verbrauchten entweder zu viel Strom oder waren zu groß und zu kompliziert, um sie massentauglich zu machen.

Dr. Goode schätzte meine fotografischen Fähigkeiten. Da er für seine Kurse, Vorlesungen oder Aufzeichnungen oft 35mm-Dias brauchte, war ich oft mit einer 35mm Nikon FE im Fotolabor. Ich hatte alle Speziallinsen und Belichtungsmesser und konnte alles auf Film bannen, Bücher genauso wie Schädel oder Versuchsexemplare. Manchmal war ich in der Ambulanz oder im OP, um einen Fall zu dokumentieren, und manchmal half ich sogar bei den Fotografen auf der Augenheilkunde aus. Ich hatte immer gerne fotografiert und konnte so mein Hobby wissenschaftlich nützen. Eine Präsentation zusammenzustellen, bevor es PowerPoint gab, war nicht einfach. Dr. Goode auf diese Weise bei seinen Vorlesungen zu unterstützen, machte nicht nur Spaß, sondern verschaffte mir auch tiefe Einblicke in seine Sicht der Otologie.

Eines Tages ließ mich Dr. Goode in die Audiologische Ambulanz von Stanford rufen. Dort zeigte er mir eine große Schachtel mit einem neuen Gerät, das gerade angekommen war.

„Das ist ein akustischer Rhinometer! Das ist ein neues Gerät, das den Luftstrom in der Nase misst und septale Abweichungen erkennen kann. Jetzt können wir den Luftstrom vor und nach der Operation messen, um eine Verbesserung festzustellen."

Das Gerät war eigentlich nur ein einfacher Computer, der mit einer Sonde verbunden war und das Volumen der Nasenhöhle maß. Um damit zu arbeiten, musste man es zunächst an bestimmten, festgelegten Punkten kalibrieren, dann wurde es in die Nase des Patienten eingeführt, die Tests wurden durchgeführt und der Computer zeigte eine entsprechende Kurve, je nachdem, ob die Nasenhöhle offen, geschlossen oder teilweise offen war. Ich sollte das Gerät kalibrieren und in Gang setzen, damit es an Patienten ausprobiert werden konnte.

Also packte ich es aus, setzte alles zusammen, schaltete es ein und kalibrierte es wie vorgeschrieben. Das dauerte etwa 15 Minuten. Dann ging ich zu Dr. Goode, der mit Patienten beschäftigt war, sagte ihm, dass alles bereit wäre, und begann auf ihn zu warten. Nach einer halben Stunde war mir schon sehr langweilig, also schaute ich die Sonde des Rhinometers an, dachte mir: *Was soll's?*, und führte sie in mein linkes Nasenloch ein, wie es im Handbuch beschrieben war. Ich machte den Test, der ergab, dass mein Nasenloch und der Atemweg frei wären. Ich druckte das Ergebnis aus und begann mein rechtes Nasenloch zu testen. Blockiert. Ich ließ den Test einige Male durchlaufen, das Ergebnis blieb gleich: blockiert. Endlich kam Dr. Goode.

„Wie funktioniert es?“, wollte er wissen.

„Ich glaube, es gibt ein Problem. Die Maschine zeigt an, dass mein linkes Nasenloch frei, aber mein rechtes blockiert ist“, antwortete ich besorgt.

„Wirklich? Schauen wir uns das genauer an!“

„Wie bitte?“

„Komm, lass mich deine Nase anschauen.“

Also gingen wir zurück in die Ambulanz, ich legte mich auf den Untersuchungsstuhl und schon leuchtete mir mein Chef in die Nasenlöcher und führte irgendwelche Instrumente ein.

Ein paar andere Ärzte begannen interessiert zuzuschauen, als Dr. Goode plötzlich schrie: „Ja, ja wirklich! Deine linke Seite ist in Ordnung, aber rechts hast du eine septale Abweichung, die alles blockiert. Du bist rechts völlig verstopft, genau wie es die Maschine zeigt! Großartig!“ Goode war entzückt von der Diagnose durch das neue Gerät.

„Was?“, fragte ich.

„Junge, du hast ein abweichendes Septum. Das müssen wir beheben.“

Ich war entsetzt. Vor ein paar Minuten hatte ich noch ahnungslos eine Maschine kalibriert, und plötzlich saß mein Chef auf mir, schob mir Instrumente in die Nase, diagnostizierte und fotografierte meine arme septale Abweichung. Ich war sicher, dass ich sie schon jahrelang hatte, und nie hatte sie mich auch nur im Geringsten gestört. Jetzt allerdings, wo mir offiziell gesagt wurde, dass ich rechts nicht atmen könnte, hatte ich sofort Beschwerden. Den ganzen restlichen Tag war ich auf meine Nase fixiert und konnte kaum atmen, fühlte akuten Sauerstoffmangel. Dr. Goodes Diagnose führte sofort zu psychosomatischen Störungen. Ich konnte kaum einschlafen, aus Angst, in meinem Schlaf einen Atemstillstand zu erleiden und zu sterben. Der nächste Tag war noch schlimmer. Das steigerte sich bis zum Wochenende so sehr, dass ich mich schon in der darauffolgenden Woche operieren ließ. Alles nur wegen dieser idiotischen Rhinometer-Maschine. Doch eigenartigerweise fühlte ich mich nach der Operation wirklich wesentlich besser und konnte freier atmen. Solche Sachen passierten, wenn man für Dr. Goode arbeitete.

Neben meiner Arbeit mit den Ohren arbeitete ich noch in Labors, die sich unter anderem mit neurologischer Reparatur, Lasertechnik, Wiederherstellungschirurgie, Zahnimplantaten und mandibulärer Wiederherstellung befassten. Es gab unzählige Projekte, an denen ich mich beteiligen konnte, wenn ich bereit war, alles für die Forschung aufzugeben. Die Ärzte und MD PhDs, die ihre Forschung durch Stipendien und Stiftungsgelder finanzierten, arbeiteten meist zusätzlich an den Kliniken oder im OP, was bedeutete, dass sie ihre Forschungen oft nur mittels Fernsteuerung betreiben konnten. So wichtig ihnen auch die Forschungsarbeit war, ein kranker Patient mit ernsthaften Problemen hatte immer Vorrang. Sie eilten in die Labors, setzten die Geräte in Gang und fingen an, schon ging der Piepser los, und sie mussten zurück ins Spital oder in die Klinik. Viele konnten zwar durchaus Forschungsgelder auftreiben, aber nicht genug, um davon noch einen Vollzeit-Assistenten zu bezahlen. Turnusärzte wiederum hatten andere zeitliche Verpflichtungen und Prüfungen, waren zwar mit Theorie vollgestopft, hatten aber meist wenig praktische technische Erfahrung.

Sie konnten nicht aufgrund knapper Anweisungen die Geräte und das Material zusammensuchen, um Experimente zu beginnen. Da sie erst im Turnus waren, verfügten sie auch nicht über die entsprechenden Beziehungen, um sich im bürokratischen Labyrinth die nötigen Materialien zu beschaffen. Sie waren noch zu unerfahren, während länger gediente Forscher auf die PhD-Studenten zurückgriffen. Doch dazu fehlten den jungen Forschern die Zeit und die Erfahrung. Ein paar gute Laborassistenten waren da schon das höchste der Gefühle.

Fatalerweise führte das immer wieder dazu, dass Projekte eingestellt wurden oder Forscher ihre Laborrechte verloren. Ich habe leider im Laufe der Jahre viele Projekte auf diese Art sterben sehen.

Ich erwarb mir bald den Ruf, in den Labors alles zum Funktionieren zu bringen. Geräte aufzubauen, zu kalibrieren und Fehler zu beseitigen lag mir im Blut. In meiner Jugend im Silicon Valley hatte ich stundenlang Second-Hand-Shops nach Laborausstattung durchkämmt und wusste daher, wo man diverse Teile auftreiben konnte. Ich kannte das Angebot von Haltek, und immer, wenn etwas kaputt ging oder wir Ersatzteile brauchten, konnte ich das meist noch am selben Tag auftreiben. Für einen Pappenstiel beschaffte ich oft voll funktionsfähige, gebrauchte Geräte (das mache ich noch immer, nur jetzt auf eBay). Bald half ich zusätzlich zu meiner normalen Laborarbeit noch in Bereichen wie der ophtamologischen Forschung, der Revaskularisation mit Hautlappen, der Reparatur von Gesichtsnerven, beim Trommelfellersatz, bei Collagenstützen für Nerven, magnetischen Implantaten zur Gefäßstützung, Zahnimplantaten. Ich nahm dafür keine Bezahlung, sondern arbeitete „für eine Pizza", wie ich immer sagte.

Nach und nach lernte ich wirklich gut mit Computern umzugehen. Das waren damals noch die Anfangszeiten der automatischen Datenverarbeitung, und Systeme, um Daten innerhalb eines vorgegebenen Rahmens zu bestimmten Zeitpunkten in einer bestimmten Geschwindigkeit aufzuzeichnen und in brauchbare, gespeicherte Files zu übertragen, waren keineswegs Standard. Kaum etwas konnte auf dem PC erledigt werden, Tests waren nicht automatisiert und erforderten ständige Überwachung und jede Menge

Zeit. Die meisten Daten wurden noch auf Kurvenschreibern und Papierstreifen aufgezeichnet. Dann wurden die Daten abgehakt und manuell in ein brauchbares Format übertragen. Eine mühsame, zeitaufwendige und fehleranfällige Methode. Auch wenn man das gut konnte, war es eine schrecklich langweilige Arbeit. Wenn wir Sekretärinnen um Hilfe baten, gab es sogleich irgendwelche Fehler, wofür sie nichts konnten. Viele Untersuchungen mussten zu bestimmten Zeiten über viele Stunden und sogar Tage durchgeführt werden. Man sah immer wieder Wagen schnell vor einem Labor vorfahren, den Forscher hineineilen und zehn Minuten später wieder herauskommen, weil gerade ein Testzyklus lief. Ich hatte ja bereits in Oregon in meinen Kursen für digitale Elektronik kleine digitale Kontrollgeräte gebaut, die eigentlich die Vorläufer von wissenschaftlichen Gerätetreibern waren. Bald konnte ich aufbauend auf meiner Arbeit an der Universität Oregon meine Software so programmieren, dass Daten aufgenommen und in ASCII-Files gespeichert wurden, oder manchmal sogar direkt in automatisierten Aufzeichnungsprogrammen. In einem weiteren Schritt schrieb ich Software, die Daten aufnehmen, parsen und formatieren konnte, sowie die erforderlichen Berechnungen durchführte. Diese Daten konnten dann rasch verarbeitet und elektronisch gespeichert werden.

So half ich einem der Ärzte im VA, alle Computer der Intensivstation zu vernetzen. Das waren noch die Zeiten vor dem Internet. Ich installierte einen „Knoten“, wodurch wir die Stanford-Labs mit den VA-Labs und -Büros via Modem und CompuServe oder mittels eines Modem-Links verbinden konnten.

Zur gleichen Zeit, als ich mäßig erfolgreich versuchte, Computer zu verknüpfen, hatte ich mit einem meiner Freunde, Dan Stein, der an der Stanford Anesthesiology forschte, in seinem Haus in Palo Alto begonnen, Bier zu brauen. Wir hielten uns für sehr gute Braumeister und erzeugten ein richtig dunkles Bier, das wir „Rasta Brau“ nannten, und auch ein paar helle Sorten. Ich stellte ein Zymurgy (eine Art Info des Bierbrauens) zum Einwählen im Computer her, die nur aus ein paar Texten bestand, die Leute lesen konnten. Wir bezeichneten das damals nicht als Website, denn es gab noch kein

Web, umso weniger eine „Website". Wie wir das nannten, weiß ich nicht mehr, aber man konnte sich von einem anderen PC aus in meinen einwählen und die Seiten anschauen, die ich hineingestellt hatte. Ich hängte ein paar Zettel an der Außenstelle der örtlichen Brauerei auf, und schon hatte meine „Site" etliche Besucher, was ich natürlich nicht wusste. Meine „Site" war – wie die meisten damals – eigentlich nur ein simples, schwarz-weißes Display. Viele Seiten waren damals einfach ASCII-Zeichen und ziemlich langweilig. Wir stellten einige einfache Bilder auf die Seite, und als sich die Leute beklagten, dass es dadurch zu langsam ginge, nahmen wir sie wieder herunter. Gute Informationen fanden sich kaum bei AOL oder sonst wo, und wir hatten Bücher, die gute Adressen zum Anwählen mit einem Modem anführten. Das alles war meist langsam, mühsam und häufig nicht der Mühe wert. In die Bibliothek zu gehen, war damals noch die bessere Lösung.

Eines Tages erzählte mir ein Arzt von zwei Bekannten, die ein Computerprojekt starteten.

„Du solltest mit ihnen reden, sie kennen deine Arbeit hier, du solltest sehen, was sie machen", meinte er.

Das erstaunte mich zunächst, da ich meine Computerarbeit für ziemlich lausig hielt. Aber irgendwie fand ich diese zwei und traf sie ein paar Mal im Town and Country Village Shopping Center gegenüber von Stanford. Diese Burschen waren Stanford-Elektronik-Studenten. Sie sprachen über „Listen" und behaupteten, mein Computer sei einer der populärsten im „Netz".

„Im wo?", fragte ich.

„Wir nennen es Netz", sagten sie, und sie erzählten mir, wie sie diese Listen von Computer-Sites erstellten und wie das die Welt verändern würde.

„Du solltest dir überlegen, mit uns zu arbeiten", sagten sie. Ich erinnerte mich, dass ich diese Leute schon vorher mal in Stanford gesehen hatte, als ich Hilfe suchte für die elektronischen Teile eines Projekts, an dem wir arbeiteten. Bob White hatte sie auch einmal erwähnt, aber offenbar hatte ich nicht so richtig zugehört.

Ich wusste nicht, was ich davon halten sollte. Um ehrlich zu sein, war ich mir nicht einmal sicher, woran genau sie denn nun arbeiteten. Sie machten damals den Eindruck von Graduate-Studenten, die einfach nur Hilfe für ihr Projekt suchten, und sahen extrem müde aus, so als hätten sie die letzten Nächte durchgearbeitet. Sie schienen auf einem anderen Planeten zu weilen und waren offenbar an einem Punkt angekommen, wo sie sich etwas zu weit von der Realität entfernt hatten.

Ich hatte keine Ahnung, wovon diese Burschen sprachen, und konnte nicht verstehen, wie sie denn mit Listen von interessanten Online-Computer-Knoten im sogenannten „Netz" irgendein Geschäft machen wollten. Es war ja sogar für sie selbst schwierig, ihre Pläne zu beschreiben, wie mir schien. Aber nicht nur das. Um ehrlich zu sein, hielt ich die Idee von Computer-Suchlisten für ziemlich bescheuert. Warum sollte irgendwer jemals für Listen und Kategorien für gute Webnodes bezahlen? Heute ist es fast unmöglich, sich eine Zeit vor dem Internet vorzustellen, aber mit Listen von Telefonmodems und Nummern Geld verdienen zu wollen, wirkte damals ziemlich lächerlich.

Also sagte ich ihnen, im Augenblick hätte ich sehr wenig Zeit, aber würde vielleicht später darauf zurückkommen. Von diesem Typ Forscher gab es viele in Stanford, und diese zwei unterschieden sich in nichts von den anderen. Im Gegenteil, ihr Projekt fiel mir nicht als besonders „heiß" oder vielversprechend auf. Ein paar Jahre später erfuhr ich, dass diese zwei Burschen weiter an ihrem Projekt gearbeitet und schließlich eine kleine Computerfirma namens „Yahoo" gegründet hatten. Das hat sich dann sicher bezahlt gemacht für sie!

Solche interessanten Begegnungen hatte man in Stanford.[1]

---

1 Diese Geschichte klingt vielleicht unglaubwürdig, aber sie stimmt. Ich war damals zur selben Zeit in Stanford wie die Yahoo-Gründer. An Jerry Yang kann ich mich gut erinnern, nicht aber an David Philo. Auf der Yahoo-Homepage wird das Gebäude hinter der Technikuni beschrieben, in dem das neue Unternehmen seinen vorläufigen Sitz hatte. Ich kann mich an diese Gebäude gut erinnern und habe Jerry möglicherweise auch dort getroffen. Es ist mir auch noch deutlich im Gedächtnis, dass ich Jerry und irgendjemand anderen, aber nicht David Philo, in irgendwelchen Büros im zweiten Stock des Town und Country Shopping Center gegenüber der Uni getroffen habe. Diese Büros werden auf der Yahoo-Site nicht erwähnt. Das ganze Treffen dauerte vielleicht 15 Minuten, und ich maß dem damals keinerlei Bedeutung zu. Die Yahoo-Gründer sicher auch nicht. Kurz gesagt: Ich verpasste eine große Chance, weil ich sie nicht verstanden habe.

1999 hatte ich meine Arbeit für den Master Degree fertig. Mein Schwerpunkt lag auf der Computerwissenschaft, das heißt, mich interessierte, wie sich die Möglichkeiten der Rechner für die Lösung komplexer Probleme heranziehen ließen. Es machte mir Spaß, unzählige bestehende Datenmengen zusammen mit Annahmen und/oder möglichen Eingaben einzutippen und Modellresultate zu berechnen. Mich interessierte auch die Umwandlung riesiger Datenmengen in die digitale Form. Mich faszinierte die probabilistische und deterministische Statistik und die Möglichkeit, mit Hilfe des Computers mögliche zukünftige Resultate zu projizieren. Ich schrieb mehrere Software-Programme und versuchte existierende Datenbanken zu verbessern und zu verfeinern. Ein Kurs im linearen Programmieren begeisterte mich.

Lineares Programmieren ist eine Übung, bei der man versucht, gewünschte Ergebnisse zu maximieren und gleichzeitig andere Faktoren innerhalb eines definierten Rahmens von Beschränkungen zu minimieren. Bei einfachen Problemen ist das nicht kompliziert, sobald aber ein Problem mehrdimensional wird, beginnen die Schwierigkeiten. Manchmal waren die durch das Programm generierten Antworten alles andere als logisch. Durch das lineare Programmieren und Datensammeln wurde mir klar, dass das Schlüsselelement Folgendes war: Man erhielt oft nicht die „offensichtliche" Antwort, bevor man nicht alle denkbaren Lösungsmöglichkeiten innerhalb der Beschränkungen vernünftiger Randbedingungen vorgegeben hatte. Anders ausgedrückt, bevor man zu dem Punkt gelangt, an dem man bei komplexen Aufgaben mit vielen Varianten eine offensichtliche Lösung erkennen kann, muss man sehr detailliert alle möglichen Lösungen herausfiltern.

Problemlösung auf diesem Niveau war eine Wissenschaft mit atemberaubender Reichweite. Mit dem Potential eines PCs diese Anwendungsmöglichkeiten auszuloten, die die Informationen der riesigen Datenbanken zusammen mit höhergradiger Problemlösung boten, faszinierte mich. Ich dachte, dass die Digitalisierung der Daten uns zu besserem Problemverständnis und neuen Einsichten führen würde. Den ultimativen Kick gaben mir die mehrdimensionalen Probleme. Daher schrieb ich mich in Abendkurse für Computerwissenschaft, Informationstechnologie, Programmieren, Aufbereitung von Datenbanken und Statistik ein.

Trotz meiner Vollzeitarbeit für Dr. Goode fand ich noch Zeit dafür. Da ich die meisten meiner Kurse auf die Abende und Wochenenden legte, war ich eigentlich ein Vollzeit-Graduate-Student am Abend und ein Forscher bei Tag. Zusätzlich arbeitete ich noch als Konsulent, um für die Studiengebühren und Bücher Geld zu verdienen. Ich versuchte auch ein paar Bilder zu verkaufen, denn die Grad School war wirklich extrem teuer.

Eine Firma, bei der ich als Konsulent arbeitete, war die ReSound Corporation. ReSound hatte begonnen, Datenbanken mit Patientendaten heranzuziehen, um Parameter zu definieren, mit deren Hilfe Hörgeräte mit digital kontrollierten Registern programmiert werden sollten. Sie arbeiteten an einem individuellen Gerät nach Maß, das auch nicht lineare Anpassung verwendete. Das war eine bahnbrechende Idee, die zu dem ersten digital programmierbaren Hörgerät führte.

Die ReSound Corporation war von Dr. Rodney Perkins und Dr. Goode gegründet worden und hatte ursprünglich das Ziel, Hörimplantate zu einem kommerziell verwertbaren Produkt zu entwickeln.

Die Firma war in einem Bürolabor auf dem gleichen Gang wie das California Ear Institute (die Privatpraxis von Dr. Perkins), auf der Page Mill Road neben dem Foothill Expressway. Zunächst arbeitete nur eine weitere Person bei ReSound, nämlich Jon Winstead. Jon war der leitende Techniker und arbeitete an der Grundlagenforschung, die man brauchte, um ein Konzept namens EarLens in ein Produkt überzuführen. Jon hatte Schwierigkeiten mit der Kalibrierung des sogenannten Laser-Doppler-Vibrometers. Dieses Gerät sollte eine äußerst nachhaltige Wirkung auf meine Arbeit haben.

Der Laser-Doppler war innerhalb des Labors in einem Reinraum untergebracht. Eine schalldichte Kammer umschloss das gesamte Laser-Doppler-System, das mit seinem rotleuchtenden Laserstrahl auf einem pneumatischen Isolationstisch aufgehängt war. Dieses Gerät war hochempfindlich, viel empfindlicher als das optische Abtastsystem, das wir in Dr. Goodes Labor verwendet hatten. Anstelle von fotografischer Darstellung und Mikroskopieren nützte dieses System Laserstrahlen, um mit Hilfe der Doppler-Verschiebung Mikrovibrationen zu entdecken. Ich half Jon mit dem Kalibrieren, und schon bald funktionierte alles. In den nächsten Monaten brachten wir unsere Testexemplare aus dem Labor hinüber zu ReSound, um mit nie gekannter Präzision die Normmaße für die Schwingungen im Ohr als Reaktion auf Schall festzulegen. Sobald wir diese Grundlagen hatten, konnten wir die Voraussetzungen verstehen, die ein Gehörimplantat, oder im Fall von ReSound eine Ohrlinse, mitbringen musste, um ein erfolgreiches Produkt zu werden.

Wir befassten uns viel mit der Ohrlinse, arbeiteten lang und oft bis spät in die Nacht daran. Damals hielten wir das für die Lösung eines direkt angetriebenen Hörgeräts. ReSound hatte einige Rechte auf geistiges Eigentum von AT&T (Bell Labs) erworben und auch sechs Spitzenleute von den Bell Labs übernommen. Jont Allen, Fred Waldhour und Ed Villchur hatten die Grundlagen der ReSound-Technologie untersucht und herausgefunden, dass eine aktive Kompression aller Laute in einen reduzierten Dynamikbereich mit einem aktiven elektronischen System Laute und Sprache für einen Hörgeschädigten wesentlich klarer und verständlicher machen würde. Hörgeschädigte hatten nicht nur einen Verlust an der untersten Schwelle, sondern litten auch unter einem reduzierten Dynamikbereich. Auf der Grundlage dieser Erkenntnis konnte ReSound ein komprimiertes Signal in einer Bandbreite herstellen, die für den Hörgeschädigten wesentlich brauchbarer war. Für Patienten mit Hörverlust war das eine sehr wichtige Verbesserung.

Fast alle heute in Verwendung stehenden Hörgeräte setzen auf irgendeine Weise die von ReSound entwickelte Signalkompression ein. Doch obwohl das ein sehr großer technischer und klinischer Erfolg war, führte die Einführung von intelligenten Hörgeräten mit komprimierten Signalschaltungen nicht zu einer wesentlichen Änderung im Trageverhalten. Diese neuen Hörgeräte wiesen in der Tat eine signifikante Klangverbesserung auf, besonders bei geringer oder mittlerer Schwerhörigkeit, trotzdem lehnte die Mehrheit ein

Hörgerät ab. Ich denke, wenn eine Person kein Hörgerät will und es nicht trägt, spielt weder die Qualität noch der Preis noch die erzielte Verbesserung eine Rolle. Wenn man ein Hörgerät grundsätzlich ablehnt, lehnt man auch ein sehr gutes ab.

Das grundlegende Konzept von ReSound basierte auf der Resthörigkeit von Hörgeschädigten. Das ReSound-Team verstand, dass bei Schwerhörigen die Kurve der Lautstärke ungewöhnlich war. Gehörgeschädigte haben eine niedrigere Schallpegelschwelle und können tiefe Töne schlecht oder gar nicht hören, obwohl sie sehr laute Töne (Presslufthammer oder Schuss) wie Normalhörige hören können. Daher ist es für sie sehr verwirrend und unangenehm laut, wenn alle Laute gleichmäßig verstärkt werden. Man muss daher nur die tiefen Töne verstärken, die lauten Töne gar nicht und die dazwischenliegenden ein wenig. Fred und Carlos Baez entwickelten auf Basis dieser Technologie einen Chip, der individuell auf den Träger abgestimmt werden und später in ReSound-Hörgeräte eingesetzt werden konnte.

Ich war der erste Patient, der mit diesen neuen, chipbetriebenen Hörgeräten von ReSound ausgestattet wurde. Es waren die besten Hörgeräte, die ich je hatte. Ich brannte darauf, die ReSound-Technologie mit einem direkt betriebenen Mittelohrimplantat zu verbinden. Ich wurde zum Starpatienten bei ReSound und arbeitete sogar an ihren Ausstellungsständen bei Messen. Einerseits wollte ich natürlich ReSound unterstützen, andererseits wurde so mein Gehörverlust in aller Öffentlichkeit bekannt. Dr. Perkins überzeugte mich mit dem Argument, das wäre es wert, wenn ich dadurch nur einer einzigen Person helfen könnte.

Aus der Perspektive meines sicheren Postens bei den ReSound-Forschungslabors konnte ich das Wachstum des Betriebes von einer kleinen Firma mit nur einem Angestellten zu einem blühenden Unternehmen mit hunderten Angestellten verfolgen. ReSound entwickelte sich zu einer erfolgreichen Firma für Hörgeräte mit den besten Geräten am Markt, aber natürlich erfolgte dieses Wachstum nicht reibungslos. Als die ersten Chips in Produktion gingen, gab es erhebliche Ertragsprobleme, und die Firma erlebte eine schmerzhafte Periode von Umstrukturierungen und Entlassungen.

Ich hatte einen kleinen Zusatzverdienst, indem ich die einzelnen Chips manuell testete, damit die Firma ihren Lieferverpflichtungen nachkommen konnte.

Ironischerweise führte der Erfolg von ReSound mit Hörgeräten dazu, dass das Konzept eines Hörimplantats oder der Ohrlinse oder irgendeines anderen medizinischen Geräts immer weniger in ihr strategisches Geschäftsmodell passte. Während Hörgeräte durch die FDA reguliert wurden, galt die Ohrlinse als medizinisches Gerät und unterlag daher wesentlich strikteren Zulassungsbestimmungen. Wir kamen zwar weiter, aber es gab eigentlich nur zwei Leute, die an der Ohrlinse arbeiteten, und ich nur in Teilzeit.

Eines Tages stellte ReSound einen neuen, jungen biomedizinischen Ingenieur an, nennen wir ihn Reuben, der das Ohrlinsen-Projekt übernehmen und leiten sollte. Zunächst freute ich mich sehr darüber und Reuben kam mit den besten Absichten. Als erste Aufgabe sollte ich eine Reihe von Kurven für unterschiedlich starke Magnete und Formen entwickeln, die er sich ausgedacht hatte.

Ich hatte bereits hunderte Magnete getestet und die Kurven aufgrund der Laser-Doppler-Daten erstellt, aber jetzt verwendete ich sein Modell. Als ich ihm die Daten zeigte, regte er sich sehr auf. Die Kurven beschrieben die durchschnittliche Bewegung eines Magnets bei gegebenen Parametern der Distanz. In jedem Test gab es geringe Abweichungen in der aufgezeichneten Bewegung, je nachdem, wie gut ich den Test dem verwendeten Mikropositionssystem anpassen konnte.

Ich versuchte ihm die Daten zu erklären: „Das sind die Kurven von verschiedenen Magneten entsprechend deinem Modell. Beachte, dass dieser Magnet bedeutend mehr Abweichung zeigt als die anderen Magneten. Der Mittelwert der Daten wird durch den Strich auf dem Ausdruck angezeigt. Also habe ich das Histogramm ausgedruckt und eine gute Form erhalten, bei der die Daten in einer guten Bell-Verteilung rund um das Mittel angeordnet sind."

Reuben verlor die Fassung und lief rot an: „Die Daten müssen bei jedem Test genau gleich sein! Welche Bell-Kurve? Ich will keine Kurven. Das kann ich nicht brauchen!"

Ich wollte zurückschreien, dass er ein idiotisches Modell gewählt habe und dass die Daten perfekt seien, aber ich wusste, er würde das nicht akzeptieren.

„Mach das noch einmal!“, befahl er mir.

Also versuchte ich es noch einmal. Und noch einmal. Und wieder! Doch die Daten waren jedes Mal sehr ähnlich, und Reuben war nie zufrieden. Im Laufe ähnlicher Auseinandersetzungen in den nächsten Wochen verstand ich allmählich, dass Reuben nur eine Bestätigung seiner Vorstellungen wollte. Anders gesagt, er dachte, er hätte die Antwort bereits und wollte nur Daten akzeptieren, die seine Meinung bestätigten. So fragte ich ihn schließlich, was denn seiner Meinung nach die richtigen Zahlen sein sollten. Dann ging ich mit diesen Werten ins Labor, druckte eine Liste mit den Resultaten aus, die er haben wollte und überreichte sie ihm.

Er war ganz aufgeregt: „Siehst du!“, schrie er. „Ich wusste, du würdest es schaffen! Das ist richtig. Großartige Arbeit!“

Aber ich antwortete: „Das sind die Zahlen, die du mir vor dem Experiment gegeben hast. Hier sind die richtigen Werte.“ Damit überreichte ich ihm die richtigen Daten.

„Keine Daten können je so sauber aussehen“, fuhr ich fort. „Kommt es dir nicht absurd vor, immer ganze Zahlen zu erhalten? Ich habe nicht einmal einen Wert nach der Kommastelle. Das ist völlig falsch.“

Danach war Reuben nicht mehr sonderlich begeistert von mir. Ich stand vor dem Dilemma, dass die von ihm gewünschten Daten einfach nicht die echten waren. Seine Idee funktionierte nicht, also wäre die Lösung eigentlich gewesen, etwas Neues zu probieren. Stattdessen meinte Reuben, das Problem hätte etwas mit der Person zu tun, die die Daten erhoben hat, also kam er eines Tages ins Labor, setzte sich neben mich und beobachtete das Experiment. Konzentration war schwierig neben seinem nervösen Gebaren. Als die ersten Werte ungefähr meinen ursprünglichen Messungen entsprachen, sprang er auf und begann an meinem komplizierten Testaufbau herumzufummeln.

„Das kann nicht stimmen! Das müssen wir adjustieren ... Wie wär's, wenn wir die Skala ändern ... und wir können diese Linie bewegen."

Seine Hände flatterten über den Aufbau, und er begann wie wild irgendwelche Knöpfe zu drehen und Schalter umzulegen.

„Idiot", sagte ich. „Das ist völlig gegen die Vorschriften, und jetzt ist alles falsch kalibriert und du bist auch völlig daneben. Du hast gerade die ganze Versuchsanordnung verändert."

„Aber schau doch! Die Zahlen werden besser!", schrie Reuben.

„Ja, weil du gerade die Skalen und Eingabewerte völlig verändert hast."

„Ja, dann müssen wir das eben machen", biss er sich fest.

„Wie bitte? Da hab ich eine bessere Idee. Nehmen wir die Daten einfach aus der Luft. Wissenschaftliches Forschen heißt doch nicht, die Geräte so lange zu manipulieren, bis sie zeigen, was du willst. Man baut sein Experiment auf, beobachtet und misst die erhaltenen Daten."

Reuben schaute mir in die Augen.

„Also", sagte er, „ich weiß, was ich tue, und diese Zahlen schauen viel besser aus als die Zahlen, die du erhalten hast."

„Ja, nur dass das eben ein totaler Scheiß ist. Ich denke, wir sollten das Gerät testen, feiner abstimmen, wieder testen, solange bis wir es völlig verstehen, und dann verbessern", schlug ich vor.

„Aber ich weiß ja schon, wie das geht!", schrie er mich an.

Reuben war jung, und ich war noch jünger. Sagen wir einfach, dass wir uns nicht einigen konnten.

Damals war Dr. Goode im FDA-Rat und kannte sich sehr gut mit Biokompatibilität aus. Er wusste, welche Verkleidungen bei medizinischen Geräten verwendet werden durften und welche nicht. Reuben wollte den Magnetkörper der Ohrlinse mit einer aufgedampften Titanschicht verkleiden, eine neue Technik, von der er gelesen hatte. Eines Tages, als Dr. Goode, immerhin einer der weltweit führenden Experten für Hörgeräte, ins Labor kam, lieferte er sich mit Reuben ein dramatisches Schreiduell. Ich wollte den magnetischen Teil der Ohrlinse in einem Titanzylinder unterbringen, aber Reuben wollte unbedingt seine aufgedampfte Titanschicht. Er bestand darauf.

Dr. Goode erklärte ihm: „Reuben, ich sitze im FDA-Komitee. Wir haben gegen das Aufdampfen gestimmt, und wir werden es nicht genehmigen."

Darauf Reuben: „Nein, Dr. Goode, da haben Sie nicht Recht. Es wurde genehmigt."

„Reuben, ich bin in dem Komitee, also WEISS ich, dass es nicht genehmigt ist! Und es wird auch NIEMALS genehmigt werden!"

„Da irren Sie sich." Und so ging dieser Kampf der Meinungen endlos weiter.

Ich verfolgte diese Schlacht mit offenem Mund. Ein junger Ingenieur forderte eine Koryphäe, ein Mitglied des FDA-Ausschusses, auf seinem Spezialgebiet heraus. Ich wusste schon, dass Reuben nicht viel Hausverstand besaß, und offenbar konnte er nicht zurückstecken, auch wenn er eindeutig im Irrtum war.

Reuben schaute sich hilfesuchend zu mir um: „Geoff, sag ihm die Wahrheit."

Ich dachte schnell an meine Karriere. „Eine aufgedampfte Verkleidung ist noch nie für medizinische Geräte verwendet worden und wird es wahrscheinlich auch nie werden. Ich denke, wir sollten lasergeschweißte Zylinder verwenden, Reuben", sagte ich.

„Siehst du", sagte Goode, „selbst der Kleine weiß das. Ich will es nicht mehr diskutieren."

Nachdem Goode gegangen war, sagte Reuben zu mir: „Wir werden ein ernsthaftes Gespräch führen müssen."

Mir gefiel das Ohrlinsen-Konzept, und ich war überzeugt, dass es eine großartige Forschungsidee war, aber ich bezweifelte, ob es jemals ein kommerzieller Erfolg werden könnte, da es zu viel Strom brauchte und mit einem Gewicht von 2.5lp inklusive der außen getragenen Halsschlinge viel zu schwer war. Außerdem konnte ich einfach nicht mehr mit Reuben arbeiten, und da diese Gefühle offensichtlich gegenseitig waren, beendete ich meine Konsulententätigkeit bei ReSound. Reuben wollte mich ohnehin loswerden. Eigenartigerweise blieb er länger bei ReSound, als ich dachte. Er hatte durch den Streit mit Dr. Goode seine eigene Karriereentscheidung getroffen, doch er fand sogar einen besseren Job, also löste sich alles bestens.

Ungefähr zwei Jahre nach meinem Abgang führte ReSound, jetzt unter neuer Leitung, an Dr. Perkins' Patienten am Kalifornischen Ohreninstitut Experimente mit einer neuen und verbesserten Version der Ohrlinse durch. Freundlicherweise behielt mich Dr. Perkins als Patienten für die klinischen Versuche mit der ReSound-Ohrlinse. Obwohl sich das Gerät nicht wesentlich verändert hatte (es war zwar etwas kleiner, aber noch immer zu groß), stimmte ich dem Versuch zu. In seiner Praxis platzierte Dr. Perkins die kleine Silikonlinse mit dem goldumhüllten (nicht aufgedampften) Magnet auf mein Trommelfell.

Der große Vorteil des Modells der Ohrlinse war immer, dass sie keinen chirurgischen Eingriff brauchte, sondern einfach in einer Praxis eingesetzt werden konnte. Dann passte man mir die Betreibereinheit an, die die Umgebungsgeräusche mit einem Mikrofon aufnahm und sie in elektromagnetische Wellen verwandelte. Die Wellen bewegten den Magnet vor und zurück und übertrugen auf diese Weise Mikrovibrationen in mein Innenohr, das sie als Laute erkannte. Als mir die Halsschlinge umgelegt wurde, konnte ich zunächst überhaupt nichts hören, aber als sie höher oben um mein Ohr lag, konnte ich zum ersten Mal kristallklar „direkt angetriebene" Laute hören. Es war sofort klar, dass diese unmittelbar übertragenen Laute um Klassen besser waren als alles, was die gängigen Hörgeräte erzeugten. Es war sogar den ReSound-Hörgeräten bei weitem überlegen. Das war wirklich einzigartig: ein klarer, frischer Ton ohne Verzerrungen. Ich hörte das wirklich zum ersten Mal. Fantastisch! Das stärkte meine Überzeugung, dass das Konzept des „Direct Drive" richtig gewesen war. Die Tonqualität war erstaunlich und völlig ohne Verzerrung. Leider war das System stark unterversorgt. Ich konnte es nicht tragen, denn ohne die Halsschlinge um meinen Kopf zu wickeln, konnte ich keine ausreichende Verstärkung erhalten. Aber Perkins und Goode hatten recht: Direkt betriebener Schall war den akustischen Hörgeräten bei weitem überlegen. Die Ohrlinse war nie ein kommerzieller Erfolg, aber die Erfahrung überzeugte mich davon, wie wichtig und zukunftsweisend die Behandlung von Hörverlust mit der Direktübertragungstechnologie ist. Zum ersten Mal schien ein Traum wahr zu werden.

Dr. Goode schickte mich oft in die Bibliothek, um die neuesten Forschungspublikationen zu kopieren. Auch brauchten wir oft Kopien von Patenten. Patente sind wie ein heimlicher Blick um die Ecke: Sie sind gute Indikatoren dafür, welche Durchbrüche bald erzielt werden und in welche Richtung sich ein Gebiet entwickelt. Um Patente zu recherchieren, gab es nur die Sunnyvale Bibliothek, die in einem leerstehenden Schulgebäude untergebracht war und in der alle in den USA verliehenen Patente auflagen. In den 1980ern und 1990ern waren Patentschriften noch nicht in elektronischer Form verfügbar, daher musste man sie kopieren oder Kopien bestellen. Ein Erfinder konnte Patente nur nach ihrer Klassifizierung suchen, oder indem er eine spezifische Arbeit oder einen spezifischen Erfinder suchte und dann mit Querverweisen die Patente. Für eine typische Such- und Kopier-Mission für Dr. Goode brauchte ich leicht zwei Tage und Unmengen von 25-Cent-Stücken, um die wackelige Kopiermaschine zu füttern. Immer wenn ich für Dr. Goode Patente kopieren und suchen musste, las ich sie auch. Ich las alles.

Die Bibliotheksmitarbeiter waren immer freundlich, hilfsbereit und professionell. Mir schien das eine langweilige Arbeit zu sein, aber sie fanden sie offenbar wirklich wichtig. Eine kleine Ausstellung zeigte jeweils das Patent, das zur „Erfindung des Monats" erkoren wurde, und den „Erfinder des Jahres". Da wusste ich noch nicht, dass ich bald der Empfänger dieser kleinen, aber für mich großartigen Ehrungen sein würde.

Neben meiner Arbeit besuchte ich immer Weiterbildungskurse, und ich las immer alles, was mir unterkam. Als ich daher immer wieder die Patentschriften über die Technologie mit „Direct Drive" las, fiel mir auf, dass alle anderen Arten, das menschliche Ohr zu stimulieren, sich zunehmend ähnlich wurden. Je mehr ich diesen Punkt recherchierte, umso eindeutiger war diese Tendenz. Trotz unterschiedlicher Bauarten und ihrer jeweiligen Vorteile hatten sie alle eine Gemeinsamkeit: Sie gingen von der gleichen Optimierungsperspektive aus. Je mehr ich mich in dieses Problem vertiefte, desto besorgter wurde ich. Ich fand Sätze, die meiner

Meinung nach totales Unverständnis dafür erkennen ließen, wie klein die Bewegung im Ohr wirklich war.

Und da erkannte ich: Ein direkt angetriebenes Gerät musste sich nur wenige Mikronen bewegen, eine so kleine Erhöhung, dass man sie mit dem Herzschlag einer Ameise vergleichen kann. Das war der Moment, in dem ich wusste, dass ich auf etwas Neues gestoßen war – eine neue Perspektive, die den Unterschied ausmachte.

Während meiner Forschungsjahre befreundete ich mich mit Dr. Charlie Long. Charlie war ein MD PhD in Stanford, ein Chirurg und Kliniker, der sich für Forschung mehr interessierte als die meisten. Sein Hauptforschungsgebiet waren Knochenleitungshörimplantate; insbesondere interessierte ihn der Xomed Audiant, ein neues transkutanes Gerät, das von Dr. Hough und Dr. Dromer am Hough Institut in Oklahoma entwickelt worden war. Das Gerät war das erste transkutane Knochenleitungshörimplantat, das von der FDA genehmigt wurde. Das Implantat wurde zur Behandlung von Schallleitungs- und gemischtem Gehörverlust eingesetzt. Man konnte damit chronischen Schallleitungshörverlust behandeln, ohne eine Schraube aus der Seite des Kopfes herausstehen lassen zu müssen. Das klingt ein bisschen brutal, aber das einzige dem Xomed Audiant vergleichbare Gerät hieß BAHA (Bone Anchored Hearing Aid). Ausgehend von der Zahnimplantat-Technologie verwendete das BAHA eine perkutane Schraube, die am Schädelknochen befestigt wurde. Für mich hatte BAHA mehr Gemeinsamkeiten mit einem Implantat und war trotz seines Namens kein Hörgerät. Das BAHA ist das einzige perkutane medizinische Gerät, das auch heute noch in der Otologie zur Behandlung von Gehörverlust verwendet wird. Wenn das System aktiviert ist, hört der Patient durch die Knochenübertragung.

Der Xomed Audiant versuchte durch ein transkutanes Konzept das offensichtliche Problem der perkutanen, die Haut durchbohrenden Schraube zu lösen; anders gesagt, eine offene Wunde zu vermeiden. Für den Audianten wird in einem simplen ambulanten Eingriff ein dort verbleibendes magnetisches Teil an dem Mastoiden des Schädels angebracht. Ein äußeres schallverarbeitendes Teil hinter dem Ohr überträgt ein elektromagnetisches Signal zu dem Magneten und verursacht so Schwingungen. Das Gerät war theoretisch stark genug, um reinen Schallleitungshörverlust zu behandeln, aber wenn es zu laut eingestellt war, begann der äußere Teil des Audianten so stark zu vibrieren, dass er sich vom Kopf des Patienten löste und zu Boden fiel.

Dr. Long interessierte sich sehr für das Konzept des Audianten und seine Probleme, und er dachte, er könne ihn verbessern. Er wollte wissen, für welches Spektrum der Indikationen er am besten eingesetzt werden könnte. Da er untertags an der Klinik tätig war, dort operieren und unterrichten musste, arbeitete er meist in der Nacht an seiner Forschung. Oft rief mich Charlie um fünf Uhr nachmittags an, um zu fragen, ob ich wieder eine Nachtforschungsschicht einlegen könnte. Dann rannte ich in sein Labor und arbeitete mit ihm, besonders wenn er die Pizza kaufte. Er hatte eine neue Idee zur Befestigung des Gerätes, verließ sich aber auf ein schrecklich kompliziertes Versuchssystem. Ich half ihm, so gut es ging. Dr. Longs hochintelligenter und inquisitorischer Geist lieferte einige sehr gute Vorschläge zur Verbesserung des Audianten, und wir dachten, dass man mit zusätzlicher Ingenieursarbeit das Gerät für Patienten wesentlich attraktiver machen könnte.

In unserer Freizeit gingen Dr. Long und ich manchmal miteinander windsurfen, und selbst dann verbrachten wir Stunden damit, über Formen von Hörgeräten und bessere Messungen zu grübeln, besonders an windstillen Tagen. Charlie half mir, einen äußerst sensiblen Versuchsaufbau zu entwickeln, der den Druck im Innenohr messen und verändern konnte und uns erlaubte, dessen Auswirkungen auf die biomechanischen Funktionen des Ohres nachzuspüren. Ich konnte es nicht zum Laufen bringen und nicht die Mikrochips herstellen, die ich für das Gerät brauchte, aber Charlie brachte mich auf den richtigen Weg. Seit damals war Charlie immer der erste Ansprechpartner, wenn ich mit meiner Forschung nicht weiterkam.

Eines Tages musste Dr. Long Stanford verlassen. Ich habe nie den ganzen Hintergrund der Geschichte erfahren, und Charlie war zu verärgert, um mir alle Details zu erzählen. Wenn ich ihn fragte, murmelte er nur „Politik, Prioritäten und Politik“. Es war klar, dass er nicht gehen wollte. Ich vermute, dass es mit der Balance zwischen seiner Liebe zur Wissenschaft und Technik und seinen klinischen und chirurgischen Verpflichtungen sowie seinen Lehrverpflichtungen zu tun hatte. Er hielt mich immer für sehr privilegiert, weil ich in Vollzeit forschen konnte, und fühlte sich offensichtlich zwischen seinen vielen Interessen hin- und hergerissen.

Charlies wichtigster Einfluss auf mich bestand darin, dass er mich lehrte, an die glückliche Chance zu glauben. Immer wieder behauptete er, dass die Rolle von Unfällen und glücklichen Fehlern bei wissenschaftlichen Durchbrüchen unterschätzt würde. Er hatte Recht. Damals schätzte ich das nicht richtig ein, aber ich hatte wirklich Glück, dass ich in Vollzeit an Mittelohrimplantaten forschen konnte, und mittlerweile verstehe ich, dass glückliche Zufälle, wie Charlie meinte, unterschätzt werden.

Damals waren fast alle anderen Forscher auf diesem Gebiet Ärzte, die üblicherweise nur ein oder zwei Nachmittage für Laborarbeit aufwenden konnten. Ich scherzte immer, dass das gerade ausreichen würde, das Licht aufzudrehen, die Geräte abzustauben und vielleicht sogar einzuschalten. Für mich war echte Forschung eine endlose Schinderei, die viele Stunden ununterbrochener Arbeit erforderte.

Eine Quelle ständiger Sorge bei der Forschungsarbeit ist das Akquirieren von Forschungsgeldern. Für Mittelohrimplantatsforschung und klinische Testprogramme war das seit eh un je schwierig. Die Verwendung von Forschungsgeldern und die Finanzierung von Gehörforschung in den USA erschien mir immer schon befremdlich, da sich die meiste Forschung auf das Studium von Tieren (z. B. „Wie die schnurrbärtige Fruchtfledermaus Töne lokalisiert"), Molekularbiologie, Versuche, die Haarzellen im Gehör (meist bei Küken) wachsen zu lassen oder andere sehr, sehr einfache Untersuchungen beschränkte. Als Forscher war es frustrierend zu sehen, wie die Labors, Ingenieure und Wissenschaftler, die klinische Entwicklungen und angewandte Forschung betrieben, im Vergleich zur Grundlagenforschung weit unterdotiert waren. Der Löwenanteil der finanziellen Hilfe ging immer an dieselben Gruppen, von denen viele an Projekten arbeiteten, die wahrscheinlich nie für Patienten mit Hörverlust irgendeine Relevanz haben werden. Einige oder vielleicht sogar die meisten dieser Projekte werden zu meinen Lebzeiten nie das Stadium der Anwendbarkeit erreichen. Es ist natürlich schwer vorherzusagen, aus welcher Richtung ein Durchbruch kommen wird, aber ich bin sicher, dass die Studien über die schnurrbärtige Fruchtfledermaus und ähnliche nie meine Hörfähigkeit verbessern werden. Bei den jährlichen Treffen der Amerikanischen Research in Otolaryngologie (ARO) gewann ich den Eindruck, dass viele Wissenschaftler die Gehörforschung fast als Hobby betrachteten. Sie dachten kaum oder gar nicht daran, etwas zu entwickeln, das zu einer wirklichen Behandlungsmöglichkeit führen könnte.

Aber es gibt auch Ausnahmen. Ich traf Dr. Jonathan Spindel und Dr. Roger Ruth bei der ARO und fand ihren Ansatz, das Hörvermögen des Innenohrs durch die Membran des Runden Fensters (RW) zu stimulieren, hochinteressant. Ich mochte Dr. Spindel zunächst eigentlich überhaupt nicht. Obwohl er noch nie einen Prototyp seines Geräts bei einem Menschen implantiert hatte, wirkte er äußerst selbstsicher. Das lag vielleicht daran, dass er sein Konzept schon so lange verteidigt hatte und wahrscheinlich viel zu viel Zeit damit verbrachte, Skeptiker zu überzeugen. Ich lernte Jon bei einem Vortrag über die Vorteile des RW-Antriebs im Vergleich zu anderen direkten Antriebskonzepten kennen.

„Der Vorteil des RW besteht darin, dass es im Gegensatz zu anderen direkten Antriebskonzepten nicht nötig ist, einen Wandler auf der Gehörknöchelchenkette zu befestigen, was zur Nekrose führen könnte“, behauptete er.

Das war ein Reizthema für mich und ich hielt seine Behauptung für falsch, also stand ich im vollen Vorlesungssaal auf und unterbrach ihn mit der Frage: „Woher wissen Sie das?“

Jon starrte mich ungläubig an. Fragen hatten bis zum Ende zu warten. Nach einer Schrecksekunde antwortete er: „Was? Woher soll ich was wissen?“

„Was Sie gerade behauptet haben“, antwortete ich.

„Was?“

„Dass die Gehörknöchelchen Nekrose bekommen, wenn ein Wandler mit ihnen in Kontakt kommt“, erinnerte ich ihn.

„Na ja, das sagen die Ärzte so“, erwiderte Jon, schon leicht enerviert.

„Welche Ärzte?“, bohrte ich weiter.

„Puh, was weiß ich, Ärzte eben …“ Jon hielt inne.

„Also, wenn Sie nicht sicher sind, dann sollten Sie so was auch nicht behaupten.“

„Aber das hat man mir gesagt. Und überhaupt, darum geht es jetzt nicht“, rief Jon.

Ich setzte mich und Dr. Spindel fuhr mit seinem Vortrag fort. Nach dem Vortrag war Jon offenbar recht verärgert, und ich hielt ihn für einen ziemlichen Idioten, weil er meine Frage nicht beantworten konnte. Wir starrten uns böse an. Kein sehr vielversprechender Beginn einer unwahrscheinlichen Freundschaft, aber mit der Zeit wurde er ein großer Fan meiner Arbeit und ich der seinen.

1990 lief unsere Forschungsfinanzierung aus, und bis zur Bewilligung einer weiteren standen wir ohne Mittel da. Das beunruhigte mich aber nicht: Wir hatten ein neues Gesuch eingereicht, und ich war ziemlich sicher, dass unsere Arbeit aufgrund der ausgezeichneten Reputation von Dr. Goode weiter finanziert werden würde. Ich hatte gerade meinen Master abgeschlossen und konnte ohnehin eine Pause brauchen.

So kam ich zu vier Monaten unbezahltem Urlaub. Ich beschloss, mit Mickey Weems, einem Surffreund aus Hawaii, eine Weltreise zu machen. Ich hatte Mickey bei einem meiner zahlreichen Trips zu den Inseln kennengelernt, die durch die günstigen Ticketangebote von American Express und United Airlines möglich gewesen waren. Die Universität von Hawaii ist eine Schwesteruniversität der Universität von Oregon, also hatte ich ein paar der Anthropologiekurse besucht, die Mickey am Manoa Campus in Honolulu gegeben hatte. Ich glaube, ich mochte Mickey deshalb so, weil er mir total unähnlich war. Ich war voll ausgerichtet auf Wissenschaft, Technik und Problemlösung mittels Technologie. Mickey war dagegen ein Experte in Religionswissenschaften, Anthropologie und Kulturwissenschaften und darin, welchen Einfluss sie auf den Einzelnen und die Gesellschaft hatten. Stundenlang konnte er über Themen sprechen, von denen ich noch nie gehört hatte, wie zum Beispiel über die Rolle des Gemeinschaftstanzes bei irgendeinem abgelegenen afrikanischen Stamm, über die spezifische Form religiöser Monumente oder die Rolle der Frau im frühen Christentum. Mickey schien das alles zu wissen, während ich keine Ahnung hatte.

Ich begann meine Weltreise mit einer Fahrt im Greyhound quer durchs Land, weil ich die wirklichen USA kennenlernen wollte. Das tat ich mehr als mir lieb war, und ich kann es nicht empfehlen. Ich erlebte einen kleineren Straßenaufstand beim Busbahnhof in Süd-Los Angeles und musste über Leute steigen, die entweder bewusstlos waren oder auf der Straße schliefen. In Denver wurde ich ausgeraubt und in Nebraska wäre ich fast gestrandet, weil ich den Fahrer missverstanden hatte, als er ankündigte, wie lange er dort halten würde. In New York bog ein Fahrer falsch ab und schaffte es, den Bus in der Bronx so unglücklich vom Kurs abzubringen, dass wir die Polizei rufen mussten, damit sie die Straße sperrte, bis er wieder herauskam. Ein Typ aus dem Bus versuchte mir Kalifornium anzudrehen, das er als eines der seltensten Elemente anpries, aber das in Wirklichkeit wie eine Münze aussah, die auf Eisenbahnschienen gelegen hatte. Natürlich gab es auch viele tolle Zeiten während der Reise, wenn ich Freunde und Familie besuchen konnte. Ich traf Mickey in New Hampshire, von wo wir nach London flogen. Dann ging's als Backpacker durch Europa. Es ist nicht ungewöhnlich, dass sich Rucksackreisende schließlich trennen, aber bei Mickey und mir passierte das früher, als wir dachten. Mickey wollte sofort nach unserer Ankunft in Großbritannien nach Frankreich weiter, während ich zuerst noch Schottland und Irland sehen wollte. Schließlich verbrachte ich die meiste Zeit der drei Monate mit Mark, einem Surfer aus Australien. Wir besuchten Frankreich, Schweden, Dänemark, Deutschland und Italien. Wir fanden die Schweizer Alpen mit ihrem Modellbahnlook unglaublich schön. Ich dachte mir, dass es cool sein müsste, einmal in den Alpen zu leben. Wir fuhren nach Saas-Fee und Zermatt, wo ich zwei Wochen damit verbrachte, einem Australier das Skifahren beizubringen. In der dritten Woche ging uns dann das Geld aus. Da erhielt ich Nachricht von Dr. Goode, ich möge so schnell wie möglich auf meinen Posten in Stanford zurückkehren.

„Hey, Kleiner, beweg deinen Hintern zurück! Wir haben's."

Die neuen Forschungsgelder waren bewilligt worden, und ich flog zurück zur Arbeit.

Die Mieten in Sunnyvale und Umgebung waren immer schon hoch, aber als Juniorwissenschaftler konnte ich mir nicht einmal eine Einzimmerwohnung leisten. Also hatte ich zwei Möglichkeiten: Ich konnte gegen Unterkunft im Gästehaus als Hausmeister in einer der vielen Millionärsvillen von Palo Alto oder Los Altos arbeiten oder in ein leeres Zimmer hinten im Haus meiner Eltern einziehen. Dank der neuen Gelder wurde ich zum biomedizinischen Ingenieur/Wissenschaftler GS-9/3 befördert und erhielt ein dreimal höheres Gehalt. Jetzt konnte ich es mir leisten, Miete zu zahlen.

Das neue Budget erlaubte uns auch, unseren eigenen Laser-Doppler-Vibrometer (LDV) zu kaufen. Bald gaben sich die Vertreter in unserem Labor die Klinke in die Hand und zeigten uns die besten und neuesten Laser-Systeme. Sie versuchten natürlich, mir ein teures Modell zu verkaufen, aber ich bestand auf der billigeren Einheit. Das kleinere Gerät konnte man leichter transportieren, und ich hatte das Gefühl, dass wir das vielleicht müssten. Wenn ich den Laser-Doppler dazu verwenden wollte, menschliche Ohren und nicht nur Schläfenknochen zu vermessen, brauchte ich ein transportables Gerät.

Drei Monate nach der Lieferung des Laser-Dopplers kamen die Firmenvertreter zur Kontrolle. Ich werde ihren erstaunten Gesichtsausdruck nie vergessen, als sie ins Labor kamen und den kostbaren Laser-Doppler-Vibrometer an einer zweifelhaft aussehenden Halterung von der Decke hängen sahen. Sie wussten nicht genau, was sie davon halten sollten, aber ich erklärte es ihnen: Ich hatte einen Gelenkarm von einem experimentellen Laser-Prototyp in meinem Kellerlabor aufgehoben und die Spiegel verwendet, um den LDV in ein Mikroskop zu leiten. Auf diese Weise hatte der Laser drei Grad Bewegungsfreiheit. Das ganze System konnte überallhin und innerhalb eines Zwei-Meter-Radius auf und ab bewegt werden.

„Es schaut zwar nicht so toll aus, aber funktioniert prächtig, kann ich Ihnen versichern", erklärte ich. „Er arbeitet großartig. Für mich geht Funktion vor Form."

„Und was sagt Dr. Goode dazu?“, fragte der Vertreter.

„O, der weiß es noch nicht. Wird er aber, sobald er die Daten sieht – wenn ich es schaffe.“

Dr. Goode bekam seine Daten. Ich heuerte meinen Bruder Michael an, damit er sich in einen Spezialstuhl setzte, den ich im Labor gebaut hatte. Er war schon etwas besorgt, aber die 100 Dollar, die ich ihm versprochen hatte, wenn er einen Nachmittag still sitzen bliebe, beruhigten ihn. Ich hatte erkannt, dass Masse der Schlüssel zu guter LDV-Arbeit war, daher war der Stuhl mit großen Sandsäcken beschwert, die ich an einem Wochenende hereingeschleppt hatte. Dr. Nishihara, der unser damaliger japanischer Forscher war, platzierte einen kleinen, reflektierenden Zielpunkt auf Michaels Trommelfell. Wenn wir Schall durch eine besondere versiegelte Speculumkammer in seinen Ohrenkanal strömen ließen, füllte dieser Schall den Ohrenkanal und sein Trommelfell vibrierte. Mit Hilfe des Gelenkarms konnten wir den Laserstrahl dirigieren, seine Position verändern und das Mikroskop direkt auf den vibrierenden Zielpunkt ausrichten. Zum ersten Mal in der Geschichte konnten wir die Schwingungsmuster eines lebenden menschlichen Ohres mit dem LDV-System messen. Wir hatten es geschafft!

Sobald die Kurve aufgezeichnet war, riss ich das Papier ab und stürmte in Dr. Goodes Büro. Ich rannte an Linda und den wartenden Turnusärzten vorbei und hielt Dr. Goode das Papier unter die Nase.

„Irre, du hast’s geschafft! Wie zum Teufel …?“ Dr. Goode sprang auf. Es gab nichts Besseres als gute Daten frisch von der Laborbank, um Dr. Goode aufzuputschen, und diese Daten waren beispiellos. Ich erklärte Dr. Goode, wie ich die Messungen erhalten hatte.

„Also, ich hab ihn durch den OPMI-1-Strahlenteiler mit dem Gelenkarm durchgeschickt, den ich von Stus Laser hatte. Dann hab ich einen Aufbau gemacht und das Ganze durchgeschickt, während ich den Abstand angepasst hab. Das Übliche halt“, sagte ich.

„Und das hat funktioniert?“, fragte Goode, offensichtlich überrascht.

„Ja! Ich weiß, was Sie gesagt haben, aber ich wusste, es würde funktionieren.“

„Wahnsinn! Das muss ich mir sofort anschauen!“ Goode war überglücklich.

Wir rannten ins Labor, das sich total verändert hatte, seit Goode es zum letzten Mal besucht hatte.

Bevor wir die Tür öffneten, sagte ich: „Da ist noch was, das Sie wissen sollten, bevor wir hineingehen. Ich musste den Doppler-Laser von der Decke hängen lassen. Aber regen Sie sich nicht auf. Er ist abgesichert.“

Ich öffnete die Tür und Goode sah den Laser, sein wertvollstes und teuerstes Laborgerät, von der Schiene mit dem Gelenkarm und dem Mikroskop herunterhängen, das Ganze beschwert mit den tausend Pfund schweren Sandsäcken, die ich angebracht hatte. Ein riesiger, schwerer medizinischer Untersuchungsstuhl in Liegeposition war am Boden festgeschraubt. An strategischen Stellen waren Monitore und Oszilloskope angebracht, so dass der Systemoperator alles überwachen konnte. Geräte im Wert von ungefähr einer halben Million Dollar waren zu einer neuen Sonderanfertigung zusammengestellt worden, die das lebendige menschliche Ohr mit nie dagewesener Präzision messen konnte.

„Oh Gott, Geoff! Was hast du da gemacht? Was zum Teufel hast du da gemacht?“

„Es funktioniert! Es funktioniert wirklich!“ Mein Bruder war noch da, also zeigten wir Dr. Goode, wie es bei seinem Ohr funktionierte.

Als er beobachtete, wie wir den Laserstrahl durch das Mikroskop auf das Ziel richteten, das wir auf Michaels Trommelfell platziert hatten, konnte sich Dr. Goode nicht mehr halten.

„Unglaublich! Fantastisch! Wahnsinn! Zum ersten Mal! Wir müssen das sofort aufschreiben und veröffentlichen!“

„Dr. Goode, dazu brauchen wir aber Jont Allen. Ich brauche seine Hilfe mit der Software.“

„Bewilligt!“, versprach Goode.

In nicht einmal zwei Wochen war Jont Allen bei uns im Labor. Jont Allen ist einer der weltweit anerkannten Experten für Gehörfragen. Er arbeitete auch von Beginn an mit Fred Waldhour an der ReSound-Technologie in den Bell-Labors zusammen. Für mich war Jont ein Genie, besonders was Signalverarbeitung und Analyse betraf, und ich bin einer der wenigen, die wissen, wie viel ihm das Gebiet der Biomechanik des Hörens verdankt. Ich lernte Jont 1988 bei ReSound kennen, wo wir beide als Konsulenten arbeiteten, und ich lernte ihn ziemlich gut kennen. Er half mir mit meiner frühen LDV-Arbeit in den ReSound Labs und war voll von Ideen, von denen viele äußerst brauchbar waren. Ich glaube, ReSound versuchte Jont in Vollzeit zu verpflichten, aber er ist nie nach Kalifornien übersiedelt.

Man musste viel Zeit mit Jont verbringen, bevor man verstand, worauf er hinauswollte. Insofern war er Dr. Goode ähnlich. Wahrscheinlich gibt es auf der ganzen Welt nur einige wenige, die verstehen, wovon Jont eigentlich spricht, und ich sehe das als Kompliment an. Er war genial, und Dr. Goode und ich wussten beide, dass nur er uns helfen konnte, den LDV weiterzuentwickeln.

Wir hatten den neuen Laser und ziemlich primitive Software, die ich zusammengeschustert hatte. Das funktionierte zwar, aber sehr schwerfällig, und der Geräuschpegel für das Testsystem konnte nur um ungefähr zehn Dezibel reduziert werden. Ich brauchte mindestens weitere 20 Dezibel für ein System, das rasch viele lebende menschliche Ohren messen konnte. Das war noch nie gemacht worden, und wir brauchten eine große Anzahl von Testpersonen (ich plante mindestens 100 menschliche Ohren zu untersuchen), um die Schwingungsmuster des Ohres in Relation zum Schalleinsatz festzustellen. Der DSP-Vorstand schrieb uns Fortran zum Programmieren vor, aber ich hielt Fortran für eine schreckliche Softwaresprache. Wir brauchten Jont Allen ganz dringend.

Irgendwie konnte Dr. Goode Jont überreden, mit uns im Labor zu arbeiten. Drei Tage lang erklärte ich Jont, was die Software alles können sollte, was wir brauchten, um sie selbstkalibrierend zu machen, die Signaltypen, die unterschiedlichen Niveaus, wie die Kurvenformen aussehen sollten, und wie die endgültigen Daten aufbereitet werden sollten, damit ich sie in meiner Analysesoftware einsetzen konnte. Wir begannen an einem Freitagmorgen, und bis Sonntagabend hatten wir es geschafft.

Zu meinem Erstaunen konnte Jonts FFT-Software die gewünschten 20 Dezibel bei weitem überschreiten und verbesserte das System um unglaubliche 80 Dezibel. Das ermöglichte es uns, die Felsenbeine in ein paar Minuten statt in ein paar Stunden zu messen, und zwar so kleine Bewegungen, dass wir uns bereits dem Molekularbereich näherten. Eigenartigerweise glaubte mir niemand, wenn ich erklärte, wie weit unser System gehen konnte.

Als wir an diesem Sonntagabend mit unserer Arbeit fertig waren, lud uns Dr. Goode zum Essen ein. Ich war selig und konnte es gar nicht erwarten, diesen Laser auszuprobieren. Ich wusste, dass ich jetzt nicht nur die Vibrationsmuster des menschlichen Ohres messen konnte; dieses neue Verfahren würde es mir erlauben, endlich Wandler zu messen und herzustellen, die zur Reparatur des menschlichen Ohres verwendet werden konnten. Dank dieses neuen Durchbruchs konnte ich nun in der Garage meines Vaters Wandler bauen und schnell testen. Nur ich hatte eine Maschine, die schnell Mikrowandler untersuchen konnte, und in ein paar Monaten würde ich mehr über Mikrogehörwandler wissen als sonst irgendwer.

Ich will nicht den Eindruck erwecken, als sei ich nur irgend so ein blöder Wissenschaftsheini ohne soziales Leben gewesen. Auch wenn ich mit meiner Forschungsarbeit quasi verheiratet war, war meine Philosophie immer, viel zu arbeiten, aber auch viel Spaß zu haben. Als junger Wissenschaftler war ich berühmt-berüchtigt dafür, bei gutem Wind draußen am Coyote Point oder Waddell Creek beim Surfen zu sein. Während ich in Stanford war, schoben die Ärzte und ich oft eine oder zwei Runden Golf ein. Wenn ich am Stanford Golf Driving Range vorbeifuhr, blieb ich meist stehen und schlug ein paar Bälle. Es klingt vielleicht lächerlich, aber kübelweise Golfbälle zu schlagen gehört noch immer zu meinen Lieblingsbeschäftigungen. Auch für Sporttauchen fand ich immer Zeit, oder für Ausflüge nach Hawaii, wenn es billige Flüge gab. Im Winter ging ich oft in die Sierras oder nach Colorado zum Skifahren. Ich besuchte Partys von Turnusärzten, Forschern, Stanford-Studenten und natürlich von Dr. Goode. Manchmal gingen Dr. Goode und ich nach der Arbeit essen oder auf ein paar Drinks;

wir begannen dann im California Café und endeten im Zentrum von Los Altos oder im The Echo.

Auch hatte ich Glück mit den Frauen in meinem Leben, von meiner ersten Freundin Kristi bis zu meiner wunderbaren Frau Sabina. Dazwischen gab es natürlich auch einige Beziehungen. Eine war eine Lehrerin, die ich in Colorado bei den Olympics getroffen hatte, aber diese Beziehung endete, als klar wurde, dass sie niemals nach Kalifornien ziehen wollte und ich niemals in Colorado einen ordentlichen Job finden würde. Eine andere war die Tochter eines Dekans von Stanford, aber sie ging an die Universität von Virginia, um ihr Doktorat zu machen. Außerdem hatten ihre Eltern verständlicherweise Einwände gegen diese Beziehung.

Ich ging auch oft mit Frauen aus, die ich durch meine Arbeit kennengelernt hatte. Darunter waren auch ein paar Turnusärztinnen oder Studentinnen der medizinischen Fakultät von Stanford. Wenn ich an diese Zeit zurückdenke, war es eine Beziehung zu einem Mädchen, das ich immer wieder traf, die diese Zeit am besten beschreibt. Eigenartigerweise kann ich mich nicht mehr an ihren Namen erinnern, aber sie war eine Studentin an der San Jose State Uni und arbeitete in Chilis Restaurant in Milpitas auf der anderen Seite des Valleys. Sie war das typische kalifornische Mädchen: blonde Haare, strahlendes Lächeln und dauernde Bräune – und sie war intelligent. Wir hatten viel gemeinsam: Wir mochten beide The Cure, und sie verdiente sich als Rettungsschwimmerin zusätzliches Geld. Wir waren begeisterte Tänzer, also besuchten wir oft Klubs wie den Edge in Palo Alto, den One Step Beyond in Sunnyvale, DB Coopers in San Jose, den DV8 in San Francisco und manchmal den Catalyst in Santa Cruz oder Mountain Charlie's in Los Gatos. Wir tauchten völlig in die Musik ein und tanzten stundenlang, während die Welt mit ihren Sorgen dahinschmolz. Wir tanzten, bis man uns hinauswarf. Es war ein tolles Gefühl und eine tolle Zeit. Warum die Beziehung nicht ernster wurde, weiß ich eigentlich nicht. Vielleicht wollten wir den Moment nicht zerstören, das Gefühl jung und unbeschwert in Kalifornien zu leben, oder vielleicht hab ich auch die Uhr im Lab nicht im Auge behalten und zu viele Abende dort verbracht. Wie auch immer, wir lebten uns auseinander.

Um ehrlich zu sein, ich war damals etwas schwierig einzuordnen. Zum Beispiel mein Musikgeschmack: Ich war ein ernsthafter Fan von Grateful Dead, dank meiner Forscherfreunde in Stanford. Obwohl ich nie so weit ging, all mein Hab und Gut zu verkaufen, mit der Band durch die Welt zu ziehen, und mir mit dem Verkauf von T-Shirts und Käsetoasts die Teilnahme an der nächsten Show zu finanzieren, war ich doch ein ernsthafter Deadhead. Gleichzeitig war ich aber auch ein moderner Rocker und hatte kein Problem, meine Batik-T-Shirts gegen Fallschirmhosen mit doppeltem Gürtel auszutauschen, komplett mit glänzenden, schwarzen Schuhen und passender Lederkrawatte, und so in die angesagtesten Klubs zu gehen. Ich war ein großer Bob Marley-Fan, aber mochte auch Countrymusik und war immer bereit, in Stiefel und Wrangler Jeans zu schlüpfen, um für ein paar Nächte mit Steppen und Linedancen zu verbringen. Die einzige Musik, die ich wirklich nicht mochte, war Rap. Ich hatte eigentlich nie Probleme mit meinen unterschiedlichen Musikvorlieben, und meine Identität hing auch nicht davon ab, mit einer besonderen Clique von Leuten herumzuhängen oder einem besonderen Modetrend zu folgen.

Ich war ein recht lebhafter junger Mann, um es bescheiden zu sagen. Einmal, als ich von der jährlichen Konferenz der Amerikanischen Akademie für Otolaryngologie zurückkam, bemerkte ich erst beim Check-in am Flughafen, dass ich mich im Datum geirrt hatte. Ich dachte, der Flug, den ich am Telefon gebucht hatte, wäre am Donnerstag, aber er wäre schon zwei Tage früher, am Dienstag, gewesen.

„Tut mir leid, da kann ich Ihnen leider nicht helfen", sagte man mir beim Check-in. „Ein einfacher Flug für SFO für heute kostet 1800 Dollar plus Taxen."

Ich war fassungslos. Das war sehr viel Geld für mich – vier Mal so viel, wie ich bereits gezahlt hatte – und das konnte ich mir nicht leisten. Ich nahm mein Gepäck und setzte mich dem Schalter gegenüber hin, um meine Optionen zu überlegen. Ich könnte die nächsten vier Tage in einem Greyhoundbus verbringen, aber ich musste früher zurück sein. Da bemerkte ich, dass die Schalterbeamtin, mit der ich gesprochen hatte, in die Pause gegangen war. *Was soll's,* dachte ich mir, *ich probier's.* Also strich ich mir die Haare zurück, sodass man meine zwei riesigen Hörgeräte gut sehen konnte, und stellte mich noch einmal an. Als ich an die Reihe kam, ging ich zum Check-in bei einer kleinen, nett aussehenden Frau und überreichte ihr meine Tickets.

Sie nahm die Tickets, runzelte die Stirne und sagte so etwa: „Es tut mir leid, aber diese Tickets waren für den Flug letzten Dienstag."

Ich richtete mich auf, schaute ihr in die Augen und schrie so laut ich konnte: „Waaaas?" Mit meiner besten schweren Stimme als Gehörloser sagte ich: „Ich bin gehörlos!", und damit zeigte ich ihr meine beidseitigen Hörgeräte.

„Ich wollte Tickets für einen Dooooonnerstag, nicht Diiiiieeeenstag!", schrie ich. Meine Stimme war so laut, dass mich alle im Check-in-Bereich anstarrten. Da passierte etwas Erstaunliches.

Sie schaute mich an und schrie zurück: „Diese Tickets waren für letzten Dienstag, aber Sie wollten heute fliegen. Ich werde Ihre Tickets für den heutigen Flug auswechseln!"

Mich haute ihre Lautstärke fast um, aber es funktionierte, also schrie ich zurück.

„Da ist ein Fehler. Nicht ein Diiieeenstag, ein Dooonnerstag!" Zum Glück hatte ich die Tickets direkt bei der Fluglinie gekauft.

Sie änderte mein Ticket, checkte mein Gepäck ein und schrie dann: „Ihr Abfluggate ist Gate neun!"

Ich war so beeindruckt, dass ich nicht widerstehen konnte, als sie mir die Tickets gab. „Gaaate fünf."

„Nein! Gate neun! GATE NEUN!", schrie sie zurück und schrieb mir die Gatenummer mit einem roten Stift in Riesenbuchstaben auf die Boardingkarte und zeigte dann auf die Abflughalle.

„Daaanke!", rief ich und dachte, wie toll es mir gelungen war, mir mit diesem Auftritt 1800 Dollar zu sparen. Gleichzeitig schockierte es mich, erleben zu müssen, dass die Leute, sobald sie meine Taubheit erkannten, automatisch annahmen, dass ich nicht normal große Schrift lesen könnte.

Ich denke, die meisten wären nicht so weit gegangen wie ich und hätten irgendwie die 1800 Dollar aufgetrieben. Aber Tatsache bleibt, dass bei der telefonischen Bestellung irgendein Missverständnis passiert sein musste. Das ist leicht verständlich, denn ich fand es extrem schwierig zu telefonieren, selbst mit meinem Spezialtelefon. Insgesamt bestätigte mich dieser Vorfall darin, wie wichtig meine Arbeit war, und motivierte mich, weiter nach neuen Behandlungsmöglichkeiten für Gehörverlust zu suchen.

Trotz allem muss ich zugeben, dass ich damals etwas ungehobelt war. In der Arbeit legte ich die Grundlagen für mein zukünftiges Unternehmen, gleichzeitig erforschte ich auch die wissenschaftlichen Grundlagen für die Biomechanik des Ohres und somit für ein neues Feld. In meiner Freizeit am Abend malte ich oft Bilder, die ich zu verkaufen hoffte. Ich war sozial freizügig und in Geldangelegenheiten konservativ. Ich war eher Demokrat als Republikaner, aber ich wählte zweimal George Bush se. (aber niemals George W.!), ich war Mitglied des Serra-Klubs, aber trotzdem Befürworter der Atomkraft. Ich fühlte mich bei meinen Hippie-Freunden in Santa Cruz genauso wohl wie in Anzug und Krawatte unter den Yuppies. Ich konnte vormittags auf der Yacht irgendeines Reichen arbeiten und am Abend auf ein Reggae-Fest gehen. So war ich eben, das war mein Leben. Ich trieb mich überall herum. Einer meiner besten Freunde, mein Zimmergenosse Dick Barnett, war ein Wasserskifanatiker, und wir fuhren oft ins Sacramento-Delta oder an irgendeinen nahen See. Ich hatte mir in Hawaii das ultimative, speziell für mich angefertigte Surfbrett gekauft und es nach Hause gebracht, ohne Übergepäck zahlen zu müssen. Ich verwendete dieses Brett, um mit einer kurzen Zugleine hinter dem Ski-Boot zu surfen. Ich beherrschte das bald sehr gut und brachte auf dem Brett extra Fiberglasgurte an, damit ich Wellenspringen konnte. Ich betrieb bereits Wakeboarding, lange bevor es richtige Wakeboards gab. Das hätte ich patentieren lassen sollen.

Tatsache ist aber, dass mir nicht bewusst war, wie sehr ich die Forschungsarbeit liebte, obwohl ich in der medizinischen Forschung schon ernstlich involviert war. Ich habe das Gefühl, dass ich damals von der Medizin und Forschung gewählt wurde, und beides beeinflusste mein Leben mehr, als ich mir jemals hatte vorstellen können.

Laborratten

„Great ideas often come dressed in the clothes of hard work.“
Thomas Edison

An der Tür des Stanford-Labors, das meinem gegenüberlag, befand sich ein Schild mit folgender Aufschrift: „Wenn wir bis zehn nicht hier sind, kommen wir zu Mittag. Wenn wir bis zwei nicht da sind, werden wir mit Sicherheit bis morgen hier sein.“ Daneben hing ein Zettel mit Sicherheitswarnhinweisen, ausgestellt vom Sicherheitsbeauftragten: „Verletzung der Sicherheitsbestimmungen festgestellt: Pizza auf einer Laborbank“. Es hing an der Tür wie eine Art Verdienstmedaille.

Willkommen in der Welt der Laborratten, Heimat von Männern und Frauen, die die Forschungslabors der Elite-Institutionen auf der ganzen Welt betreiben. Sie sind ein eigener Menschenschlag, der seine einzigartigen Berufungen, Rituale, Kultur besitzt und sich durch hintergründigen, karikierenden Humor auszeichnet. Laborratten arbeiten zu eigenartigen Zeiten, und für das ungeübte Auge scheinen manche der Besten überhaupt nicht zu arbeiten. Bürokratie, Administration und bürokratisches Denken ist ihnen verhasst, vielleicht weil die wissenschaftlichen Methoden und die ständige Wiederholung, die typischerweise Forschungsprojekte begleitet, schon enervierend genug sind.

In meiner Jugend im Silicon Valley und in meiner frühen Forschungszeit arbeiteten jede Menge, nennen wir sie mal „interessante“ Leute in den Labs, von denen viele wohl nirgends sonst hineingepasst hätten. Ich bin fest davon überzeugt, dass ein langfristiges, ansehnliches, erstklassiges und ökonomisch gesundes Forschungsprogramm mit „interessanten“ Leuten anfängt. Sie benehmen sich anders als der Durchschnitt und schauen oft auch anders aus, aber sie sind der Schlüssel zur Innovation. „Interessante“ Typen brauchen Fördergelder, eine erschwingliche Unterkunft, Laborplätze und so wenig Aufsicht wie möglich. Was „interessante“ Typen vor allem hassen, ist Bürokratie, und ein zarter Hinweis, dass Pizza nun mal wirklich nicht ins Labor gehört, lässt sie beinah schon weglaufen. Sie stellen üblicherweise für jedes

Management eine Herausforderung dar. Dafür sind sie aber brillante Denker, die mit ungewöhnlichen, bahnbrechenden Resultaten aufwarten können, wenn man sie nur lässt.

Es ist oft schwierig, aus Laborratten schlau zu werden oder sie zu verstehen, aber man braucht sie. Für mich als Kind in Silicon Valley waren sie allgegenwärtig. Später in den Stanford Labs habe ich noch immer viele gesehen, wie sie ihren täglichen Weg in die Labors in verbeulten Toyotas oder alten Volkswagen zurücklegten. Je schwieriger es wurde, leistbare Unterkünfte im Valley und auf der oberen Halbinsel zu finden, desto weiter weg zogen sie, bis ein Pendeln kaum mehr möglich war: in die Hügel nahe La Honda oder nach Salinas, Santa Cruz, Berkeley und noch weiter. Den Rekord hielt ein Pendler aus Carmel Valley. Trotzdem kamen sie jeden Tag oder zumindest meistens zur Arbeit.

Manchmal trieben es diese Leute aber doch etwas zu weit. Ich kann mich an einen Forscher erinnern, einen Mediziner aus Europa, der eines der Labs im Sommer besuchte. Irgendwie hatte er das Anatomielabor überredet, ihm einen kompletten menschlichen Kopf für Forschungszwecke zu überlassen. Er hatte überzeugend darlegen können, dass wir alle Formulare ausgefüllt hätten und sie irgendwie verlegt worden wären. Nachdem er meinen Namen verwendet hat, um die Probe zu erhalten, platzierte er den Kopf in einem Kübel, legte ein Handtuch darüber, trug ihn dann in das Büro der Spitalsverwaltung und scherzte mit der Sekretärin.

Man kann sich meinen Schrecken vorstellen, als sie mich anrief: „Hi, Geoffrey. Hier ist Karen. Kennst du einen Dr. XXX? Der ist gerade in unser Büro gekommen mit einem Kübel und macht Scherze darüber, dass darin ein menschlicher Kopf liegt!"

Ich horchte auf.

„Der veräppelt euch sicher nur. Niemand würde so etwas tun. Außerdem haben wir für solche Präparate im Augenblick gar keine Anforderungsformulare."

„Okay, aber er hatte einen Kübel, der wirklich schwer aussah. Mit dem stimmt irgendwas nicht. Der ist mir nicht geheuer. Sag ihm, er soll nicht mehr herkommen."

Ich legte auf und ging ins Labor. Dort stand Dr. XXX, noch dazu in meinem Labor, und nahm gerade einen menschlichen Kopf aus dem Kübel heraus.

„Was zum Teufel machen Sie da? Waren sie mit dem da gerade in Karens Büro?“, fuhr ich ihn an.

„Ich hab doch nur einen Spaß gemacht“, antwortete er.

„Ich hab keine Ahnung, was sie damit machen, aber sie müssen sofort damit aufhören. Sofort!“, brüllte ich ihn an.

Ich zitterte vor Wut und Bestürzung über diese Szene. Ich musste Dr. Goode informieren und den Kopf in die Anatomie zurückbringen. Ich war sicher, dass dafür keinerlei Papiere ausgestellt worden waren. Ich rannte hinunter zu Dr. Goodes Büro, unschlüssig, was ich tun sollte.

Goode war wie üblich schwer beschäftigt, und ich wartete ungeduldig in der Schlange hinter einigen Turnusärzten. Als ich endlich in sein Büro kam, versuchte ich zu erklären, was passiert war. Noch bevor ich fertig war, erhielt Dr. Goode einen Anruf von einer OP-Schwester.

„Dr. Goode! Sie haben einen Forscher, der gerade einen menschlichen Kopf ohne unsere Zustimmung in den OP gebracht hat. Kommen Sie sofort herauf!“

Entsetzt stürmten Dr. Goode und ich die Stiegen hinauf in die Chirurgie. Im OP3 fanden wir Dr. XXX, noch immer mit dem Kopf. Goode wurde wütender, als ich ihn je erlebte hatte.

„Sehen Sie, Dr. Goode, ich hab es Ihnen ja gesagt“, rief ich.

Dr. XXX sagte: „Ich mache eine Scheinoperation und habe einen Genehmigungsschein.“

„Nein!“, brüllte Dr. Goode. „Nein, Sie machen nichts dergleichen. Wir handhaben das hier nicht so!“

Ich brachte den Kopf auf die Anatomie zurück, und Dr. XXX wurde nach Europa zurückgeschickt. Es war der bescheuertste Vorfall in meiner gesamten Forschungszeit. Ich sprach dann mit dem Chef der Autopsie, der mir erzählte, dass ein Neuling offenbar einen Fehler gemacht hatte, als er mit dem sehr bestimmt auftretenden Forscher konfrontiert wurde. Wir stellten sicher, dass so etwas nie mehr passieren konnte. Es ist mir unerklärlich, was Dr. XXX so lustig daran fand, einen menschlichen Kopf ins Administrationsbüro zu tragen und darüber mit der Sekretärin zu scherzen. Es war einfach bizarr. Dieser Typ war eindeutig „zu interessant".

„Interessante" Leute sollte man nicht mit Computerfreaks oder Geeks verwechseln. Im Allgemeinen sind Geeks Leute, die völlig von der High Tech gefesselt sind, eine legendärerweise im Silicon Valley hervorgebrachte Spezies. „Interessante" Leute hingegen lieben zwar die Technik, aber eben auch knallhartes wissenschaftliches Forschen.

Nehmen wir als Beispiel Dan Stein, der zwei Stockwerke über mir im VA-Forschungsgebäude für die Stanforder Anästhesie-Forschungsgruppe arbeitete. Das erste Mal begegnete ich ihm beim Mittagessen. Ich beobachtete, wie Dan, der strikter Vegetarier war, einen riesigen Büschel Koriander hackte, ihn in den größten Behälter mit Joghurt einrührte, den ich je gesehen hatte, und das ganze Gebräu dann hinunterschlürfte. Wann immer ich mit Dan sprach, drehte sich das Gespräch nach einigen Minuten unweigerlich um seine Diät. Ich habe rasch gelernt, in seiner Gegenwart nie über Essen zu sprechen.

In seiner Zeit als Punk-Rocker hatte er seinen Kopf nach Art der Skinheads kahl geschoren. Jetzt stand er total auf Yoga und meditierte, wann immer er ein paar Minuten Zeit fand. Seine Urlaube waren auch immer ungewöhnlich. So machte er einmal für einen Monat einen Solo-Backpack-Trip nach Guadalajara. Dort schnitt er sich an irgendeiner komischen Pflanze, sodass sein Fuß auf die dreifache Größe anschwoll. Im Delirium kroch er zu einer abgelegenen Berghütte, wo er ein paar Leute anheuerte, die ihn in die nächste Stadt trugen. Schließlich kam er zu einem abgelegenen medizinischen Außenposten, wo er angeblich fast gestorben wäre und man ihm um ein Haar seinen Fuß amputiert hätte. Aber irgendwie hat Dan überlebt. Als seine Forschungsgelder für ein paar Monate ausblieben, verschaffte ihm das die perfekte Gelegenheit für einen dreimonatigen Backpacktrip nach Indien. Er kehrte erst nach sechs Monaten zurück, weil er einfach zu lange Zeit in einem Aschram verbracht hatte. Da er niemals eine Gelegenheit ausließ, irgendetwas Neues mit seinen Haaren zu machen, erschien er nun völlig kahlköpfig. Wir sollten ihn mit seinem neuen, komischen indischen Namen ansprechen, den ihm sein neuer Guru zugeteilt hatte, aber das verweigerte ich. Dan trug jetzt rote Pajamas und Unmengen klingelnder Perlen. Er brauchte noch einige Monate, um wieder zu seinem normalen Zustand zurückzukehren. Mich kostete das viele Besuche in seinem Labor, wo ich immer wieder „Hey Dan, Danny boy“ rief, um ihn an seinen richtigen Namen zu erinnern. Nachdem er re-programmiert war, trat er einer Trommelgruppe bei und verbrachte nach der Arbeit Stunden im Park in Trommelkreisen.

Manchmal brauten Dan und ich zusammen Bier in seinem Häuschen hinter einem Haus in Menlo Park, in der Nähe des VA-Spitals, das als Kulisse von *Einer flog über das Kuckucksnest* gedient hatte, wo Ken Kesey als Forscher arbeitete. Unser Ziel war es, das wohlschmeckendste, völlig biologische, pestizidfreie Bier zu brauen, das es jemals gegeben hatte. „Rasta Brau“, unser hochkalorienhaltiges Dunkles mit hohem Alkoholgehalt, war nicht schlecht, sollte aber nicht den erträumten Preis für das beste von Amateuren gebraute Bier erringen. Unser Bier schmeckte meist schrecklich, und viel davon war echt ungenießbar.

Dan verband mit seiner Forschung eine Art intensiver Yin-Yang-Hassliebe. An einem Tag paukte er für die MCAT-Prüfung, am nächsten warf er alles hin, zog nach Santa Cruz und trommelte als Hippie den ganzen Tag am Strand. Im Gegensatz zu mir verkaufte Dan sein komplettes Hab und Gut, um mit Grateful Dead ein Jahr lang durchs Land zu ziehen. Das letzte Mal sah ich Dan nach einer Show im Shoreline-Amphitheater, wo er in der Mitte des Parkplatzes mit ein paar Freunden trommelte. Ich habe gehört, dass er schließlich doch sein Medizinstudium abschloss, und ich bin sicher, dass er in jedem Bereich, den er wählt, eine Führerfigur wird. Er war ein echt interessanter Typ.

Eine andere „interessante“ Persönlichkeit war Eric, ein Forscher der Augenheilkunde und früherer Spitzenmann des Stanford-Schwimmteams. Er war ein Muskelprotz mit Hirn und scharfem Verstand. Man konnte sich über alles mit ihm unterhalten. Er war echt ein Teufelskerl. Er trug einen riesigen, hässlichen, schwarzen Pullover aus Yakhaaren, den er in Tibet erstanden hatte, ein eigenartiges Kleidungsstück, das an ihm aber gut aussah. Alles hätte an Eric gut ausgesehen, groß und stattlich wie er war, mit breiten Schultern, ausgebleichten, strohblonden Haaren und einem attraktiven Gesicht.

Eric arbeitete unregelmäßig spät in der Nacht, da seine Zellkulturen eine Rund-um-die-Uhr-Betreuung erforderten. Er war auch ein fantastischer Wellenreiter und nahm sich so mächtige Wellen vor, dass ich nur am Strand stand und ängstlich mein Board umklammerte. Jedes Mal wenn hoher Wellengang angekündigt wurde, war Eric nicht im Labor, sondern ließ sich vom Pazifik zusammenschlagen. Man konnte dann seinen zerbeulten Honda Civic auf irgendeinem Parkplatz am Pacific Coast Highway finden, in der Nähe von Surfbreaks, während er auf den riesigen Wellen herumhüpfte und auf die nächste perfekte Welle wartete. Er war bei weitem der aggressivste Surfer, den ich je gesehen hatte.

Eines Tages kam Eric ins Labor und schaute recht mitgenommen aus.

„Wie geht's denn dem anderen?“, fragte ich. „Schaut nach einer wilden Nacht aus.“

Eric sagte: „Oh ja, ich bin total fertig. Ich war mit ein paar Freunden in der Nähe der Brücke in SF, also beschloss ich drunterzuschwimmen.“

„Wo zu schwimmen?“, fragte ich, nicht sicher, was er meinte.

„Na unter der Gate“, antwortete er.

„Was? Meinst du die Golden-Gate-Brücke?“, fragte ich ungläubig.

„Klar, bin direkt unter der Golden Gate geschwommen.“

„Was!? Wie bist du denn da zurückgekommen?“

„Na ja, als ich auf der anderen Seite war, konnte ich meine Freunde nicht finden, also bin ich wieder zurückgeschwommen. War ziemlich kalt so in der Hälfte.“

Was sollte ich darauf sagen? Ich bin viel an der Küste geschwommen und hatte immer davon geträumt, einmal den Catalina-Kanal zu durchschwimmen, aber was mir Eric da schilderte, war der reine Wahnsinn.

„Hast du zumindest die Strömungen überprüft?“

„Warum?“

„Weil ich dort viel gesegelt bin und weiß, dass du die Zeiten richtig erwischen musst, sonst treibt es dich nach Hawaii.“

Eric starrte mich mit großen Augen an, als er merkte, wie ernst mir das war.

Eric hatte für sein Golden-Gate-Abenteuer weniger als drei Stunden gebraucht. Es war ein unglaublicher, spontaner Einfall, aber Erics Freund und sein Bruder bestätigten, dass er das wirklich geschafft hatte.

Eric war auch im Forschungslabor sensationell und berühmt für seine unglaubliche Produktivität. Als sein Stipendium zu Ende ging, fuhr er zum Surfen nach Mexico. Er sollte zurückkommen, aber ich habe nicht wieder von ihm gehört.[2]

Bob Sellers war der Rock-Star unserer Labors. Er war unglaublich beliebt und viele Forscher bewunderten ihn. Er war wirklich einzigartig und nicht nur Forscher, sondern auch ein erfahrener Taucher und Meeresfotograf. Bob und sein Bruder flogen immer wieder nach Tahiti, dann ein paar Stunden weiter zu irgendeiner einsamen Insel, wo sie ein Tauchboot nahmen und einige Tage mit Extremtauchen verbrachten. Die Fotos, die Bob von seinen Tauchgängen mitbrachte, waren unglaublich und zeigten Lebewesen, die ich noch nie zuvor gesehen hatte. Sie waren um Klassen besser als die in meinen Taucherzeitschriften oder im *National Geographic*. Mit diesen Bildern war Bob der Ansel Adams der Unterwasserphotographie. Auf Tauchgängen trennte er sich oft von allen anderen (was ein schwerer Sicherheitsverstoß beim Tauchen ist), versuchte dann, seine Luftblasen auf ein Minimum zu reduzieren und lag ganz still am Meeresboden, bis etwas vorbeischwamm. Statt die Tiere zu verfolgen, versuchte Bob, ihre Nahrungsquellen

2 Ich habe diese Geschichte nachgeprüft, weil ich Eric nicht ganz getraut habe. Die Entfernung beträgt tatsächlich drei Kilometer pro Richtung. Es gibt auch ein Wettschwimmen für genau den Kurs, den Eric geschwommen ist, obwohl sie Begleitboote verwenden. Eric sagte, er sei geschwommen, weil das Wetter an diesem Tag so ruhig war und es keine Wellen zum Surfen gab. Ich glaube, dass seine Geschichte wirklich stimmte. Für einen so gut trainierten Schwimmer wie Eric war es durchaus möglich – solange ihn kein Boot überfährt.

herauszufinden und wartete dann stundenlang am Boden. Seine Bilder beweisen, dass diese Methode funktioniert hat. Die anderen Forscher bewunderten ihn, weil er nicht nur ein außergewöhnlicher Forscher, sondern auch eine tolle Persönlichkeit war.

„Bob versteht das alles“, sagten sie.

Er hatte eine Gruppe von Fans, die alle kleine Bobs sein wollten, und war so als einer der wenigen mir bekannten Forscher von einer Art Groupies umgeben. Bob war auch ein Gründungsmitglied der Fungus (Pilz) Federation von Santa Cruz (Motto: „Wir geben den Fun in den Fungus“), seine Pilzsuppe war absolute Spitze.

Dann gab es da noch Bill Ebling, der in den Anästhesielabors mit Dan arbeitete. Bill palaverte endlos über ein Umweltproblem, das er das Kohlenstoffproblem nannte. Er hatte immer irgendein alarmierendes Thema parat und gab so Sätze von sich wie: „Jeder spricht über den Klimawandel, aber niemand spricht darüber, was das Aufbrauchen des Kohlenstoffs für uns bedeutet.“ Ich glaube, Bill war der erste, den wir über dieses Problem sprechen hörten, daher wussten wir nicht so recht, was wir dazu sagen sollten. Er war extrem intelligent und wurde für einen Posten beim National Institute of Health angeworben.

Alle diese Forscher hätte man auch leicht für Geeks halten können, aber für sie war die Technologie nicht Selbstzweck oder zielloses Herumspielen, weil es Spaß machte. Sie alle setzten die Technologie zur Lösung der komplexen Probleme in ihren Forschungsgebieten ein. Bill und ich mussten Geräteantriebe für unsere Hardware bauen und unsere Daten aufzeichnen. Wenn wir den Prozess beschleunigten, konnten wir viel mehr in kürzerer Zeit erledigen. Ohne diese fortgeschrittenen technischen Anwendungen hätten einige unserer komplexeren Forschungsprojekte nicht nur mehr gekostet, man hätte sie auch kaum realisieren können. Wir setzten Computer ein, um unsere ziemlich komplizierte Arbeit etwas einfacher zu machen. Wenn wir es richtig machten, erhielten wir viel mehr Daten und konnten mehr erreichen. Trotz meiner Bedenken kaufte Dan einen „Lunch box Computer“.

„Dan“, sagte ich, „das ist weder ein Standgerät noch eine echt transportable Maschine. Er vereinigt nur das schlechteste beider Welten.“

Aber Dan wusste es immer besser, und irgendwie brachte er ihn zum Funktionieren.

Ich betrachte es als Glücksfall, mit so vielen talentierten Forschern, hochintelligenten und einzigartigen Menschen, arbeiten zu dürfen. Das als stimulierende Umgebung zu bezeichnen, ist die reinste Untertreibung. Durch die Zusammenarbeit mit einer weltweit führenden Forschungsinstitution hatten wir auch viele Gelegenheiten, Vorlesungen über die unterschiedlichsten Themen zu hören, oft von sehr prominenten Gastsprechern, die Stanford einlud. Es waren glückliche Zeiten in den Labors mit meinen Kollegen.

1989 zerstörte das Loma-Pieta-Erdbeben die Labors und verwandelte sie in ein gigantisches Chaos. Wie viele Leute in der San Francisco Bay Area war ich an diesem Tag früh nach Hause gegangen, um mit meinem Bruder Michael und ein paar Freunden das World-Series-Baseballmatch anzuschauen. Das Spiel hatte gerade angefangen, als das Erdbeben begann. Wir rannten alle hinaus in den Garten. Die seismischen Wellen erzeugten elektrische Entladungen in der Luft, und das Wasser des Pools türmte sich in zwei Meter hohen Wellen auf. Nach dem Beben gingen wir ins Haus. Unser Haus hatte keinen Schaden erlitten, und auch Strom und Wasser funktionierten. Außer der Überschwemmung im Garten durch das Wasser des Pools war bei uns nichts passiert. Der Schaden in der restlichen Bay Area hingegen war katastrophal. Als wir am nächsten Tag zur Arbeit kamen, fanden wir eine Notiz vor, dass die Labors gesperrt seien. Die Chemikalien waren aus den Regalen gefallen, hatten sich vermischt und so eine riesige Kloake chemischer Brühe erzeugt. Das Spital war schwer betroffen, und alle Patienten waren evakuiert worden. Das ganze Gebäude war von so vielen riesigen Sprüngen durchzogen, dass man kaum eine unbeschädigte Wand fand. Zum Glück hatte das Beben aufgehört, bevor die Fundamente völlig in Mitleidenschaft gezogen worden waren. Hätte es etwas länger gedauert, wäre das ganze Gebäude eingestürzt.

Bobs Chemikalienvorratslager war ein besonderes Durcheinander. Der relativ große Raum war voll mit feuerfesten Aufbewahrungsbehältern für alle Chemikalien, die in der Anlage verwendet wurden. Obwohl alles korrekt getrennt und gesichert war, hatten sich einige der Aufbewahrungsbehälter aus ihrer Verankerung gelöst und waren hinuntergestürzt. Dabei hatten sie wie bei einem gigantischen, giftigen Dominospiel andere mitgerissen. Viele Chemikalien wurden in Glasbehältern gelagert, die zerbrochen am Boden lagen, in einer wilden Mischung chemischer Farben und Gerüche. Wir alle mussten mit Schutzkleidung arbeiten. Wir wussten, dass der Sicherheitsbeamte, der uns bei den Aufräumungsarbeiten helfen sollte, nicht verstand, wonach wir suchten, und es war uns klar, dass wir wahrscheinlich selber am besten qualifiziert waren, alle Labors, außer den gefährlichsten, aufzuräumen. Ehrlich gesagt hatten wir auch keine Ahnung, was alles ausgeronnen war und zu welchen chemischen Reaktionen es kommen würde, aber wir wussten, dass es ziemlich schlimm werden konnte.

Ich rannte hinauf, um mein Labor zu sichern, und in einer Stunde hatte ich es wieder so ziemlich gesäubert, aber das war relativ leicht, da es in meinem Labor kaum gefährliche Chemikalien gab. Den größten Schaden hatte die elektronische Ausstattung erlitten, und viele meiner Geräte lagen zerbrochen am Boden.

Als ich fertig war, ging ich hinüber, um Bob zu helfen, bei dem es schon schlimmer aussah. Sein Säurebad war auf den Boden gekippt, und die Glasbehälter mit den Chemikalien hatten sich aus der Sicherheitsverankerung gelöst und waren zerbrochen.

Er kam aus dem Raum, nahm seine Maske ab und sagte: „Wir brauchen eine Gefahrenguteinheit, ich meine eine richtige."

„Bis wir eine kriegen, sind das wir", sagte ich ihm. „Das Gebäude darf nicht Feuer fangen oder eine toxische Schlammgrube werden, wir müssen was unternehmen, zumindest so viel, dass es nicht schlimmer wird." Also schöpften wir diesen chemischen Brei, so gut es ging, in Abfallbehälter. Dann trugen wir, so viel wir konnten, hinunter zu dem Bereich, der für Gefahrenstoffe reserviert worden war. Bob fand die Arbeit des Sicherheitsbeauftragten, der die Putzarbeiten überwachte, nicht besonders gut, doch nach ein paar Wochen waren die Labors wieder in Ordnung und in Betrieb.

Keiner von uns war besonders angetan von den Sicherheitsbeauftragten, am allerwenigsten Bob. Schließlich hatte Bob all die Warnschilder an seiner Tür verfasst, auch das über die Pizza auf dem Labortisch. Ein paar Monate nach dem Erdbeben hörte ich eines Tages Bob lauter als normal sprechen. Das war eigenartig, denn er sprach üblicherweise eher sanft und leise. Ich ging auf den Gang und fand Bob im Streit mit jemandem, der ein Clipboard in der einen Hand hielt. In der anderen hatte er einen knallroten Plastikkübel, auf dem in Großbuchstaben „SICHERHEIT“ geschrieben war. Bob stand zwischen ihm und der Notdusche des Labors.

„Jetzt hören Sie mir mal zu!“, brüllte Bob. „Nach dem Erdbeben und der ganzen Putzerei brauch ich nicht noch so einen Scheiß. Ich sage Ihnen noch einmal: Ziehen Sie niemals wieder diesen Hebel!“

„Aber er wurde repariert!“, antwortete der junge Mann.

„Das hat der letzte Typ auch gesagt, bevor er den Hebel das letzte Mal gezogen hat. Er ist eben nicht repariert“, sagte Bob sehr streng.

Der Stein des Anstoßes war das Notdusch- und Augenspülungssystem der Labors. Theoretisch konnte jeder, der je mit Chemikalien angestaubt wurde oder Feuer fing oder Säure in die Augen bekam, auf den Gang laufen und sich mit einem Wasserschwall abwaschen, indem er den Hebel der Notwaschstation zog. Allerdings hatte man beim Einbau die Kleinigkeit eines Abflusses übersehen. Der 5000-Gallonen-Wassertank auf dem Dach des Gebäudes hatte ein Ventil, das sich erst wieder zurückstellte, wenn alle 5000 Gallonen durch die Dusche abgeflossen waren. Dabei wurde natürlich alles überschwemmt, und die elektrischen Leitungen wurden durchtränkt.

Bob setzte sich schließlich durch, und der Sicherheitsbeamte trollte sich. Ich folgte Bob in sein Labor.

„Es ist nicht zu fassen“, regte sich Bob auf. „Vor ein paar Jahren haben sie diesen Hebel gezogen und die Burschen unten fast mit einem Stromschlag umgebracht, und ...“

Vom Gang kam ein lautes Zischen.

Wir schauten hinaus, und da stand dieser Sicherheitstyp unter der Dusche mit seinem Kübel. Das Wasser strömte nur so aus der Dusche.

„Oh, du verdammte Scheiße", brüllte Bob. Er sprang die Stiege hinunter, um den Strom abzuschalten, bevor etwas passieren konnte.

Da ich nur herumstand, beobachtete ich den Sicherheitsbeamten. Als der Kübel voll war, versuchte er das Ventil zu schließen, aber das Wasser strömte weiter. Dann rannte er verzweifelt ins WC, leerte den vollen Kübel aus, und rannte wieder zurück. Das Wasser stand schon überall.

Bob war zurück und schrie: „Hol einen Mopp, und was du sonst noch finden kannst! Wir müssen das Wasser zur Stiege leiten und es vom Liftschacht fernhalten. Schnapp dir auch eine Taschenlampe."

Also nahm ich meine Taschenlampe und einen Mopp und fing an, das Wasser zur Stiege hinunterzuschieben.

Zu diesem Zeitpunkt war der Sicherheitsbeamte schon fast in Tränen aufgelöst. In seinem Gesicht kämpften Verzweiflung und Ungläubigkeit, während er hin und her rannte, den Kübel füllte, im Klo ausleerte, wieder füllte usw. Aber er hatte eine Flutwelle losgetreten: 5000 Gallonen Wasser, also ungefähr ein kleiner Pool, strömten durch unsere Dusche. Das erste „Bam! Bam! Bam!" der Kurzschlüsse begann gerade, als Bob die Hauptsicherung abdrehte. Die Lichter gingen aus und der Gang wurde von der schwachen Notbeleuchtung erhellt. Nach diesem Vorfall machten die Sicherheitsleute einen weiten Bogen um Bob und mich.

Nach dem Erdbeben wurden auf Betreiben des Sicherheitskomitees an allen Regalen Sicherheitstore angebracht und Lassos für alle Bücher und Ordner in den Labors. In meinem Labor gab es nur eine Chemikalie, die mir Sorgen bereitete: eine Säure namens Flux, die ich als Lötpaste verwendete. Ich hatte davon aber nur 5ccs, die ich in einer Spritze in einer kleinen Schachtel neben der Lötstation aufbewahrte.

Nicht lange nach der Installation der Sicherheitstüren arbeitete ich an meinem Lötplatz. Ich öffnete eine der neuen Türen, die prompt aus ihren Angeln fiel und direkt auf dieser Spritze landete. Allen statistischen und mechanischen Prinzipien zum Trotz drehte sich die Spritze irgendwie um 180 Grad, wobei sie sich gleichzeitig in einem Winkel von 45 Grad aufrichtete und den Kolben völlig herausdrückte. In einer erstaunlich schnellen Bewegung ergoss sich der Inhalt der gesamten Spritze, voll mit Flux, in mein linkes Auge. Ich erstarrte, fassungslos über die schiere physikalische Unmöglichkeit, von der neu installierten Sicherheitseinrichtung attackiert zu werden und über die pure mathematische Unwahrscheinlichkeit des Augenblicks. Was waren die Chancen? Endlich setzte mein Gehirn wieder ein: *Los, beweg dich!*, schrie es. Ich rannte auf den Gang zu der Sicherheitsdusche und Augenspülung, die aber noch immer mit den 5000 Gallonen Speicher am Dach verbunden war. Ich schaute sie an und dachte: *Verdammt, es ist das erste Mal in meinem Leben, dass ich so was brauche, aber ich werd nicht wieder 5000 Gallonen auf das Gebäude loslassen!* Also rannte ich in die Augenklinik, schnappte den ersten Turnusarzt und ließ mir von ihm eine Notspülung ansetzen. Den Rest des Nachmittags verbrachte ich in der Klinik und spülte meine Augen aus. Ich hasste Sicherheitsleute.

Als die Forschungsgelder knapper und heftiger umkämpft waren, verloren besonders die „interessanten" Leute dabei. Finanzielle Mittel werden meist den gut ausgestatteten, gut vorzeigbaren Projekten zugeteilt, den Forschungslabors, die am besten ausgestattet sind und Leute haben, die die entsprechenden Anträge wohldurchdacht formulieren können. Heute sieht man in den Labors viel weniger „interessante" Typen. Ich fürchte, damit haben wir auch ein Schlüsselelement unserer ökonomischen und wissenschaftlichen Führungsposition verloren. Sicher waren viele dieser unkonventionellen Forscher in ihrem Gebiet so meilenweit vorne, dass niemand mithalten konnte. Aber viele gute Labors und Leute mit guten Ideen blieben auf der Strecke, und so wurde vielleicht die Chance vergeben, die Nadel im Heuhaufen zu finden oder den Forscher, der die nächste nobelpreisverdächtige Idee hat. Ich bin überzeugt davon, dass der Schlüssel für wirklich gute Forschungsarbeit darin liegt, die besten „interessanten" oder unkonventionellen Leute zu gewinnen. Wir brauchen sie mehr, als wir denken.

FMT Heureka!

„This FMT … jumps like a Willys in four wheel drive!“
Dr. David Foyt

Vorrangiges Ziel meiner Arbeit war die Entwicklung eines neuen implantierbaren Gehörsystems zur Behandlung von Gehörverlust. Da ich selbst unter Schwerhörigkeit litt, wollte ich etwas Neues, Besseres. So wie Millionen andere von Gehörverlust Betroffene erhoffte ich mir etwas, das funktionierte, etwas, das den Schaden beheben konnte.

Der Laie meint oft, dass der Prozess einer Erfindung zu einem „Heureka!“-Augenblick führt, aber in Wahrheit materialisieren sich Erfindungen nicht plötzlich aus der Luft, sondern brauchen viel Zeit, Arbeit und Überlegung. Wenn es so einen Moment gibt, in dem es zur Erleuchtung kommt, das Hirn glüht, sich die zündende Idee präsentiert und der Erfinder „Ich hab's!“ rufen kann, dann passiert das meist nach Jahren harter Arbeit. Jedes gute Gerät braucht eine gute Erfindung, und der Weg jeder guten Erfindung ist von guten Geschichten begleitet. Ich erinnere mich, wie ich eines Tages als Patient in Dr. Rodneys Praxis war, wo wir nach der Untersuchung die Testresultate besprachen.

„Wie schaut es mit einem chirurgischen Eingriff aus?“, fragte ich ihn. „Gibt es irgendetwas, das mir helfen könnte?“

„Leider“, antwortete er, „es gibt nichts für dein Problem.“

Ich fragte weiter. „Wie wäre es mit einem Implantat, etwas in der Art der Cochlea-Implantate?“

Er antwortete: „Nein, die würden dir nicht helfen, aber wir arbeiten an etwas, das vielleicht in ein paar Jahren eine Möglichkeit darstellen könnte.“

Damals konnte ich noch nicht ahnen, dass ich kurze Zeit später als Mitarbeiter seines Kollegen Dr. Richard Goode genau an diesem Projekt arbeiten würde und dass Gehörimplantate und die damit verbundenen Wissenschaften meine Lebensaufgabe werden würden. Ich hatte auch noch keine Vorstellung davon, wie weit in der Zukunft die Realisierung eines Gehörimplantats liegen würde, mit dem mein Gehörverlust behandelbar wäre.

Mein Laser-Doppler war nicht nur ein tolles Instrument zur Vermessung und Definition der biomechanischen Strukturen des Ohres, er war auch ideal, um Geräte zu messen, die für die Reparatur und die Stimulation von Ohren verwendet werden konnten. Mit dem neuen Lasersystem, das mit Jont Allens Software betrieben wurde, war ich imstande Mikrogeräte zu bauen und zu testen, die man sich vorher nicht vorstellen konnte. Ich war damit auch in der Lage, äußerst präzise Messungen vorzunehmen und zu verstehen, wie sie in allen wesentlichen Audiobereichen arbeiteten. Jetzt brauchte ich nur noch einen guten Platz, um diese Geräte herzustellen, und dafür musste die Garage meines Vaters herhalten.

Den Floating Mass Transducer zu entwickeln brauchte viele Jahre. Zuerst musste ich das Problem überhaupt verstehen, unzählige Sektionen vornehmen und Stunden über Stunden mit Grundlagenforschung zubringen. Dann folgten die Untersuchungen am lebenden menschlichen Ohr, um Vibrationsmuster festzustellen, und die Arbeit an Leichen, um verschiedene Ideen und Konzepte auszuprobieren. Parallel dazu musste ich unterschiedliche Testmethoden adaptieren und perfektionieren sowie Messgeräte und -möglichkeiten entwerfen. Schließlich galt es, Testprotokolle zu entwickeln, und zuletzt Fertigungstests für die unwahrscheinlich kleinen und sensiblen Geräte zu erstellen, die die Stimulation mit „Direct Drive“ im Mittelohr erforderte. Ich musste neue Transducer entwickeln und oft noch spät in der Nacht in der Werkstatt meines Vaters bauen. Ich probierte hunderte Varianten aus, die alle aus irgendeinem Grund nicht funktionierten. Alle hatten einen oder mehrere Mängel, alle – bis auf einen.

Während des Studiums hatte ich mich auch mit linearem Programmieren befasst, also versuchte ich für das Problem der Mittelohrimplantate ein entsprechendes Modell zu programmieren. Eines der wesentlichen Ergebnisse des linearen Programmierens ist nicht das tatsächliche quantitative Resultat, sondern es sind die Erkennt-

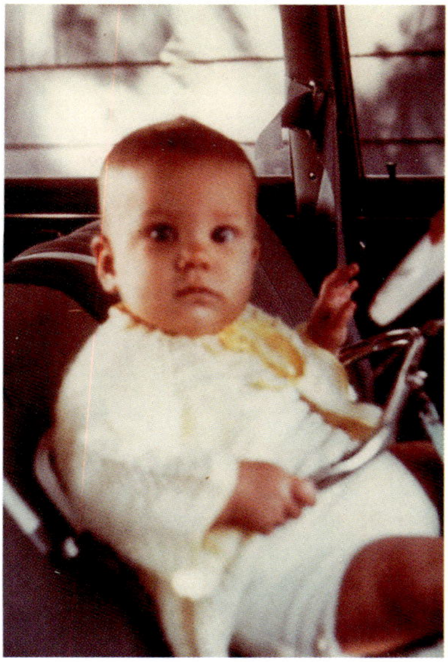

Ich im purpurnen Mercedes, circa 1965

Der Fussballer, 1970

1526 Kingsgate, 1970

Party im Vesona Park, 1972

Unter Freunden, 1972

Der Baseballspieler, 1972

SUNNYVALE
15 cents
SCRIBE

Fulbright's features never looked finer

J. William Fulbright, the former U.S. Senator, never looked so goo
until young Jeff Ball got hold of a pen. Jeff is one of 11 youth
studying cartooning with Ivan Kirov, the irrepressible Sunnyval
gadfly of the arts. What's Kirov up to these days? See page 3.

Die erste Seite des *Sunnyvale Scribes*, 1975

Beim Entwerfen von T-Shirts

Meine Schwimmmannschaft, 1983

Im Yosemite Nationalpark, 1984

Mit Dave Barnett, 1985

San Francisco, 1985

Vor Mount Shasta, 1985

Mit Jim und Diana Ball in 3047 Orchard PW, 1985

Das Symphonix Entwicklungsteam, 1994

Don und Virginia Van Rossen, 1987

Hochzeit, 1997

Der erste Patient mit dem Vibrant Soundbridge-Implantat, 1997

Mein Vater mit Radesh Najran und Markus Nagl, 2009

Das Vibrant MED-EL Team, 2004

Das Vibrant MED-EL Team, 2010

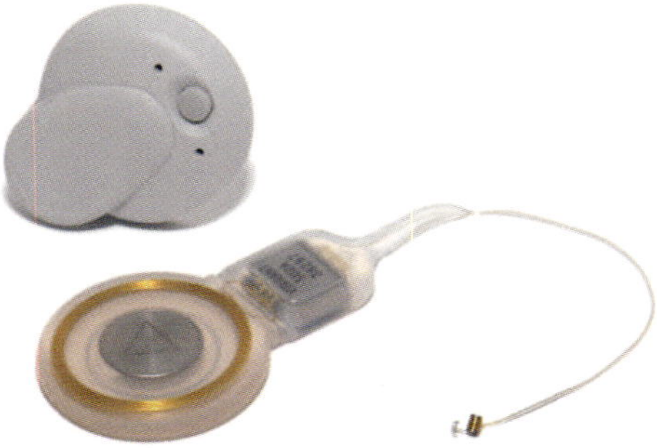

Das Vibrant Soundbridge Mittelohr-Implantat

nisse, die man während des Programmierens erhält. Lineares Programmieren erfordert absolute Klarheit über die zugrunde liegende Idee und ihre Beschränkungen, die gewünschten Inputs und Outputs, Eingaben und Ergebnisse, die Maximal- und Minimalerfordernisse. Das kann ein sehr mühsamer Prozess sein. Es wäre schön, könnte ich sagen, dass ich einfach alle Gleichungen in ein lineares Programmier-Softwarepaket gefüttert habe, das dann ein Bild meiner Erfindung ausgespuckt hätte, aber so war es natürlich nicht.

Mit dem Prozess des linearen Programmierens im Kopf ging ich noch einmal alle Ideen durch, die ich früher ausprobiert hatte. Damals hatte ich bereits eine viel klarere Vorstellung davon, wie gering die erforderliche Kraft und Auslenkung für den Antrieb der Vibrationsstruktur im Ohr sein müsste (0.1 Mikrometer = 110 dB @ 1.0 kHz). Mir war die Kleinheit eines Mikrons voll bewusst, und mir war schon lange klar, dass das Kernstück zur Lösung des Mittelohrgehörimplantats ein besonderer Bereich der Mikrophysik auf subzellularem Niveau war. Ich probierte neue Ideen aus, verwarf alles, was ich früher über den Bau von Mittelohrgeräten gelesen hatte. Um wirklich neu anfangen zu können, musste ich versuchen, alle früheren Fehlkonzepte und alles darüber Gelesene irgendwo in meinem Hirn unter „fragwürdige Information" abzuspeichern. Dann begann ich völlig veränderte Entwürfe in anderen Bahnen mit neuen Möglichkeiten für eine neue Transducerbauart auszuprobieren.

Kurz darauf baute ich den ersten FMT oder Floating-Mass-Wandler. Bei den ersten Prototypen dieser neuen Klasse von Geräten konnte ich mir zunächst nicht erklären, wieso sie funktionierten. Auf dem Papier zeigte die konventionelle Theorie immer wieder, dass viele oder die meisten Erstgeräte nicht funktionieren würden, aber diese taten es. Wie war das möglich? Ich verstand es nicht. Also handelte ich völlig unlogisch: Ich versuchte FMTs zu bauen, die *nicht* funktionierten. Und sie wurden besser. Wie bitte? Als ich mich dann sehr anstrengte, Geräte zu bauen, die absolut nicht funktionieren konnten, wurden die hohen Frequenzen so laut, dass sogar ich sie klar vernehmen konnte. Ich war sicher, eine Anomalie zu beobachten. Diese ersten Geräte hatten ein Schlüsselelement, das bei meinen anderen Ideen gefehlt hatte: Man konnte sie sehr klein und körperverträglich herstellen.

Ich besprach mich mit meinen Kollegen in Stanford, erklärte ihnen das neue Gerätekonzept, und sie führten noch mehr Gründe an, weshalb die Geräte nicht funktionieren konnten: Sie würden sich gegenseitig aufheben, die Felder seien nicht optimiert, die Masse falsch, wenn die Geräte kleiner würden, würde auch die Anomalie verschwinden, es sei Zeitverschwendung usw. Alles, was sie sagten, war richtig. Also ging ich eines Abends, nachdem ich wieder Geräte in der Garage meines Vaters hergestellt hatte, ins Haus, um mit ihm zu besprechen, was ich beobachtet hatte und warum ich es nicht verstehen konnte. Ich erklärte ihm, dass die Geräte, egal, wie ich sie machte, immer funktionierten, obwohl wir alle wussten, dass sie das nicht dürften.

Dann sagte ich: „Dad, weißt du, es ist echt komisch. Diese Geräte sind wie – wie kleine Floating-Mass-Wandler oder so."

Kaum hatte ich das gesagt, war es uns beiden klar: „Es ist ein FMT", rief Dad.

Wir gingen sofort wieder in die Garage, und bis in die frühen Morgenstunden stellten wir Gerät über Gerät her. Alle funktionierten, und da ich jetzt wusste, wieso und was ich da eigentlich machte, wurden die Geräte nicht nur besser, sondern auch kleiner.

Am nächsten Tag zeigte ich Dr. Goode einige der optimierten FMT-Entwürfe, und er war bereit, mir die Rechte an dieser Bauform zuzugestehen. Am nächsten Tag wurde der Entwurf eingereicht. Der FMT ist ein Wandler, der in einem Gehäuse untergebracht ist, das an einer Vibrationsstruktur im Ohr (nämlich der Gehörknöchelchenkette) angebracht ist. Eine Masse, die mechanisch mit dem Gehäuse verbunden ist, gibt Vibrationen weiter, die ein externes elektrisches Signal generiert. Die Schwingungen dieser Masse wiederum stimulieren über die Trägheit des Gehäuses die Vibrationsstruktur des Ohres. Der FMT verwendet körperverträgliche Materialien, die präzise gemacht und zusammengefügt werden müssen, und ist kleiner als ein Reiskorn.

Es brauchte ungefähr ein Jahr, bevor mir das Büro für Technologietransfer die Rechte auf diese Technologie zusprach.[3] Da meine Stelle damals vom Staat finanziert wurde, musste die Freigabe durch die Regierung der Vereinigten Staaten erfolgen. Das VA gestand mir die vollen Rechte auf die neue Technologie zu. An dem Tag, als die FMT-Bewilligung des Büros für Technologietransfer durchkam, erlebte ich einen anderen denkwürdigen Moment.

Dr. Tim Wild, der mit mir im Lab arbeitete, sagte zu mir: „Geoff! Und was ist jetzt mit dem Mittelohr?"

„Tim", antwortete ich, „das ist für das Mittelohr!"

„Weiß ich ohnehin. Ich wollte nur der sein, der das zu dir sagt, damit du es einmal in deinem Buch erzählen kannst."

Was ich hiermit tue.

Eigenartigerweise verstand ich erst in jenem Augenblick, wie bahnbrechend der FMT war. In Silicon Valley gibt es keine größere Ehre, als durch Kollegen wegen einer Idee oder eines Projektes aufgezogen zu werden. Da wusste ich, dass das Gerät durchstarten würde.

Die Versuche, ein hochklassiges elektronisches Hörsystem für Hörgeschädigte zu entwickeln, reichen schon lange zurück. 1899 ließ Collins seine erste elektrische Hörhilfe patentieren. Sie hatte eine Batterie, einen Verstärker und einfache, signalverarbeitende Stromkreise, die eine Wiedergabeeinheit (d. h. einen Empfänger) im Ohrkanal antrieb. Dieses Gerät war sehr primitiv, aber es wies alle funktionalen Teile auf, die man auch in modernen Hörhilfen finden kann. Neben seiner erfolgreichen Arbeit an Mikrofonen, Elektronik, Verstärkern und Batterien schuf auch Thomas Edison, zweifelsohne der größte Erfinder aller Zeiten, eine elektronische Hörhilfe, die jedoch nie in den Handel kam. Edison war ja selbst schwerhörig, hielt das allerdings für einen Vorteil, da es ihm erlaubte, ungestört zu arbeiten und Unterbrechungen zu ignorieren.

3 Ein Erfinder, der in einem Erwerbsverhältnis steht, muss von seinem Arbeitgeber eine Verzichtserklärung auf die Rechte an seiner Erfindung erhalten, sonst gehören die Rechte ebendieser Firma. Selbst für in der Freizeit getätigte Erfindungen ist diese Erklärung unumgänglich. Ohne diese Technologietransfererklärung hätte ich keine Rechte an dem FMT.

Zwischen 1900 und den 1980ern konzentrierte sich die Entwicklung von Hörgeräten vor allem darauf, ihre Größe zu reduzieren sowie das Gehäuse und die funktionale Leistung der Komponenten zu verbessern. Die ReSound Corporation verwendete 1988 erstmals die wegweisende Arbeit von Villchur und Waldhaur, die die Einführung von aktiven Kompressionsschaltungen ermöglichte und einen wesentlichen Durchbruch in der Entwicklung moderner Hörgeräte darstellte.

Seit den 1970ern besitzen nur 21 bis 23 Prozent aller gehörgeschädigten Personen ein Hörgerät. Das heißt, 75 Prozent aller an Hörverlust Leidenden, denen eine Verstärkung helfen könnte und sollte, besitzen nicht einmal ein Gerät. Ein großer Teil derer, die ein Hörgerät besitzen, verwendet es nie. Die Anzahl der Personen, die ein Hörgerät besitzen und es auch vier oder mehr Stunden täglich aktiv verwenden, macht zehn Prozent oder weniger aller Hörgeschädigten aus.

Die Ursachen dafür, warum eine offenkundige Mehrheit von Schwerhörigen Hörgeräte ablehnt, sind vielfältig. Zunächst ist da einmal das eigenartige und altmodische Stigma des Gehörverlustes und des Tragens eines Hörgerätes. Als Hauptgrund wird angeführt, dass Patienten keinen Vorteil in der Technologie erkennen. Viele Leute, die erlebt haben, wie ein Familienmitglied oder Freund sich mit einem Gerät abmühte und darüber beklagte, denken, „wenn es bei ihm nicht funktioniert, dann wird es bei mir auch nicht gehen". Patienten, die bereits einmal ein Hörgerät besessen haben und es aus irgendeinem Grund nicht mochten, die keine gute Klangqualität erhielten, haben keine Lust, es noch einmal auszuprobieren. Leider gibt es auch skrupellose Firmen, die minderwertige Geräte und schlechten Service zu überhöhten Preisen anbieten. Viele Patienten, die zwar die entsprechende Technologie haben, können keine entsprechende Wirkung bemerken, weil das Gerät schlecht angepasst oder programmiert wurde. Ein typisches Beispiel: Die Hörgeräte von Patienten mit Verlust der hohen Frequenzen sollten eben nur dafür programmiert werden, und nicht für tiefe Frequenzen. Das richtige Gerät zu erhalten, ist die eine Sache, es so eingestellt zu bekommen, dass man den maximalen Nutzen daraus ziehen kann, eine andere.

Mittelohrimplantate mit „Direct Drive“ hatten das Potential, die meisten, wenn nicht alle wesentlichen Probleme von akustischen Hörhilfen zu lösen. Durch ein chirurgisch implantiertes Gerät konnte der Wandler viel näher an der Zielstruktur, der Cochlea, platziert werden. Solch ein Gerät konnte theoretisch hervorragende Signale ohne Rückkoppelung liefern und war für den Patienten kosmetisch besser und angenehmer zu bedienen. Kritiker dieser Technik halten dagegen, dass eben ein chirurgischer Eingriff nötig sei, dass die Rückkoppelung durch Gegenkoppelungsschaltungen unterdrückt wird und dass die kleineren, neuen Open-Fit-Geräte die kosmetischen und die Bedienungsprobleme lösen würden.

Leider haben die Kritiker nicht Recht. Die meisten Patienten sind noch immer nicht zufrieden mit ihren Hörgeräten, und die Beschwerden sind die gleichen wie vorher. Ich fand es immer interessant zu bemerken, dass die meisten Befürworter der akustischen Hörgeräte selbst keine trugen, wie sollten sie es also wissen? Zweifellos können und sollen viele Patienten Hörgeräte verwenden, und sie sind auch heute besser als jemals zuvor – aber für viele Patienten stellen sie eben keine zufriedenstellende Lösung dar. Wenn für Patienten aus medizinischen oder anatomischen Gründen akustische Hörgeräte nicht in Frage kommen, bieten Mittelohrimplantate die beste Möglichkeit, Schwerhörigkeit zu behandeln. Die konventionellen Hörgeräte sind auch nur von beschränktem Nutzen für Menschen mit Schallleitungsschwerhörigkeit oder kombinierter Schwerhörigkeit. Alternative Methoden und Optionen wie eben Mittelohrimplantate können in solchen Fällen eine Verbesserung und vielfältigen Gewinn für die Patienten bringen. Je mehr Möglichkeiten, desto besser.

Paradoxerweise besteht, so glaube ich, die größte Schwierigkeit auf dem Gebiet des Hörens heute nicht in den technischen Herausforderungen, sondern in der Art der Behandlung. Die Diagnose Schwerhörigkeit macht eine Reihe von Arztterminen erforderlich – zum Otologen, dann wieder in die HNO-Klinik, danach zum Geschäft für Hörgeräte. Dazu kommen noch die nicht unerheblichen Kosten. Zu sagen, dass das nicht gerade eine erbauliche Erfahrung ist, wäre eine Untertreibung. Ich hoffe zwar, dass dieser

Prozess für die meisten Leute angenehmer ist, als ich ihn als Kind erfahren habe, aber ich habe meine Zweifel. Ich hatte unglaubliches Glück mit meinem Ohrenarzt Dr. Mansfield Smith. Obwohl er Patienten mit lebensbedrohlichen Zuständen behandelte, wandte er trotzdem für mich und meine Schwerhörigkeit die Ernsthaftigkeit auf, die erforderlich war. Für mich als Patient war der Gehörverlust wie das Ende meiner Welt, und Dr. Smith hat das verstanden. Da etwa 80 Prozent der von Schwerhörigkeit Betroffenen eine lautliche Verstärkung ablehnen, wird Schwerhörigkeit zur häufigsten chronischen Erkrankung eines Sinnesorgans, die in den modernen Industriestaaten heute unbehandelt bleibt. Mit wachsender Bevölkerung und steigender Lebenserwartung werden der Bedarf und die Nachfrage nach alternativen Möglichkeiten nur noch ansteigen.

Die Augenheilkunde andererseits bietet eine Reihe von unterschiedlichen Möglichkeiten oder Produkten für Sehschwäche an, von Brillen über Kontaktlinsen bis zur chirurgischen Korrektur. Für den Großteil der Fehlsichtigkeiten haben Patienten die Wahl zwischen mehreren Behandlungsmöglichkeiten, von denen keine mit dem Stigma eines Hörgerätes verbunden ist. So kommt es jährlich auch zu Millionen an chirurgischen Sehschwächekorrekturen. Ein Gehörimplantat oder eine andere echte Alternative zum akustischen Hörgerät hätte sicher den gleichen Erfolg. Seltsamerweise haben die Leute nichts gegen Sehhilfen. Die meisten Leute sehen mit Brillen gut aus und ziehen maximalen Nutzen aus diesem Behelf. Selten findet man jemandem mit einem Sehproblem, der keine Korrektur verwendet. Man muss sich nur einmal vorstellen, wie es wäre, wenn 80 Prozent der Fehlsichtigen eine Behandlung ablehnen und Auto fahren würden. Sicher interessant.

Da ich jetzt also die Grundkonzeption des FMT entworfen hatte, musste ich ihn nur noch bauen. Die ersten echten Geräte bis zur Implantierbarkeit zu entwickeln, würde sehr viel Zeit und Geld kosten. Teure klinische Versuche in Europa und den USA wären erforderlich. Auch die Kosten des Zulassungsverfahrens wären sehr hoch. Ein junger Forscher könnte niemals über akademische Kanäle oder Stipendien die Beträge aufbringen, die für die Erzeugung auch nur eines einzigen FMT erforderlich wären. Ich hatte keine andere Wahl, als mein eigenes Unternehmen zu gründen.

1992 begann ich mit *Imag*, einem Unternehmen für implantierbare Wandler. Das war zwar kein toller Name, aber immerhin ein Beginn. Ich ließ mir Visitenkarten drucken und stellte mit Hilfe einiger Nolo-Press-Materialien meinen ersten Businessplan auf. Das Resultat dieses ersten Versuches, einen Businessplan zu schreiben, hätte sicher besser ausfallen können, aber es war eine aufschlussreiche Erfahrung. Während ich die Materialien für den Geschäftsplan recherchierte, begriff ich, dass Gehörverlust nicht nur einen riesigen medizinischen Bedarf bedeutete, sondern auch eine enorme Marktchance. Immer wieder rechnete ich alles durch und fasste es in Zahlen. Gab es genug Chirurgen und Zentren? Gab es genug Audiologen, die die Geräte programmieren konnten? Gab es genug Leute, die sich das leisten konnten? Die einzige Zahl, die ich nicht hatte, war die der Ablehnungsrate gegenüber einem chirurgischen Eingriff. Wie viele Patienten wären nicht bereit, sich einem chirurgischen Eingriff zu unterziehen, um sich das Gerät implantieren zu lassen? Angesichts der Millionen von Laser-Augenoperationen und Brustvergrößerungen könnte der geringfügige Eingriff sogar ein Verkaufsargument werden, dachte ich mir. Selbst wenn die Mehrheit einen Eingriff ablehnte, blieben noch genug Patienten übrig. Ich engte den Plan auf Patienten mit Schallleitungsschwerhörigkeit oder kombinierter Schwerhörigkeit ein, die auf jeden Fall einen Eingriff benötigen würden, und die Zahlen waren noch immer überzeugend. Selbst wenn ich mich nur auf Menschen beschränkte, die ein Hörgerät ausprobiert und es nach der 30-tägigen Probezeit wieder zurückgegeben hatten, war der Markt noch riesig und bot mir beste Geschäftsmöglichkeiten. Jetzt verstand ich erst, warum Dr. Perkins und ReSound das Ohrlinsenkonzept über so viele Jahre hinweg verfolgt hatten.

Ich schickte meinen Businessplan an Hans Camenzind. Hans, der damals bei InterDesign mein erster CEO gewesen war, hatte nun seine eigene Consulting-Firma, und ich dachte, mit ihm könnte ich anfangen. Er würde mir zumindest die Richtung weisen. Obwohl ich noch immer auf die offizielle Bestätigung der Technologietransferrechte wartete, hatte man mir versichert, dass es nicht mehr lange dauern könne, also begann ich 1993, mich ernsthaft um die Finanzierung zu kümmern und meine Präsentation vorzubereiten.

Nachdem Hans meinen Businessplan gelesen hatte, war er bereit, bei der Entwicklung des FMT mitzuhelfen. Er half mir auch mit meinen Patenteinreichungen und verschaffte mir einen Patentanwalt. Durch einen glücklichen Zufall war einer der führenden Ärzte auf diesem Gebiet Professor Dr. Ugo Fisch, der an der ORL-Klinik des Universitätsspitals Zürich arbeitete und wie Hans Schweizer war. Wir hatten beschlossen, dass es schneller und billiger wäre, mit den Versuchen für das Gerät in Europa zu beginnen. Hans kontaktierte Professor Fisch, und sie besprachen die neue Technologie. Professor Fisch war so beeindruckt, dass er sich als Versuchsleiter für dieses Projekt zur Verfügung stellte. Er wurde Gründungsmitglied meines chirurgischen beratenden Ausschusses in Europa, und von 1993 bis zu seinem Ruhestand 1999 spielte er eine wesentliche Rolle bei der Entwicklung meines Produktes. Hans glaubte fest an die FMT-Technologie und schlug mir vor, Dr. Rodney Perkins zu treffen. Das versuchte ich einige Male, doch ohne Erfolg. Auch ein Brief blieb ohne Antwort. Dr. Perkins ist ein äußerst beschäftigter Mann und hatte wahrscheinlich echt keine Zeit. Er war an einigen Firmen beteiligt, leitete das Kalifornische Gehörinstitut, hatte also sicher einen vollen Terminplan. Einmal sah ich ihn, wie er auf der Foothill-Autobahn auf der Spur neben mir fuhr. Da wünschte ich mir, ich könnte ihm meinen Businessplan einfach durchs Fenster werfen. Ich fand es enttäuschend, dass es zu keinem Treffen kam.[4]

Eine Firma zu gründen ist ein Weitschuss, und die Torstangen des Erfolgs sind sehr eng gesetzt. Dr. Angelos Dellaporta war ein Augenarzt, der an Freitagen an der Augenabteilung des VA arbeitete, und er wollte meinen Businessplan sehen. Ich war gerade

4 Jahre später meinte Dr. Perkins, ich hätte mich nur mehr bemühen müssen, aber damals meinte ich, alles Menschenmögliche versucht zu haben. Vielleicht hätte ich mich als Patient anmelden sollen, um ihm so meinen Businessplan zu überreichen, aber das ist mir erst jetzt eingefallen.

recht unzufrieden mit dem Fortschritt des Projektes. Ich wollte meine FMT-Sache auf die Beine stellen und dachte, dass mir BWL-Kenntnisse nur helfen könnten, also erzählte ich ihm, dass ich mich an der Stanford School of Business einschreiben wollte, um einen MBA zu machen.

Ich erklärte Dr. Dellaporta: „Wenn man ein richtig großes Projekt gut machen möchte, muss man es in der Wirtschaft machen, denn der Markt ist so groß und die Entwicklungskosten sind sehr hoch."

Nachdem Dr. Dellaporta meinen Geschäftsplan gelesen hatte, meinte er, „Gib das nicht auf. Ich glaube, du solltest mit ein paar von meinen Freunden sprechen. Schauen wir mal."

Sich an der Business School anzumelden, schien mir ein guter Plan. Ich war deprimiert, weil nichts weiterging und ich auch wusste, dass neue Geschäftskonzepte, selbst gute, selten finanzielle Unterstützung erhielten. Außerdem wäre ein MBA von Stanford sicher ein Pluspunkt für mich.

Also bewarb ich mich, wurde aber nicht genommen. Stattdessen erhielt ich einen Anruf von einem PhD an der Business School: „Wir haben Ihre Bewerbung für das MBA-Programm gelesen und würden uns gerne mit Ihnen über eine Teilnahme am PhD-Programm unterhalten."

Ich ging hin, hatte aber wenig Lust auf einen fünfjährigen PhD-Kurs. Ich dachte, ein Doktorat würde mich zu einer akademischen Unterrichtslaufbahn führen, während ich ja eigentlich Geräte erzeugen wollte, die Leuten helfen konnten. Ich wollte die Geräte bauen, eine Firma gründen, Versuchsreihen machen und die Bewilligungen bekommen. Man soll vorsichtig sein mit seinen Wünschen.

Zu diesem Zeitpunkt war ich gerade von der Stanford Business School abgelehnt worden, ich hatte Hans als meinen ersten CEO durch eine idiotische Aktion meines mittlerweile wieder gefeuerten Juniorforschers verloren, und ich hatte kein Geld. Ich hatte nur einen Traum.

Ich musste nun eine mutige Entscheidung treffen: Sollte ich eine Firma gründen oder nicht? Ich könnte weiter im Goode-Labor arbeiten, was mir Spaß machte, oder ich könnte alles aufgeben und alles riskieren. Schon der Anfang des FMT-Projekts brannte ein Loch in mein Budget: Ich hatte mir ein Handy und ein Faxgerät angeschafft (beides damals noch recht teuer), und die Kosten für Kopien, Papier und Gebühren wurden immer höher. Eines war mir klar: Sollte ich eine Chance mit einer Vollzeit Firma haben, musste ich sie auch wie eine Firma betreiben. Ich stellte administrative Hilfe in Teilzeit an und wurde einer der besten und häufigsten Kunden in Kinkos Kopierzentrum. Mein größtes Plus war meine Bonität, also bestellte ich jedes Mal, wenn irgendein Angebot von Master Card, Visa oder Discover kam, die Karte. In ein paar Wochen hatte ich einen ganzen Stoß von Karten mit einem Kreditvolumen von 55.000 Dollar.

„Das sollte eine Weile reichen", sagte ich zu meinem Mitbewohner Dave Barnett, als ich ihm die Karten zeigte.

„Na, hoffen wir's, denn du wirst das nie zurückzahlen können", meinte Dave. Er hatte Recht, aber ich hoffte trotzdem das Gegenteil.

Nicht lange danach rief mich Dr. Dellaporta in der Mitte der Woche an, was äußerst ungewöhnlich war.

„Geoffrey! Komm in meine Praxis! Kannst du sofort kommen?"

„Klar, bin schon unterwegs."

Ich lief zum Campus, wo Dr. Dellaporta neben den Hauptgebäuden der Medizin sein Büro hatte. Kaum war ich dort, zog er mich förmlich hinein. Ich war überzeugt, dass er nur wieder Hilfe mit seinem Computer brauchte, aber diesmal hatte er mich wegen einer anderen Sache gerufen.

„Ich habe mit Ron Antipa gesprochen und ihm deinen Businessplan gezeigt. Und er war total begeistert! Er will dich treffen. Er arbeitet für Alex Brown in San Francisco", sagte mir Dr. Dellaporta.

„Echt?" Ich hatte keine Ahnung, wer Ron Antipa war.

„Ja, er kommt nächste Woche, um mit dir zu sprechen!" Dellaporta war ganz aufgeregt.

Das waren gute Neuigkeiten. Ich kannte zwar Ron Antipa nicht, wusste aber, dass Alex Brown eine der führenden Investmentbanken war.

In der nächsten Woche arbeitete ich daran, meinen Businessplan richtig aufzumöbeln und gab sogar unglaubliche fünf Dollar pro Seite für Farbkopien aus. Ich brachte die Folien für meine

Präsentation auf den letzten Stand, und in der Woche darauf traf ich Ron Antipa in einem Restaurant in der Stanford Mall. Ich war sehr beeindruckt von Ron. Er arbeitete als Broker bei Alex Brown, hatte jede Menge Geschäftsbeziehungen, war glatt und geschliffen.

Am Ende unseres Treffens sagte Ron zu mir: „Sie sind also bereit mit der besten Zeit Ihres Lebens zu beginnen?“

„Absolut“, antwortete ich.

Ron arrangierte meine erste Präsentationsshow im Alex-Brown-Hauptquartier im letzten Stock des Gebäudes Nr. 101 in der California Street in San Francisco. Als ich am späten Nachmittag zu der Besprechung kam, ging gerade die Sonne über dem Pazifik unter, und der Anblick der Stadt in der Abenddämmerung war überwältigend. Das war auch das Alex-Brown-Konferenzzimmer mit seinem riesigen Tisch aus glänzendem Mahagoni, der für 30 Personen Platz bot. Es war das erste richtige, große Konferenzzimmer, in dem ich je gewesen war, und ich war entsprechend beeindruckt. Anwesend waren: Peter Carroll, Anwalt für Rechte auf geistiges Eigentum mit Medlen Carroll, Howard Ervin, Anwalt bei Cooley Goodward, Steve Isaacs und Lorance Corash von Steritech (jetzt CERS) und einige Administratoren. Ron hatte das Treffen mit dieser Gruppe zusammengestellt, um ihre Unterstützung zu erhalten, sollten sie von der Idee überzeugt sein. Falls sie grünes Licht gaben, würde Ron weiter an dem Vertrag arbeiten; wenn nicht, blieb es beim „War nett, Sie kennenzulernen“. Mir war völlig klar, dass ich diesen Test bestehen musste. Ich stellte meinen alten Diaprojektor in die Mitte des Konferenztisches und stürzte mich in meine Präsentation, wobei ich mit Hilfe meines neuen Laserzeigers das Konzept erklärte. Ich erläuterte den Plan, die Finanzierung, die Zulassungsbedingungen und die Patentstrategie. Zum Schluss beantwortete ich Fragen.

Peter Carroll sagte zu mir, bevor er ging: „Gut gemacht, Geoff. Ich denke, Sie haben da wirklich eine interessante Sache. Sagen Sie Ihren Anwälten, sie sollen mir die Unterlagen für das IP (geistiges Eigentum) schicken, und ich mache Ihnen die Patenteinreichung kostenlos, bis Sie das Ganze finanziert bekommen.“

Die anderen Anwesenden stimmten zu. Ich hatte die Prüfung bestanden!

Ron würde die nächsten Meetings arrangieren, wollte aber noch an dem Businessplan feilen. Also gingen in den nächsten Wochen die Entwürfe per Fax hin und her. Er unterstützte mich dabei, meine Präsentation zu verbessern. Im Grunde half mir Ron, alles auf die Reihe zu bringen und es für potentielle Investoren aufzubereiten. Er gab der Firma auch den neuen Namen EHOS, was angeblich das griechische Wort für schönen, engelgleichen Ton ist. Ich konnte nie feststellen, ob das so war und habe bis heute nirgends einen verlässlichen Hinweis auf diesen Ausdruck gefunden.

Als ich ihm von den guten Neuigkeiten berichtete, meinte Dr. Angelos Dellaporta, mein weiser Mentor: „Das ist großartig, Geoffrey, aber denk daran: Traue niemandem, nicht einmal dir selbst."

Er bezog sich auf die Tatsache, dass es nur zu leicht vorkam, dass dem wahren Erfinder oder Forscher die Arbeit gestohlen oder veruntreut wurde und andere versuchten, Lorbeeren für eine Leistung zu erhalten, die sie nicht vollbracht hatten.

„Die Welt draußen ist voller Blutegel", fuhr er fort. „Sie warten nur darauf, bis jemand Kluges vorbeikommt wie du, und dann saugen sie alles, was du weißt, aus dir heraus und verwenden es selbst."

Das war eine ahnungsvolle Warnung. Ich wusste, wovon er sprach, dachte aber nicht, so etwas unmittelbar erleben zu müssen. Es ist deprimierend, an all die exzellenten, gutgläubigen Forscher, Wissenschaftler und Erfinder zu denken, die ihre Arbeit nicht geschützt haben, indem sie den NDA-Regeln (Geheimhaltungserklärung) folgten, anderen zu sehr vertrauten und zusehen mussten, wie ihre Arbeit von anderen gestohlen, kopiert und verwendet wurde.

Das eine Mal, an dem ich davon betroffen war, hat die Person auch die Fehler einer frühen, unveröffentlichten und noch nicht korrigierten Arbeit gestohlen. Die Tabellen waren durch einen primitiven Fehler bei der Dateneingabe völlig falsch. Auf eine eigenartige Weise war es lustig zu wissen, dass diese Person die Arbeit später präsentieren würde und noch nach Jahren nicht wusste, dass die Daten falsch waren. Dabei war das sehr offensichtlich, doch diese Person hat einfach bis heute keine Ahnung. Aber außer ein paar amüsanten Momenten entstand in diesem Fall kein richtiger Schaden. Ich kann mir lebhaft vorstellen, wie man sich fühlen muss, wenn man andere mit seinem intellektuellen Baby, an dem man jahrelang mit allem Wissen gearbeitet hat, davonmarschieren sieht. Das muss schrecklich sein.

Ich würde Dr. Dellaportas Warnung folgendermaßen abändern: „Vertraue allen, auch dir selbst, und bleibe positiv, aber kümmere dich immer um die NDA, sprich immer mit deinen Rechtsanwälten und dokumentiere alles so gut du nur kannst."

Das Hauptproblem war damals die Finanzierung des FMT-Konzeptes, und ich brauchte eine Ansprechperson für potentielle Investoren, mit der sie chirurgische und klinische Erfordernisse, Vor- und Nachteile meiner Daten besprechen konnten, jemanden, der bestätigte, dass das Gerät funktionierte, und einfach alle Fragen beantwortete. Ich brauchte Experten der Chirurgie mit Implantationserfahrung. Auf Rons Empfehlung setzte ich mich mit dem Hough Gehörinstitut in Oklahoma City in Verbindung, wo ich Dr. Hough und Dr. Dormer und ihr Team traf. Auf dem Gebiet der Hörgeräteimplantate waren sie die Einzigen, die damals im Zuge ihrer Pionierarbeit mit dem Xomed Audianten erfolgreich mit Vibrationshörgeräten arbeiteten. Zunächst ließ ich sie die NDA unterschreiben; dann eröffnete Dr. Hough das Meeting, indem er uns alle im Kreis aufstellen ließ.

„Bitte neigt eure Köpfe." Er begann zu beten: „Lieber Himmlischer Vater ..."

Ich fand das etwas ungewöhnlich für ein Business-Meeting, aber es war der Beginn einer bemerkenswerten Zusammenarbeit mit Dr. Hough und seinem Team.

Es war auch das erste Mal, dass ich den FMT vor einer Versammlung von Otologen vorstellte, bei der auch Dr. Stan Baker, ein hochintelligenter Mann, dabei war. Nachher gingen wir essen. Das ausgewählte Restaurant befand sich auf einer sich drehenden Plattform und bot wunderbare Ausblicke auf das weite amerikanische Kernland. Dr. Hough sprach einen Toast auf die neue Erfindung, einen großen Tag und eine hoffnungsvolle Zukunft aus und dankte mir fürs Kommen. Es war ein gutes Treffen und sie versprachen mir zu helfen.

Ron stellte mich Peter McNerney vor, der früher bei Baxter gewesen war und jetzt eine Kapitalbeteiligungsgesellschaft namens Coral Ventures betrieb. Bald darauf traf ich Karen Bozie, die mich betreuen sollte. Ron arrangierte auch ein Treffen mit Don Lucas, einem privaten Risikokapitalgeber, in dessen Auftrag ein Konsulent namens Wayne Rudmose meine Technologie beurteilten sollte. Ich fuhr in das Büro in der Sand Hill Road, das Don mit B. J. Cassin teilte. Bei meiner Präsentation waren Don, sein Sohn Don Lucas Jr., Peter McNerney und B. J. Cassin anwesend. Ich brauchte ein Startkapital, mit dem ich die Firma zwei Jahre betreiben konnte, wie meine Budgets zeigten. Meine Pre-Money-Bewertung belief sich auf 3,5 Millionen Dollar, was heute fast lächerlich erscheint, aber 1993 war das sehr viel Geld für ein Startup-Unternehmen und noch mehr für einen Jungen aus Sunnyvale.

Nach meiner Präsentation verbrachte ich mehrere Stunden mit Mr. Rudmose (der meine NDA unterschrieben hatte) und erklärte ihm die Details des FMTs, wie der Audioprozessor funktionierte und die Telemetrie und Hochmair-Technologie. Wayne hatte ein Doktorat in Physik und etwas Erfahrung mit Geräuschunterdrückungssystemen für Militärhubschrauber. Er war von der FMT-Konstruktion beeindruckt.

„Sie haben da ein wichtiges Problem der Physik gelöst", sagte er. „Wie sind sie da drauf gekommen?"

Ich erzählte ihm von meiner Arbeit mit Schläfenknochen, dem Laser-Doppler, wie klein die Vibrationen in Wirklichkeit sein müssten, über mein mit linearem Programmieren erstelltes Modell usw. Zunächst schien es mir eigenartig, dass mich Wayne immer wieder fragte, welche Mikrofone ich für den externen Prozessor gewählt hatte. Ich erklärte ihm einige Male, dass ich eines der Knowles-Mikrofone verwenden würde, aber auch die EK-Serie schätzte, mich jedoch noch nicht auf eines festgelegt hätte, da ich erst die letzten Schaltkreise layouten und die Gehäuse für den Audioprozessor entwickeln müsste.

„Im Augenblick bin ich damit beschäftigt, die ersten kompletten, formalen Gerätespezifikationen fertigzustellen und mit dem Leiterplattenlayout zu beginnen. Sobald ich das habe, beschäftige ich mich mit der Frage der Mikrofone. Knowles hat hunderte Modelle, die ich verwenden könnte."

Er kam wieder auf das Thema Mikrofone zurück, sagte aber schließlich: „Ich kann Ihnen versichern, dass ich einen positiven Bericht für Don schreiben werde."

Als ich nach drei oder vier Stunden wegging, war ich in Hochstimmung und überzeugt, es geschafft zu haben. Ich erzählte Ron davon, und er teilte meine Freude.

„Denk daran", sagte er, „ich will dann Aktien kaufen!"

„Kein Problem, Ron, kein Problem", antwortete ich.

Am nächsten Tag bestellte mich Don Lucas Sr. zu einem Treffen um fünf Uhr Nachmittag in sein Büro. Ich war total aufgeregt. Es waren noch nicht einmal 24 Stunden vergangen, und schon erhielt ich einen Rückruf. Ich war überzeugt davon, das Kapital zu erhalten. Ich rief Ron an, der mir zustimmte.

Er konnte nicht selbst zu dem Treffen kommen, aber meinte: „Jetzt wirst du dir bald den Arsch aufreißen vor Arbeit und in einem Apartment gegenüber deiner Firma wohnen, umgeben von tollen Leuten."

Am Nachmittag meldete ich mich dann bei Don. Don Lucas ist eine erstaunliche und erfolgreiche Persönlichkeit, dessen Gegenwart ihn dreimal so groß erscheinen lässt, wie er schon ist. Ich wartete vor seinem Büro, während er mit Joe Costello von Cadence Design sprach.

Ich hatte einmal eine Vorlesung von Joe besucht, der ein hochintelligenter und gewandter Redner war. Cadence war einmal in einen Softwareskandal verwickelt, der sich aber damals bereits einige Jahre hingezogen hatte. Aufgrund des Gelächters, das aus Dons Büro drang, dachte ich mir, ich sollte vielleicht Cadence-Aktien kaufen.

Das Meeting kam zu einem Ende, ich grüßte Joe, als er wegging, und setzte mich dann in Dons Büro nieder. Das Büro war voll mit „Grabsteinen", Mementos von all den Firmen, in die er einmal investiert oder die er an die Börse gebracht hatte. Grabsteine sind Phantasiemodelle, meist aus Acryl, die das Logo der Firma und das Datum des Börsengangs eingraviert haben. Sie sind die Auszeichnungen des Anlagegeschäfts. Es gab auch überall Trophäen und Auszeichnungen von früheren erfolgreichen Geschäften. Don wurde der Pate der Silicon Valley Startups genannt, und wenn man sich so seine Erfolgsbilanz anschaute, die aus all den Tafeln und Awards hervorging, war das auch ein passender Titel. Don war eigentlich einer der frühesten Valley-Risikokapitalisten.

„Geoff, hallo. Wir haben gerade den Bericht von Wayne hereinbekommen, und der ist echt gut. Allerdings hat er Bedenken wegen der Mikrofone – weil Sie noch keines ausgesucht haben", donnerte er.

Wie bitte? Spinn ich? dachte ich mir. Ein gutes Mikrofon zu bekommen, war mein geringstes Problem. Das war das einzige Teil, das ich fertig kaufen konnte, und es gab eine große Auswahl.

Also sagte ich: „Don, es gibt so viele Mikrofone und Hersteller, ich kann einige kriegen. Da gibt es mehrere Möglichkeiten. Wenn es hilft, kann ich gerne eines auswählen, aber ich kann nicht versprechen, dass es das dann auch sein wird, denn ich muss noch das endgültige Gehäuse entwickeln. Aber es wird definitiv ein Knowles-Mikrofon sein."

Don Sr. hob seine Hand, schüttelte den Kopf und antwortete: „Wayne sagt, das sei der wichtigste Teil, und er hat Bedenken, weil Sie noch keine Wahl getroffen haben. Er hält das für das Herzstück, wenn das Ganze funktionieren soll. Ich bin am Wochenende mit B. J. zu einem Spiel der 49er gegangen, und wir waren unten am Feld, und da kommt dieser große Kerl, ich meine richtig *riesig*, von der Verteidigungslinie vorbei, und ich hab mir gedacht: *Wow. Das ist ein Riese*. Und dann kommt ein anderer Spieler vorbei, der noch größer ist. Ich denke, diese 49er, die haben wirklich große Typen."

Man hatte mich gewarnt, dass Don oft in Rätseln sprach und man ihm dann schwer folgen könne. Ich bemühte mich mitzuhalten.

„Ich mag Sie wirklich", fuhr er fort und kam zum Thema zurück, „und das Geschäft gefällt mir. Es ist eine kleine Technologie. Wir mögen kleine Dinge, je kleiner, desto besser. Sie sind tüchtig, und eines Tages werden Sie ein großer Mann sein, aber im Augenblick sind Sie es noch nicht. Tut mir leid. Aber B. J. möchte Sie noch sehen, bevor Sie gehen."

Ich war am Boden zerstört. In meinem Kopf drehte sich alles und ich konnte nicht fassen, was da gerade passiert war. Einerseits dachte ich: *Wie kann ich nur meine Finanzierung verlieren, weil ich kein Mikrofon ausgesucht habe, bevor ich die Gerätespezifikationen habe?*, andererseits fragte ich mich: *Was? Muss ich mich noch mehr anstrengen? Kriege ich das Geld nicht, weil ich kein riesengroßer Footballspieler bin? Was hat er da gemeint?*

In meiner Kehle formte sich ein fußballgroßer Kloß, und ich kämpfte mit den Tränen. Ich hatte das Geschäft verloren und Don war ausgestiegen wegen dem blöden Mikrofon? Dem Mikrofon!

Ich war echt sauer auf Wayne Rudmose, versuchte aber, Haltung zu bewahren.

„Danke, Don. Vielen Dank für Ihre Zeit und Ihr Interesse. Ich könnte noch mit Wayne sprechen."

Don schüttelte mir die Hand und sagte entschieden: „Sprechen sie mit B. J."

Also sammelte ich meine Sachen ein und ging hinüber zu B. J.s Büro. Ich plauderte mit der Sekretärin, bis B. J. frei war.

„Also Geoff, haben sie mit Don gesprochen?", fragte er mich.

„Mhm, aber es lief nicht so gut. Offenbar muss ich die Entwicklung noch ein bisschen weiter vorantreiben", antwortete ich.

„Machen Sie sich keine Sorgen. Pete McNermey von Coral ist noch immer sehr daran interessiert, und ich habe noch ein paar andere Eisen im Feuer. Lassen Sie sich nicht entmutigen, dafür ist es noch zu früh."

Die Überlegungen, dass ich Idiot zumindest ein vorläufiges Spezifikationsblatt für mein bevorzugtes Mikrofon hätte haben sollen, kamen plötzlich zum Stillstand. Spielten sie Good Cop, Bad Cop mit mir?

„Geoff, ich will, dass Sie mit diesen Leuten wegen eines Labors sprechen. Morgen", sagte B. J. und gab mir die Karte eines Immobilienmaklers. „Der Markt ist eng und einige gute Plätze sperren vielleicht bald zu, also kümmern Sie sich sofort darum."

Ich war verblüfft.

„Und machen Sie sich um Don mal keine Sorgen. Der wird seine Meinung schon ändern." B. J. lächelte.

Ich ging zu meinem Wagen und beobachtete das wunderbare, vertraute Glühen der Dämmerung über den Hügeln von Santa Cruz. Ich wusste nicht, was ich denken sollte. Als ich auf der Interstate 280 zurück ins Valley fuhr, wählte ich Rons Nummer auf meinem neu erstandenen Handy, aber wie so oft gab es keinen Empfang. Den ganzen Weg zurück nach Sunnyvale fragte ich mich, ob es das jetzt gewesen war oder nicht. Erhielt mein Projekt eine Chance oder nicht?

Ich war fast zu Hause, als das Handy läutete.

„Hier spricht Pete McNerney. Hab schon gehört, dass es sehr gut für Sie heute gelaufen ist. Sie sollten stolz sein!"

Kaum hatte Pete aufgehängt, rief mich Ron an. „Prima, Junge! Schaut so aus, als würde Pete jetzt mit dir das Geschäft machen."

Es fühlte sich großartig an, das von Ron zu hören.

„Mann, das ist echt total verrückt", sagte ich.

„Es ist dein erstes Börsengeschäft, Kleiner. Willkommen bei den Großen!"

Eine Woche verging, und es tat sich nichts. Ich traf mich mit B. J.s Immobilienmaklern, und eine war etwas erstaunt, als ich ihr meinen Platzbedarf schilderte.

„Ich brauche ca. 15.000 bis 20.000 Square Feet für die eigentliche F&E (Forschung und Entwicklung), ein kleiner Reinraum oder Platz dafür wäre super, wenn's geht um maximal 1,50 Dollar pro Square Foot und Monat."

Die hübsche, elegant gekleidete Maklerin sah mich an, hielt inne und sagte dann: „Hm, darf ich fragen, wie alt Sie sind?"

„29."

„Sie schauen jünger aus. Also, wie ist Ihre Verbindung zu B. J.?"

„Darf ich nicht sagen, wir sind in einer Stillhaltephase."

„Aha, verstehe, Sie sind einer von denen", sagte sie.

Keine Ahnung, was sie damit meinte, aber ja, ich denke, ich war „einer von denen". Wir fanden einige mögliche Räumlichkeiten. Eine war bei der Page Mill Road gegenüber den ehemaligen Büros des *Wall Street Journal,* eine andere lag bei der California Ave in Palo Alto und eine dritte war in North Sunnyvale beim Moffett-Flugplatz. Alle boten gute Möglichkeiten. Die in North Sunnyvale bot zwar einen guten Platz für einen Reinraum, würde aber größeren Renovierungsaufwand erfordern.

Bei Risikokapitalgeschäften wird jeweils eine Kapitalbeteiligungsgesellschaft (VC) für ein bestimmtes Geschäft ausgewählt, und Pete McNerney war als mein Lead vorgesehen. Der Lead erhält den Löwenanteil des Investments (50 Prozent oder mehr) und versucht dann, zwei oder drei weitere VCs für die anderen Anteile aufzutreiben. Auf diese Weise wird das Risiko gestreut und das Geschäftsvolumen erhöht, da man Side Bets bei Geschäften machen kann, die man nicht betreut.

Risikokapitalgesellschaften sind ein hartes Geschäft und brauchen gute Nerven. VC-Partner werden gut bezahlt, aber um dorthin zu kommen, muss ein junger MBA frisch von der Business School unglaublich viel arbeiten, völlige Hingabe zeigen und die Fähigkeit haben, Geschäfte aufzureißen. Auch wenn VCs auf bestimmte technische Gebiete spezialisiert sind, müssen sie mit Erfindern und Teams arbeiten, die ihre neue Idee, Technologie oder ein neues Konzept oft nicht gut erklären können, daher ist es schwierig, die Details jedes Geschäfts zu erfassen. VCs können gut und gern hundert neue Geschäfte jedes Jahr beurteilen, aber für jede neue Firma oder jeden Erfinder, der da durchkommt, ist es meist das erste und einzige Geschäft. Das macht es schwierig zu erkennen, welche Kriterien für VCs wirklich wichtig sind. Nach meiner Mikrofonerfahrung kann ich nur sagen, alles ist wichtig. Man weiß es einfach nie. Eine junge VC, oder eigentlich jede VC, möchte sich nicht mit einem Flop die Finger verbrennen.

VCs machen nicht nur Geschäfte, sondern können neuen Firmen auch vielfältig behilflich sein. Sie können sich maßgeblich an der Auswahl der Geschäftsführung beteiligen und stellen eine unglaubliche Ressource dar. Natürlich machen sie auch Fehler. Ich erinnere mich an eine Startup-Firma für chirurgische Geräte, die erst zwei Jahre existierte. Medtronic wollte die Firma für 600 Millionen Dollar kaufen, aber das Management und der Lead-VC lehnten ab. Ein Jahr später ging die Firma in Konkurs, und der Lead-VC musste seine Firma verlassen.

VCs haben auch mit den Boom-Bust-Zyklen zu kämpfen. Einige Jahre sind sehr gut, andere phänomenal. In sehr schlechten Jahren aber, wenn die IPO-Pipeline geschlossen ist und größere Firmen weniger aufkaufen, kann man nicht aussteigen und keine Ausschüttungen an die Investoren auszahlen. Dazu kommt noch, dass sie genau wissen, dass schwache Zeiten, in denen die Wirtschaft schlecht läuft und es schwierig ist, Geschäfte zu machen, genau die Zeiten sind, in denen man alles für den nächsten Aufschwung vorbereiten sollte. VCs wissen auch, dass gute Ideen nicht nach ökonomischen Zyklen entstehen. Manchmal sind Firmen, die in ökonomisch schlechten Zeiten an die Börse gehen, sehr gute Firmen. Da sie Geschäfte bündeln und mit institutionellen Investoren zusammenarbeiten können, haben VCs eine Schlüsselfunktion: Sie verwandeln Forschungs- und Entwicklungskonzepte, die nicht anders finanziert werden können, in Geschäftsmöglichkeiten, die Jobs kreieren und so die Wirtschaft ankurbeln. Für Erfinder sind Bankkredite und Kleinunternehmerkredite normalerweise zu zeitaufwendig und auch zu finanzschwach, um das Konzept entsprechend zu realisieren. Ein guter Profit für einen VC-Fonds liegt mindestens bei 20 Prozent pro Jahr. Obwohl die Zahlen und Ergebnisse der einzelnen Fonds streng gehütete Geheimnisse sind, schreiben manche Fonds natürlich auch Verluste. Wesentlich ist, mit guten Fonds-Managern zu arbeiten und genug Kapital zu besitzen, um in einen guten Fonds einzusteigen. Risikokapitalgesellschaften erfordern meist eine sehr hohe Minimalinvestition.

Manche Leute sind der Ansicht, dass Venture Fonds im Durchschnitt auch nicht bessere Ergebnisse erzielen als konventionelle Anlagen in Aktien. VC-Firmen verlangen meist eine Managementgebühr von zwei bis fünf Prozent, wenn also eine VC-Firma 100 Millionen Dollar in einem Fonds betreut, verdient sie theoretisch 2,5 Millionen Dollar bei der Ausgabe. Die Venture-Partner können bei jedem Fonds partizipieren und tun das meist auch, die einzelnen Partner investieren auch oft ihr eigenes Kapital in ein Schnäppchen. Aber die Latte liegt hoch für VC-Firmen: Ein zehnjähriger Risikokapitalfonds soll den Investoren ihr Kapital sechsfach (6 x) vergüten. Das heißt, dass zwei oder drei von zehn Firmen einen durchschnittlich 30-fachen Gewinn erzielen müssen, um dem Fonds eine 20-prozentige Verzinsung einzufahren – und das gilt für den durchschnittlichen Fonds. Natürlich werfen einige Fonds nichts oder sehr wenig ab, aber andere werden zum nächsten Netscape und können enorme Gewinne auswerfen.

Risikokapitalgesellschaften spielten eine Schlüsselrolle für den Erfolg in Silicon Valley. Risikokapitalisten stellen auch wichtige makroökonomische Dienstleistungen bereit: Sie bieten großen Pensionsfonds und anderen Institutionen die Möglichkeit, riskanter zu investieren, indem sie die Investitionen so gestalten, dass die Risiken und Bewertungen verlässlicher und daher leichter finanzierbar sind. In meinem Fall konnte ich das Geld, das ich für meine Forschung benötigte, nicht von Stanford auftreiben, aber der Pensionsfonds von Stanford konnte in einen der VC-Fonds investieren, der letztlich mich finanzierte. Viele Kinder von Rentnern arbeiten für Startups, kaufen Güter und Dienstleistungen, zahlen Miete oder kaufen Häuser. Kurz gesagt, obwohl VC-Firmen nur einen kleinen Teil des gesamten Investitionsvolumens betreuen, darf man ihren Beitrag zur langfristigen Ankurbelung der Wirtschaft und des Kapitalkreislaufes auf allen Ebenen der Wirtschaft nicht unterschätzen.

Die Risikokapitalgesellschaften schaffen ein verborgenes soziales und kulturelles Vermögen. Sie erzeugen eine Klasse von Leuten, die erfolgreiche Unternehmer werden. Ihre Nähe zu erfolgreichen Unternehmern und Startups wirkt als Vorbild für andere potentielle Unternehmer und überzeugt sie von ihren Chancen. So kommt es zu einer positiven Verstärkung. In Silicon Valley kommt man auch leicht damit in Berührung. Es ist fast ausgeschlossen, an einem Ort wie Sunnyvale zu leben und nicht jemanden zu kennen, der direkt von einem Startup profitiert hat oder dort angestellt war.

Viele europäische Länder sind erst spät in das VC-Spiel eingestiegen und bemerken nun, dass nicht genug ihres BIPs und ihres Kapitals in solche Unternehmen und in Entwicklung und Forschung fließt. Risikokapital zu erhalten und eine Firma zu gründen, kann in den USA in wenigen Wochen erledigt sein, während das in bürokratischeren Ländern ein Jahr und mehr dauert.

Die VC-Firmen bieten auch verlockende Möglichkeiten für junge, aufstrebende MBAs, und für die wenigen, die Partner eines gut gemanagten Fonds werden, ist der Verdienst enorm. Aber sie zahlen auch einen Preis: Die Arbeitszeiten, besonders für die Jungen, sind unglaublich lang, Fonds, die sich auf internationale Firmen spezialisieren, erfordern ständiges Reisen, und die Arbeit hört einfach nie auf. Der Druck genauso wie die Persönlichkeiten sind oft schwer auszuhalten. Risikokapitalisten leisten auch Positives für die Gesellschaft, und viele sind wichtige Geldgeber für die Krebsforschung oder ähnliche Organisationen. Don Lucas, zum Beispiel, hat sehr viel zu den Forschungsprogrammen für Prostatakrebs in Stanford beigetragen. Risikokapitalisten können auch zu einem Richtungswechsel in Sachen Umwelt beitragen, indem sie grüne Technologie wie Solarkraft, Elektroautos etc. finanzieren. Tatsache bleibt aber, dass sie natürlich primär gewinnorientiert sind. Das klingt hart, ist aber langfristig klug. Eine Klasse von Superstar-Unternehmern und eine damit assoziierte Gruppe von talentierten Leuten zu entwickeln, die sich mit dem Startup-Spiel auskennen, führt zu einer gegenseitigen Befruchtung, die wiederum anderen die Chance für erfolgreiche Startups gibt.

So können andere Erfinder finanziert werden und beweisen, wozu sie fähig sind, selbst wenn sie es nicht gut erklären können oder nicht das perfekte Mikrofon ausgesucht haben.

Nach ein paar Wochen fand ich eine Nachricht von Ron auf meinem Anrufbeantworter.

„Hallo, Ron hier. Wollte nur mal schauen, wie's Ihnen geht. B. J. hat erwähnt, dass sich vielleicht Harry Robins, der CEO von CardioRhythm, melden wird. Dranbleiben!"

Harry Robins? Der Name kam mir irgendwie bekannt vor, aber woher? Ich suchte nach einem Hinweis. Dann stellte sich heraus, dass ich Harry vor ein paar Jahren am Laserscope-Stand beim jährlichen Treffen der Amerikanischen Akademie für Otolaryngologie in New Orleans kennengelernt hatte. Harry war der VP des Verkaufs bei Laserscope, die damals eine von Dr. Perkins' Firmen war. Harry war zusammen mit Peter Hertzmann federführend beim

Verkauf und Marketingerfolg der Firma. Nach Laserscope wurde er ein Gründungsmitglied von CardioRhythm, einem Startup, das ein steuerbares Herzablationsgerät herstellte, das erst kürzlich an Medtronic verkauft worden war.

Ein paar Tage später hatten B. J., Harry und ich eine kurze Besprechung. Ich hielt wieder meine Präsentation, dann gingen wir zum Lunch in das Sundeck-Restaurant gegenüber. Obwohl ich Harry gerade erst kennengelernt hatte, stimmte die Chemie sofort. Ich mochte ihn sehr, war von seiner Art beeindruckt und dachte mir: *Der ist echt gut. Der wäre ein Super-CEO für mich.*

„Ich sehe das Potential Ihrer Sache", sagte Harry. „Und es gefällt mir, sehr sogar. Sie und Ihr FMT gefallen mir auch. Das könnte echt groß herauskommen. Der Name EHOS ist schlecht, aber eigentlich geht es jetzt nur darum, was Rodney dazu sagt" (Harry bezog sich auf Dr. Rodney Perkins).

„Ich habe versucht, ihn zu kontaktieren, aber er hat sich nie gemeldet", erzählte ich Harry.

Er antwortete: „Ich möchte das auf die Beine stellen. Sprechen Sie vorläufig noch nicht mit Rodney. Wir müssen versuchen, ihn ins Boot zu holen. Ich möchte Petri Vainio in Sierra anrufen."

B. J. sagte, er würde zum richtigen Zeitpunkt mit Rodney sprechen, und fügte hinzu: „Ich mache mit bei dem Geschäft, wenn Harry der CEO wird. Ist das okay für Sie beide?"

„Und ich mache mit, wenn mich Dr. Geoffrey anstellt!", versprach Harry.

Ich verschluckte mich fast an meinem Hühnersandwich.

„Na klar doch. Wenn Sie das ernst meinen", stotterte ich.

Darauf Harry: „Das war's dann mit dem Ruhestand. Schaut nach einem neuen Venture-Deal aus."

Nach dem Meeting rief ich Ron an. „Ich glaube, ich habe gerade meinen eigenen Chef angestellt", erzählte ich ihm.

„Was? Du hast Harry gekriegt?! Du hast wirklich Harry angestellt?" Er schien sehr überrascht.

„Schaut so aus!"

„Na dann, Junge, jetzt geht's los!"

Harry hatte Recht. Der Name EHOS war schlecht. Niemand verstand ihn, nicht einmal die Leute, die Griechisch konnten. Seit über einem Jahr spielte ich jetzt mit Namen herum, um den richtigen zu finden. Am besten gefiel mir Harmonics, geschrieben HarmoniX. Das X am Ende sollte für Rezept stehen, wie in Rx. Ich dachte, der Name wäre in Ordnung, aber Harry lehnte ihn ab, weil er das Wort „Harm“ (Leid) enthielt.

„Wir können Leuten kein Leid antun, wenn wir eine Firma für Medizingeräte haben“, argumentierte er.

Also ging das Spiel mit Namen weiter, bis mir eines Tages, gerade als ich zu einem Date die 101er Richtung Pete's Harbor fuhr, der Name Symphonix einfiel. „Schreib das auf! Schreib das auf!“, brüllte ich meine Freundin an. Ich wusste, dass dieser Name gut war. Gleich vom Restaurant aus rief ich Harry an.

„Symphonics“, sagte ich laut.

„Klingt gut!“ meinte Harry. „Buchstabier das mal.“

„S-Y-M-P-H-O-N-I-C-S. Hast du's? Klingt gut, nicht?”

„Lass mich kurz nachdenken“, sagte Harry. „Wir könnten das cs zu einem x machen wie bei dem anderen. Dann wär das S-Y-M-P-H-O-N-I-X. Das gefällt mir. Das ist es! Wir haben einen Namen! Wir haben einen Namen! Ich ruf gleich Peter an, ich ruf dich zurück.“

Noch während des Essens war Harry am Telefon.

„Peter (Hertzmann) findet den Namen gut, er meint, den merkt man sich. Und wir können das in allen möglichen Schriften machen. Wir haben einen Namen!“

So wurde Symphonix geboren. Endlich hatten wir einen Namen.

Harry wohnte in Saratoga, auf einem großen Anwesen, das ich „Robbins Roost“ nannte. Es überblickte das Tal bei Villa Montalvo. Sowohl das Haus wie der Ausblick aus den großen französischen Fenstern waren beeindruckend. Man konnte bis zum Moffett-Airfield blicken.

„An sehr klaren Tagen können wir die Bay-Brücke sehen, aber nur schwach“, erzählte mir Harry, als er mich durch das weitläufige Gelände führte.

Als ich das erste Mal die lange, kurvenreiche Einfahrt hinauffuhr, waren er und seine Frau Susan gerade mit größeren Umbauarbeiten beschäftigt und der gesamte hintere Teil des Hauses ruhte auf Stützen. Man musste von Harrys Haus beeindruckt sein, und von dem Umbau auch. Um das Haus zu vergrößern, ließen sie den Hügel abgraben und setzten einen neuen Keller darunter. Harry kannte die Namen aller Pflanzen im Garten und hatte eine beachtliche Sammlung einheimischer und anderer Spezies. Er hatte die neueste elektronische Ausstattung, Marmorböden, hohe Decken und einen Pool mit einem Wasserfall, der direkt aus Disneyland gekommen zu sein schien.

In seinem Büro arbeiteten wir noch einmal meinen Businessplan durch. Ich fragte mich langsam, wie oft ich in meinem Leben noch an diesem Plan arbeiten würde, statt endlich mit dem Geschäftemachen zu beginnen. Wir rechneten aus, wie viele Aktien die Venture-Leute bekommen würden für die Sechs-Millionen-Dollar-Erstinvestition, von der wir jetzt ausgingen. Wir stimmten noch die Details des Geschäftsplans ab und den Fahrplan für die Forschungs- u. Entwicklungsprojekte. Dann budgetierten wir noch ein paar Angestellte. Je mehr Details wir festlegten, umso besser wurde der Plan und umso größer das Budget.

Nach ein paar Stunden waren wir fertig. Harry stand auf, schnappte sich alle Pläne und Änderungen und stürmte zur Tür. „Ich muss das ganz schnell Peter bringen, damit er mit allem anfangen kann."

„Peter? Wer ist Peter?", fragte ich.

„Peter Hertzmann werden wir für das Marketing anstellen. Er bringt allein durch sein grafisches Können sein Gehalt herein."

Aufgeregt sprang Harry in sein Auto und ich fuhr hinterher. Harry war ein enthusiastischer, flotter Typ.

Am nächsten Tag fuhr ich wieder zu Harry, aber diesmal begrüßte er mich nicht sehr freundlich, sondern schaute böse drein. Das beunruhigte mich etwas, und ich hoffte, dass er nicht aus dem Projekt aussteigen würde. *Na toll,* dachte ich mir, *kennt mich erst ein paar Tage und ist schon stinksauer.* Denn eines war klar: Leute wie Harry warteten nicht vor ihrem Haus, außer es war etwas passiert. Ich stieg aus, und Harry hüpfte zu mir, wobei er sich die Nase hielt.

„Die verdammten Bienen! Mich hat eine Biene gestochen!"

„Was!?"

„Scheißbienen, ich hasse die blöden Bienen!" Harry trampelte herum und wedelte mit seinen Armen.

„In die Nase?", fragte ich.

„Ja, genau in meine verdammte Nasenspitze!"

„Gerade jetzt?"

„Ja, ich habe die Frösche gejagt, und sie haben mich gestochen, verdammt noch mal!"

„Welche Frösche?"

„Diese idiotischen Frösche! Ließen mich die ganze Nacht nicht schlafen, also hab ich sie erschlagen. Oh, ich muss Susan anrufen. Gehen wir hinein." Harry steuerte auf den Seiteneingang und sein Büro zu.

Dort zeigte er mir, wie er und Peter den Geschäftsplan aufgemotzt hatten, und die neuen Dias, die sie gemacht hatten. Es war eine tolle Arbeit. Die neuen Bilder für das Gerät waren unglaublich, präzise wie für ein medizinisches Lehrbuch. Der Text las sich flüssig und die Dias waren noch besser.

„Peter versteht sein Handwerk, nicht?", meinte Harry während er eine Kurzwahl in sein Telefon eingab.

„Susan, mich hat eine Biene gestochen! In meine Nase! Ich war im Garten und sie hat mich einfach gestochen. Ja, mhm, gut, ja okay, ich fahre sofort hin."

Harry legte auf und eilte mit Wehgeschrei und hektisch schwingenden Armen hinaus.

„Ich fahre ins Spital, Susan wartet dort auf mich. Da ist der Code für das Tor. Mach zu, wenn du gehst."

„Kann ich das noch kopieren?"

„Klar, mach einfach zu, wenn du fertig bist. Wir treffen morgen um vier Uhr Petri im Sierra."

Und weg war er.

Nun war ich der Meinung gewesen, dass sich mein Businessplan in den letzten Monaten sehr verbessert hatte, aber was Harry und Peter damit gemacht hatten, war noch einmal eine andere Kategorie. Es waren zwar der Text, die Zahlen und Details großteils gleich geblieben, aber es las sich wunderbar. Das Layout war besser und allein die Illustrationen erklärten alles so schlüssig, dass alles viel klarer war als in meinem alten Plan, obwohl dort eigentlich genau dasselbe stand. Er hatte sich zu einem richtig tollen Businessplan gemausert.

Harry hat die Bienenattacke überlebt. Da er nicht allergisch auf Bienenstiche war, ging es ihm und seiner Nase gut. Am nächsten Tag trafen wir uns mit Petri Vainio in den Büros von Sierra Ventures, gegenüber von B. J.s und Dons Firma in Sand Hill. Ich war ja sehr beeindruckt von deren Büros gewesen, aber da hatte ich die Sierra-Büros noch nicht gesehen. Sie vermittelten den Eindruck absoluter Seriosität. Als Erstes sah der Besucher einen Empfangstisch, der aus einem riesigen Granitblock gehauen zu sein schien. Echte, hochkarätige Bilder in schweren, großen Rahmen ließen ebenso wie die übrige Ausstattung erkennen, dass hier ein Ort war, an dem echte Geschäfte gemacht wurden. Als ich auftauchte, war klar, dass Harry und Petri schon einige Zeit miteinander gesprochen hatten.

Ein fescher, großer Mann mit perfekt geschnittenen blonden Haaren begrüßte mich.

„Geoffrey, ich bin Petri Vainio“, stellte sich Petri vor.

„Er meint Dr. Vainio“, korrigierte Harry.

„Also Petri, das ist Dr. Geoffrey!“

„Freut mich, Sie kennenzulernen, Petri. Nur schade, dass Sie in einem Büro mit so minderwertiger Ausstattung arbeiten müssen. Das ist sicher schwierig!“, scherzte ich.

„Ganz nett, nicht, Dr. Geoffrey?“ bemerkte Harry. „So geht es einem, wenn man ein paar gute Jahre hinter sich hat und ein paar Millionen für seine Klienten verdient hat.“

Petri sagte: „In unserem Geschäft vertrauen uns Investoren sehr viel Geld an. Da ist es wichtig, alles zu tun, damit sie das Gefühl haben, es auch einer soliden Firma anzuvertrauen.“

Petri erzählte mir dann von Sierra, seiner Bekanntschaft mit Harry und seiner Unterstützung von Klienten und Firmen. Er gab mir Informationsbroschüren über die Firma und auch über sich selbst. Er hatte einen MBA von Stanford, war aber auch Arzt. Klarerweise war ich sehr beeindruckt.

„Sie haben Ihren MBA in Stanford gemacht?“, erkundigte ich mich. „Da muss ich Ihnen gestehen, dass ich nicht genommen wurde.“

„Das ist auch wirklich nicht leicht“, tröstete mich Petri.

„Aber man wollte mich für ein PhD in Business haben.“

„Geoff, wenn wir mit unserem Geschäft fertig sind, denke ich, werden Sie wesentlich brauchbarere Erfahrungen gesammelt haben. Ihr Plan gefällt mir, sowohl das Konzept als auch die Technologie und die Marktchancen. Und besonders der Name Symphonix“, sagte Petri.

„Also Harry, was halten wir von Petri und Sierra?“, fragte ich.

Harry richtete sich auf: „Petri hat zugestimmt, der Lead des Deals zu sein, und Sierra ist dabei.“

„Genau, das wäre im Augenblick unsere Absicht, wenn Sie einverstanden sind“, bestätigte Petri.

„Was halten Sie davon, Dr. Geoffrey? Sierra! Nicht schlecht für einen ersten Börsengang.“

„Ja, das hört sich gut an. Aber was ist mit Pete? Ich dachte, seine Firma wollte den Lead machen, und mein Eindruck war, dass das auch B. J. wollte.“

Darauf Harry: „Pete hat mit Ihnen jetzt schon wie lange daran gearbeitet? Einige Monate? Aber passiert ist nicht viel. Mit Petri stellen wir morgen die endgültigen Bedingungen zusammen, und wickeln alles innerhalb weniger Wochen ab. B. J. ist dabei.“

Petri fuhr fort, „Ich kann Ihnen versichern, dass Sierra B. J. Cassin und Don Lucas überaus schätzt. Sie werden dabei sein. Vielleicht können wir auch Platz für Coral finden.“

„Klingt gut!“, antwortete ich.

„Also sind wir uns einig?“, fragte Petri.

„Ja, wir sind dabei!“, bestätigte Harry.

Symphonix würde endlich finanziert werden.

Am nächsten Tag kam ich wieder zu Sierra, um die einzelnen Punkte auszuarbeiten. Petri hatte alle Zahlen bereits ausgerechnet, und als ich hineinkam, saßen er und Harry über den Rechner gebeugt. Es gab viel Hin und Her, bis sie sich auf die Pre-Money- und Post-Money Bewertung geeinigt hatten. Wir gingen die Transaktion

Punkt für Punkt genau durch. Harry und ich würden ungefähr gleich viele Anteile erhalten, Harry etwas mehr, und wir hatten ein Aktienpool für die Angestellten. Sie hatten einen Vertrag für meine Anstellung ausgearbeitet und einige andere Punkte. Harry und ich würden für die Verhandlungen durch die Rechtsanwälte Wilson, Sonnsni, Goodrich & Rossotti vertreten sein, Petri und die anderen Investoren ließen sich für den Abschluss durch die Venture Law Group vertreten. Der Abschluss sollte in zwei Wochen stattfinden, vielleicht sogar früher.

„Brauchen Sie noch irgendetwas, Geoff?“, fragte Petri. „Als Investoren legen wir großen Wert darauf, dass Sie zufrieden und motiviert sind.“

„Na ja, da wäre noch eine Sache. Ich habe letztes Jahr fast 40.000 Dollar Schulden auf Kreditkarten machen müssen und würde das gerne zurückzahlen.“

„Kein Problem“, versicherte Petri. „Wenn Sie die Belege haben und es Geschäftsausgaben sind, können wir das alles zahlen.“

Das waren gute, sogar sehr gute Nachrichten.

„Eine Sache noch. Ron Antipa hat mir geholfen, und ich habe ihm ein paar Aktien versprochen.“

Harry riss es richtig in die Höhe, und er sprang auf. „Was? B. J.s Börsenmakler? Vergiss es. Vergiss es einfach! Ich werde mit B. J. darüber sprechen.“ Harry war richtig erregt. Ich verstand zwar nichts, aber es war klar, dass Ron Antipa nicht auf der Liste seiner Lieblinge stand.

Als wir weggingen, rief mir Harry nach: „Du musst nach Stanford fahren und zu meinem Schneider bei Nordies (Nordstrom's menswear) gehen. Er erwartet dich. Wir treffen Mayfield am Mittwoch.“

Also ließ ich mir neue Anzüge anpassen. Als ich nach Sunnyvale in meine Wohnung zurückkam, blinkte mein Anrufbeantworter wie wild. Ich hatte 13 Anrufe.

„Geoff, Pete McNerney hier. Wollte nur wissen, wie es Ihnen und Harry geht. Hat Harry übrigens gut gemacht. Rufen Sie mich zurück, sobald Sie können.“ Biiiep!

„Geoff, Pete wieder. Rufen Sie mich an. Bald. Bye.“ Biiiep!

„Geoff, Ron hier. Was läuft da mit dir und Harry?“ Biiiep!

„Geoff. Hi. Karen hier. Karen Bozie. Bitte ruf an, wenn du kannst.“ Biiiep!

„Geoff. Hi. Mom hier. Wie ist es heute mit Harry gelaufen? Ruf mich zurück. Küsschen!“ Biiiep!

„Geoff. Ron noch mal. Ruf mich an. Dringend!“ Biiiep!

„Hi, Geoff. B. J. Cassin hier. Freut mich, dass heute alles gut gelaufen ist mit Petri und Harry. Gratuliere, gute Arbeit! Schaut so aus, als wäre alles unter Dach und Fach, und wir freuen uns mit Ihnen. Machen Sie so weiter. Wiederhören.“ Biiiep!

Wow, dachte ich, *wenn man seinen Anrufbeantworter füllen möchte, muss man nur einen Nachmittag lang bei Nordstrom Anzüge einkaufen.*

Da bemerkte ich, dass die Batterie meines Beepers leer war.[5] All die Monate, in denen ich mit Coral hätte arbeiten sollen, haben sie sich immer sehr viel Zeit mit ihren Rückrufen gelassen. Das war ja jetzt was ganz Neues. Offensichtlich hat Pete irgendwie die Treffen mit Petri mitbekommen und vermutet, dass Petri jetzt den Abschluss machen will. Auch wenn das für B. J. in Ordnung ging, war Pete McNerney offensichtlich anderer Meinung.

Ich rief Ron an. „Hallo! Warum rufen mich jetzt plötzlich alle an? Das tut Pete ja sonst nie.“

„Geoff, schau. Ich muss das wissen: Hast du mit Petri gesprochen und macht Sierra jetzt den Börsengang?“

„Ja“, sagte ich.

„Und das ist okay für B. J.?“, fragte Ron weiter.

„Ja, ich habe gerade von ihm gehört. Für ihn ist es okay.“

Lange Pause.

„So. Hat er das gesagt?“

„Ja. Und Petri hat die Bedingungen schon fast fertig.“

Wieder lange Pause.

---

5 Ja, ich trug einen Beeper, der Ron Antipa verrückt machte. Handys konnte ich mit meinen Hörgeräten nicht verwenden, und ohne waren sie viel zu leise. Also hatte ich einen Beeper.

„Na, das sind gute Nachrichten. Gratuliere!“, sagte Ron. „Sonst noch was?“

„Na ja ... ja ... also ... Also ich habe ihnen gesagt, dass du da dabei sein willst, und weil du mir so viel geholfen hast, solltest du eine Chance auf Aktien haben und ... Also im Augenblick schaut es nicht gut aus, Ron. Aber ich werde es noch einmal versuchen. Sieht allerdings eher so aus, dass das nicht gehen wird. Tut mir leid. Vielleicht kannst du mit B. J. sprechen.“

Noch längerer Pause.

„Ron, bist du noch dran?“

„Entschuldige. Aber das ist eine echte Enttäuschung für mich. Ich bin echt sauer. Wie soll ich Pete beibringen, dass er das Geschäft verloren hat?“

Jetzt erst verstand ich, dass Ron hinter der Szene versucht hatte, Pete zu pushen, und wahrscheinlich mindestens genauso frustriert war wie ich, dass da nur so langsam was weiterging.

„Weißt du, Ron, ich glaube, Coral kann noch immer als Investor einsteigen“, bot ich ihm an.

Coral konnte tatsächlich als Erstrundeninvestor teilnehmen. Aber ich schaffte es nicht, für Ron die entsprechenden Aktien aufzutreiben. Jahrelang wollte ich Ron entschädigen, indem ich versuchte, ihm einige meiner eigenen Aktien zu übertragen, aber mein Chef hat mir mehrere Male eindeutig klar gemacht, dass er das nicht billigte. Es war nicht das letzte Mal, dass ich mich in einer Zwickmühle befand, wo ich nicht so handeln konnte, wie ich wollte. Ich konnte das nie wieder gutmachen, und das bedaure ich heute noch.

In rasendem Tempo erledigte Petri die Due-Diligence-Arbeit. Sie überprüften mich und alle meine Referenzen, riefen das Team in Oklahoma an und sprachen mit meinen Patentanwälten. Er ließ Jim Heslin von Townsend, Townsend and Crew eine Patentanalyse meiner Arbeit erstellen, um sicherzugehen, dass ich nicht irgendwelche Patentrechte verletzte. Jim Heslin ging alle anderen Arbeiten durch und schrieb zurück, dass seiner Meinung nach FMT wirklich eine Neuheit darstellte, sehr wahrscheinlich ein Patent erhalten würde und keinerlei andere Arbeiten und Patente verletzte, die er finden konnte. Petri veranlasste andere Anwälte, mit Hans und Prof. Fisch zu sprechen, die bisherigen Unterlagen zu überprüfen usw. Es war alles in Ordnung.

Petri sagte uns, dass wir vier anderen VC-Firmen genau vier Pitches anbieten würden. Petri wollte noch zwei weitere VC-Gesellschaften dabei haben. B. J. hat für Pete und Coral einen Teil des Investmentgeldes erhalten, aber das gefiel Harry nicht, und so machten wir die Transaktion mit den anderen Firmen.

In den VC-Firmen auf der Sand Hill Road hielt man Symphonix für einen heißen Tipp. Wir boten es Mayfield Venture Partners an.

Auf dem Weg dorthin ließ Harry den Blick nach oben schweifen und strahlte: „Mayfield. Wie sich die Zeiten ändern!"

Wir gingen in den Konferenzraum von Mayfield, und ich begann meinen alten, vertrauenswürdigen Projektor zu installieren.

„Ich glaub's nicht, dass du mit so einem Ramsch zu Mayfield kommst!", regte Harry sich auf und besorgte für den nächsten Tag einen neuen Projektor.

Harry schob mir einen Zettel zu: „Sag nichts Geheimes. Die Räume könnten Mikrofone haben."

Ich schaute Harry an und fragte mit lauter Stimme: „Was glaubst du, welche Mikrofone sie verwenden würden, Harry? Denn ich habe gelernt, dass man Mikrofone sehr sorgfältig auswählen muss."

Harry starrte mich entsetzt an. „Sei einfach still!", zischte er mir zu.

Offenbar hat er den Witz nicht verstanden.

Auf uns müssen echt hohe Erwartungen gesetzt worden sein, denn jeder von Mayfield war bei der Präsentation von Symphonix dabei. Die Leute mussten stehen. Sie hatten sogar ihre Personalchefs dabei. Harry riss die Präsentation an sich, aber ich war auch gut.

Kaum waren wir bei der Tür draußen und fuhren zurück nach Sierra, rief schon Petri an: „Mayfield ist dabei!"

Harry und ich gaben uns High Five, und Harry war wie berauscht.

„Mayfield! Wir haben Mayfield! Wie sich die Welt verändert hat!", rief er.

Wir hielten noch einige Präsentationen vor anderen Gruppen, Bankern und den Venture-Law-Group-Anwälten. Noch vor zwei

Wochen kämpften wir um die Finanzierung, und jetzt wollten so viele ihr Geld in Symphonix investieren, dass wir Investoren ablehnen mussten. Wir hatten es geschafft – vorläufig.

Das Mayfield-Team war dabei, aber sie wollten Dr. Goode treffen und das Labor mit dem Laser-Doppler sehen. Harry war schon früher mit Peter Hertzmann in meinem Labor gewesen, wo ich ihm die Prototypen gezeigt hatte. Peter wollte sich anschauen, wie ich einige Gehörknöchelchen mit einem von Stu Harmons Lasern zertrümmerte, also führte ich das vor. Als die Knöchelchen in einer Rauchwolke verschwanden, kicherten wir beide wie Schulkinder. Vor den Mayfield-Leuten ging es sehr professionell zu. Wir versammelten uns in dem kleinen Konferenzzimmer, und Dr. Goode hielt seinen Vortrag über die Geschichte von Hörimplantaten, ReSound und die Vor- und Nachteile von Mittelohrimplantaten.

Mike Levinthal von Mayfield wollte dann wissen: „Warum ist ReSound, Sie und Dr. Perkins, nicht an dem FMT interessiert?"

„Schauen Sie", sagte Dr. Goode. „Ich will ganz offen zu Ihnen sein. Ich glaube das Ding wird funktionieren, aber wir von ReSound haben als unsere strategische Position beschlossen, uns nicht mit dem Mittelohr zu beschäftigen, keine chirurgischen Eingriffe zu machen. Das hat der Aufsichtsrat nun mal so bestimmt, und daher passt der FMT nicht in unser strategisches Konzept. Und Geoff hat seine Idee schon sehr viel weiter entwickelt. Das wird zwar nicht das nächste Microsoft werden, aber ich denke, es wird ein gutes Geschäft werden, wie es auch die Cochlea-Implantate sind."

Damit waren alle ihre Fragen beantwortet.

Im Rückblick war das vielleicht der Augenblick, als Symphonix seinen großen taktischen Fehler beging. Wir hatten zwar Dr. Perkins eingeladen, sich als Investor und im Aufsichtsrat bei Symphonix zu engagieren, doch ohne Erfolg. Ich weiß nicht genau, wann diese Einladung erfolgte, aber Dr. Perkins war später der Meinung, dass sie viel zu spät erfolgt wäre.

„Ich wurde angerufen, als schon alles fertig arrangiert war", erzählte er mir später.

Ich versicherte ihm, dass ich schon viel früher mehrere – leider erfolglose – Versuche unternommen hatte, einen Termin bei ihm zu bekommen. Davon wusste er nichts. Man bot Dr. Perkins einen Sitz im Aufsichtsrat an, aber da er im Aufsichtsrat von ReSound saß und noch immer an der Ohrlinse arbeitete, bestand ein Interessenskonflikt. Das klang damals einleuchtend, aber ich denke immer noch, dass es noch andere Gründe gegeben hat, die schwerwiegender waren. Ich werde das wohl nie erfahren. Ich bin aber noch immer davon überzeugt, dass mit Dr. Perkins im Aufsichtsrat die Zukunft von Symphonix eine bessere gewesen wäre.

Die nächsten Wochen fuhren wir in Harrys schrecklichem Mercedes herum, um uns mögliche Firmensitze anzuschauen. Harry begutachtete immer ein paar Gelände mit seinem Makler und zeigte mir dann die besten. Er hatte bereits alle meine Ideen verworfen, die Firma in Sunnyvale oder Palo Alto anzusiedeln.

„Ich weiß, dass uns die Venture-Leute dort haben wollen, aber hier unten können wir uns viel Geld ersparen. Außerdem brauchen sie ohnehin eine Ausrede, um ein bisschen herumzufahren", meinte Harry.

Er war kein leichter Kunde, und hatte bei jedem Gebäude etwas auszusetzen. Schließlich hatten wir die Auswahl auf eine Räumlichkeit in North Santa Clara und zwei in North San Jose, beide bei der North First Street, eingeengt. Harry bat mich, über das Wochenende zu überlegen, welche sich am besten für F&E eignen würde. Ich meinte, sie alle hätten ihre Vor- und Nachteile, ich könnte mir aber jedes vorstellen. Um 9 Uhr früh am nächsten Montagmorgen rief mich Harry an.

„Dr. Geoffrey! Ich habe gerade den Vertrag für Orchard Parkway unterschrieben! Komm rüber! Ich stehe in deinem neuen Büro!"

„Machst du Witze?", fragte ich überrascht.

„Nein. Komm rüber. Es ist super!" Harry war ganz aufgeregt.

„Aber Harry, glaubst du nicht, dass wir zumindest warten sollten, bis wir die Transaktion über die Bühne gebracht haben und das Geld kriegen?"

„Nee, es ist schon in Ordnung. Sie hat den Scheck genommen und versprochen, ihn erst in zwei Wochen einzulösen."

„Dann sind wir fertig?", erkundigte ich mich.

„Zwei Wochen! Petri hat den Termin vorverlegt, und die Anwälte werden fertig sein."

Ich sollte hinüberkommen. Dann legte er auf.

Die Angelegenheit hatte sich ja einige Zeit hingezogen, aber seit Petri und Harry das in die Hand genommen hatten, ging es schnell. Ich hatte mein erstes neues Firmengelände und bald meine erste Risikokapitaltransaktion über die Bühne. Ich sprang in meinen Wagen und raste den Montague Expressway hinüber zum Orchard Parkway, der gleich bei der North First Street lag.

Harry strahlte. Sein Freund Jeff stand bereits mit dem Maßband da und begann Sachen auszumessen.

„Okay, also, Harry, was kommt dort hin?", fragte Jeff.

„Wir wollen da bei den Fenstern Arbeitsnischen, dann hier einen großen und bei den Fenstern brauchen wir Schreibtische für alle diese Büros und hier ...", Harry gab Anordnungen, zeigte hierhin und dorthin.

„Wird das der Board Room?", fragte Jeff.

„Nein, der kommt da hinten hin. Und dort brauchen wir den Aufsichtsratstisch, und ich will einen großen, soliden, nicht zwei Stück." Harry war in seinem Element.

„Hier ist Dr. Geoffreys Büro, und wir brauchen eine Ablage hinter dem Schreibtisch und davor zwei Stühle und einen kleinen Konferenztisch, sodass bis zu vier Leute hier sitzen können."

Jeff und Harry marschierten durch das Gebäude, und ich saß auf einem Karton in meinem Büro. Es passierte wirklich. Wir waren ein richtiges Startup. Die weißen Wände und leeren Räume und die F&E-Labors, die auf ihre Labortische warteten, erinnerten mich an die Szene in meiner Jugend, als InterDesign in sein erstes Gebäude zog. Dieses hier wird meines sein. Wie sich die Welt verändert hat!

Meinen Posten bei Dr. Goode aufzugeben fiel mir sehr schwer. Ich hatte diese Arbeit für Dr. Goode geliebt und wusste, dass diese Gelegenheit unbezahlbar gewesen war. Er hat mich zweifelsohne geprägt und der Gehörforschung seinen Stempel aufgedrückt. Er war höflich und wünschte mir alles Gute. Die meisten meiner Kollegen freuten sich mit mir, und man versicherte mir, ich könne jederzeit wieder zurückkommen, sollte das nötig sein.

Dr. Goode ermahnte mich, alles für meinen Nachfolger aufzuschreiben. Das Eigenartige ist, dass es mir sogar jetzt noch, nach Jahren, irgendwie vorkommt, als würde ich für Dr. Goode arbeiten. Wahrscheinlich werde ich das auch immer.

Bald nach meiner Kündigung gab ich im Haus meiner Eltern eine große Party, um die Geburt von Symphonix zu feiern. Ich heuerte eine neunköpfige Band an und kaufte Berge von mexikanischem Essen. Wir müssen fast hundert Leute beim Barbecue am Pool gewesen sein. Alle meine Freunde und Laborkollegen waren da, Harry und seine Frau Susan, Dr. Goode, die Camenzinds mit Hans. Ein Überraschungsgast war Mr. Harvey Day, mein High-School-Lehrer für Schwerhörige.

„Geoff! Du hast es weit gebracht. Ich bin sehr stolz auf dich!“, sagte er.

Es war ein schöner Tag.

Im Oktober 1994 schlossen Harry und ich die Symphonix-Transaktion ab. Wir zogen in das neue Gebäude ein und begannen mit dem Aufbau der Firma. Wir hatten viele Bewerbergespräche, um das Team von Symphonix zusammenzustellen. Harry war sehr zufrieden. Nur die Tatsache, dass Pete McNerney mit B. J. und Petri gearbeitet hatte und Coral eine der am Deal beteiligten VC-Firmen war, war ein Wermutstropfen.

Ganz habe ich nie verstanden, was Harry gegen Pete und Coral Ventures einzuwenden hatte. Pete McNerney schien mir in Ordnung zu sein, und da er nicht mehr federführend war, würden sich Harrys Bedenken schon zerstreuen, meinte ich. Doch nein. Aus irgendwelchen mir nicht bekannten oder vielleicht aus gar keinen besonderen Gründen blieb das ein wunder Punkt. Auch Karen Bozie, die damals als Junior Associate mit Coral Ventures arbeitete, verstand es nicht.

Als ich sie fragte, zuckte sie nur mit den Schultern und meinte: „Keine Ahnung. Bei diesen Geschäften weiß man nie, was passiert. In der Hitze des Gefechts werden da manche Sachen grundlos überbewertet und dramatisiert. Zu viel Lärm um nichts.“

Harry war zweifelsohne ein sehr temperamentvoller Mann.

Als er eines Tages gerade mit den Coral-Leuten telefoniert hatte, die ein paar Unterlagen brauchten, stand er am Faxgerät und sagte zu mir: „Eigentlich ist nur der kleine Börsenmakler von deinem Freund daran schuld, dass ich mich mit diesen Leuten abgeben muss."

Ich versuchte noch einige Male, Ron ein paar Erstaktien zukommen zu lassen, bis eines Tages B. J. zu mir sagte: „Ron ist mein Börsenmakler. Ich werde mich darum kümmern."

Seit diesem Zeitpunkt brachte Harry jedes Mal Ron Antipa aufs Tapet, wenn er mit mir böse war. Ich habe gelernt, zwei Themen in Harrys Gegenwart absolut zu vermeiden: Coral und Ron Antipa.

Immer wieder rief mich Ron an und fragte, ob er ein paar Aktien haben könne, doch ich sagte ihm: „Sprich mit B. J. Ich darf da nicht dran rühren."

Dann rief mich eines Tages Don Lucas Jr. an, der damals seine eigene Venture-Gruppe aufzog.

„Du musst Ron etwas von deinen Aktien geben. Ich denke 50.000 Stück wären gerade richtig."

Das haute mich um. Es war ein großes Aktienpaket, und ich wusste nicht einmal, ob das möglich wäre. Außerdem hing mir die ganze Sache langsam zum Hals heraus. Ich erzählte Harry davon, der sofort auf 180 war.

„Jetzt hab ich das aber satt!", schrie er mich an. „Ich ruf jetzt Don Sr. an!" Er schlug die Tür zu und ich hörte, wie er ins Telefon brüllte. Er war eben sehr temperamentvoll.

Schließlich kam er aus seinem Büro und sagte: „Zum letzten Mal, ich hab mich um Antipa gekümmert und ich will nichts mehr darüber hören."

„Botschaft verstanden", antwortete ich, obwohl ich das bereits wusste. Ich konnte es mir nicht leisten, meinen neuen CEO zu verärgern, und schon gar nicht, solange die Schlussdokumente noch nicht unterzeichnet waren. Ich rief Ron an, erzählte ihm von der Auseinandersetzung mit Harry und bat ihn in aller Höflichkeit, es bleiben zu lassen. Er sagte mir, dass B. J. ihm keine Aktien über die McNerney/Coral-Seite hatte zukommen lassen, was mich erstaunte. *Hatte Coral Ron ausgeschlossen?* Das tat mir leid, aber was sollte ich tun?

In einem ganztägigen Abschlussmeeting erhielt Symphonix schließlich seine Finanzierung. Die Unterzeichnung fand im Büro von WSGR in der Page Mill Road statt. Da das Treffen bereits um acht Uhr morgens anfing, gab es ein Frühstücksbuffet. Harry und ich sowie die jeweiligen Anwälte brauchten sechs Stunden, um alles zu unterschreiben: Gründervereinbarung, Aktienoptionsvertrag, Dissolutionsvereinbarung und die Firmendokumente. Für jeden Teil wurden 30 oder mehr Kopien angefertigt, die alle signiert werden mussten. B. J. war gleich in der Frühe da, ging aber, sobald er alles unterzeichnet hatte. Zum Glück hatten wir unseren Konsulenten dabei, der darauf achtete, dass wir nichts Falsches unterschrieben. Der andere Anwalt und unserer machten Notizen, einigten sich über zukünftige Änderungen und klärten noch einiges.

Nachdem das alles erledigt war, kam einer der Anwälte heraus und überreichte Harry und mir drei Schecks über insgesamt sechs Millionen Dollar. Nach dem Meeting gingen wir mit den Schecks zu Harrys Wagen. Ich zitterte. Es war viel Geld, repräsentierte viel Arbeit bis zu diesem Punkt und noch mehr in der Zukunft.

Harry stotterte: „Wir müssen sofort zur Silicon Valley Bank fahren und die Schecks deponieren. Sofort."

„Oder wir lösen sie ein und ziehen nach Belize", flachste ich.

„Nee, lieber auf die Cayman-Inseln!"

Als ich mit meinem Auto und den sechs Millionen hinter Harry den Highway 280 zurück ins Valley fuhr, fing mein Wagen zu kochen an. Ich musste stehenbleiben und ihn bei meinen Eltern in Sunnyvale lassen und den Rest des Weges in Harrys schrecklichem Mercedes mitfahren.

„Dr. Geoffrey, Ich denke, Sie brauchen ein neues Auto. Vielleicht kann Ihnen Kenny bei der Silicon Valley Bank aushelfen."

„Na ja, sechs Millionen sollten da ausreichen", und Kenny verschaffte mir einen neuen Wagen.

Symphonix

„I had nothing to do with the damn leads!“
Bob Katz in seinem Interview mit Geoff und Harry

Harry Robbins war der CEO und Vorstandsvorsitzende von Symphonix. Ich war Vizepräsident & Chief Technology Officer und Direktor. Wir hatten ein riesiges, leeres Bürogebäude. Während der nächsten zwei Wochen nach Abschluss der Verträge rannten Harry und ich morgens in Geschäfte für Bürobedarf, Möbelgeschäfte, Kunstläden, Gärtnereien und diverse andere, um alles, was unsere Firma benötigte, zu besorgen. Was reinpasste, luden wir in Harrys Auto, und alles andere ließen wir liefern. Unser Leben war voll mit Katalogen und Einkaufstouren für Bücherregale, Kopier- und Faxgeräte, die Hardware der Geschäftswelt. Harry kaufte die Kunstwerke.

Da die neuen Möbel erst noch geliefert werden mussten, verbrachte ich die nächsten zwei Wochen in einer Ecke unseres Gebäudes und saß auf einem Karton, den ich als Stuhl benutzte, direkt neben einem anderen Karton, der mir als Tisch diente und auf dem mein Klemmbrett und mein Handy lagen. Ich musste vor Ort sein, um die Arbeiter hereinzulassen, die die Arbeitsnischen, die Teppiche, die Fenster und die Türen installierten, um sicherzustellen, dass die richtigen Artikel geliefert wurden und um die Lieferscheine zu unterschreiben. Außerdem musste ich Lebensläufe nachsehen und versuchen, Vorstellungstermine festzulegen, und ich begann, die Laborbänke und die Ausstattung auszusuchen, die wir benötigen würden. Jedes Mal, wenn ein Arbeiter kam, um Teppiche zu verlegen oder um etwas anzustreichen, ließ ich sie ein und achtete darauf, dass sie die richtige Arbeit machten. Ich wurde oft seltsam angeschaut.

Einer der Arbeiter kam herein, sah mich einmal durchdringend an und bemerkte dann: „Sie sind also ganz alleine in diesem Gebäude?“
„Ja, Mr. Zumindest im Moment“, antwortete ich.

„Und Sie sitzen auf dem Karton?“, fragte er.
„Ja, Sir.“
„Also, so was hab ich ja vorher noch nie gesehen!“

Wie gesagt, er war nicht der Einzige, der mich seltsam anschaute.

Die Neuigkeit, dass wir unsere Firma einrichteten, machte mit Lichtgeschwindigkeit die Runde. Ich bekam unerbetene Anrufe von Leuten, die alles verkauften, was man auch nur möglicherweise für eine neue Firma gebrauchen könnte. Ich bekam allein bestimmt acht Anrufe von verschiedenen Telefonanbietern, sogar noch mehr von Fernverbindungsanbietern. Harry hatte mich damit beauftragt ein Telefonsystem auszuwählen, und schließlich entschied ich mich für ein System, welches er nicht mochte, da es ein bestimmtes Feature nicht hatte. Also fanden wir ein anderes System. Wir installierten alle Beleuchtungen. Die Möbel kamen endlich an, und ich bekam meinen Bürosessel (ich besitze diesen Sessel immer noch und sitze auf ihm, während ich dies hier 16 Jahre später schreibe). Harry organisierte alle Schreibtische für die zukünftigen Ingenieure, alle ausgestattet mit Stiften, mit fluoreszierenden, vergrößernden Beleuchtungsstativen, denn, wie Harry meinte, „Ingenieure, die lieben alle diese bekloppten Sachen!“ – auch wenn Ingenieure sie eigentlich nicht leiden können. Die gerahmten Kunstdrucke wurden an die Wände gehängt, künstliche Pflanzen verteilt, der Pausenraum eingerichtet. Das Ganze erinnerte mich an den ersten Schultag damals in der Serra Elementary. Alles rein und sauber und schön hergerichtet.

„Jetzt warten wir nur noch darauf, dass die Kinder kommen!“, alberte Harry.

Aber ich hatte ein Problem. Ich brauchte meinen Hauptprojektleiter.

Auch wenn Harry manchmal sehr lebhaft war und auch wenn er vielleicht etwas mehr brüllt und schreit, als viele es mögen, ich *verstand* Harry. Wir kamen miteinander klar, und er war perfekt. Ich konnte es nicht ausstehen, wenn er mich heruntermachte wegen

Dinge wie der Antipa-Sache oder wegen anderer Punkte, die er aufgriff, um mich bloßzustellen. Aber Tatsache ist, dass Harry ein Klassetyp war und dass ich mir keinen besseren, dynamischeren CEO für ein Startup-Unternehmen hätte aussuchen können. Ich habe viel lieber einen überspannten, energiegeladenen CEO, der mich auch mal nervt, als einen, der in der Büroecke sitzt und den ganzen Tag im Internet CNN liest. Harry war ein großartiger Redner, ein hervorragender Motivator, intelligent, und er kriegte Dinge erledigt. Sicher waren viele Harry gegenüber kritisch. Aber die meisten seiner Kritiker hatten nie so eng mit ihm zusammengearbeitet wie ich. War Harry ein bisschen zu verliebt in Geld und sein Eigeninteresse? Vielleicht, aber das war nichts im Vergleich zu dem, was wir heute an der Wall Street erleben, so viel steht fest. Harry wünschte sich finanziellen Erfolg, aber er wollte auch Erfolg für Symphonix, für die Angestellten, und er wollte vor allem den Leuten helfen, die Symphonix-Implantate brauchten. Harry war ein echter Startup-Typ. Er war ehrlich zu sich selbst, was man sah, war auch genau das, was man bekam bei Harry. Er machte daraus kein Hehl. Ich war stolz darauf, mit Harry zu arbeiten, und ich würde jederzeit wieder mit ihm arbeiten. Ich stehe in seinem Schatten.

Es wäre nicht richtig gewesen, die Positionen für das Design- und Entwicklungsteam zu besetzen, bis wir die richtige Person gefunden hatten, um das formelle Entwicklungsprojekt zu leiten. Ich hatte Bewerbergespräche geführt und wir hatten Personalvermittler, die nach geeigneten Führungskräften suchten. Aber alles lief ziemlich langsam.

Der dritte Symphonix-Angestellte war Harrys Freund Peter Hertzmann. Peter wurde Vizepräsident für Klinische Angelegenheiten und Marketing. Diese Kombination in der Stellenbezeichnung war so ungewöhnlich, dass es mir sogar heute, Jahre später, schwer fällt zu glauben, dass dies wirklich sein Titel war. Aber Peter hat es hinbekommen. Peter war hochtalentiert. Er hatte der Universität Berkeley die „Peter Hertzmann Bücherei für historische chinesische Kochbücher" gespendet. Ich traf Peter das erste Mal im Symphonix-Gebäude.

Harry stellte uns vor: „Peter, das ist Dr. Ball, der Erfinder."

Wir gaben einander die Hand, und da ich blaue Bundfaltenhosen trug, sagte Peter zu mir: „Hübsche Hosen! Darin sehen Sie aus wie ein Busfahrer!"

„Ähm ..., okay, ... sicher." Dabei dachte ich: *Was für ein Arsch!*

Peter machte nicht den besten ersten Eindruck, gelinde gesagt. Er konnte so sein. Aber er stellte sich im Nachhinein als ein absoluter Gewinn für die Entwicklung von Symphonix in den frühen Tagen heraus, und er brachte nicht nur unsere klinische Arbeit in Gang, sondern erstellte auch hervorragende chirurgische Handbücher und Bilder und entwickelte mit dem Beitrag von Ärzten die gesamte Prozedur, um Soundbridge zu installieren. Also hatten wir Peter, und das war's. Dank Peter habe ich nie wieder blaue Hosen getragen, nie wieder.

Peter, Harry und ich gingen jeden Tag gemeinsam Mittagessen. Harry redete über die Tage von Laserscope, erzählte die Geschichten über den CardioRhythm-Deal, Medtronic und so weiter. Er schien alle zu kennen, und er konnte einen ganzen Raum mit seinen Geschichten und seiner Leichtigkeit fesseln. Peter und ich saßen einfach nur da und hörten zu. Bei Harry war es nicht einfach, auch zu Wort zu kommen.

Gute Kandidaten für die Stelle des VP für Research und Development waren schwierig zu finden. Wir hatten fast einen Vertrag mit einer ehemaligen Führungskraft von Medtronic abgeschlossen, aber als seine Ehefrau die Immobilienpreise im Silicon Valley sah, die ungefähr dreimal so hoch waren wie in der Gegend um Minneapolis, setzte sie sich zurück in den Flieger und machte deutlich, dass sie nicht zurückkommen würde. Wir hatten fast sechs Wochen verschwendet! Der Typ hatte uns glauben lassen, dass er unser Angebot wohl annehmen würde. Jetzt, da der Deal geplatzt war, wurde unser Personalvermittler richtig lebhaft.

„Ich hasse den Typ! Ich kann nicht glauben, dass er uns das angetan hat! Er hat mir versprochen, dass alles klappen würde. Ich hasse es, wenn Leute mich anlügen!! Ich hasse es!"

Der Personalvermittler schrie mich durch das Telefon an, nachdem ich ihm berichtet hatte, dass der Bewerber das Angebot abgelehnt hatte. Letztendlich fand er, nachdem wir noch ein paar andere Kandidaten durchgegangen waren, Bob Katz für uns. Bob arbeitete in Colorado für Teletronix, eine Firma für Herzschrittmacherimplantate, die gerade Schwierigkeiten hatte. Wir flogen Bob zu uns und zeigten ihm die Örtlichkeiten. Bob lachte, als er den Styroporkügelchenspender sah, den Harry gekauft hatte und der in der Versandhalle von der Decke hing.

„Wer zum Teufel hat das Ding gekauft?“, wollte Bob wissen.

Ich rollte mit meinen Augen, antwortete: „Er war's!“, und zeigte auf Harry.

„Wofür wirste das denn gebrauchen, Harry?“, stichelte Bob.

„Na kommt schon, Jungs, ihr wisst schon. Das ist um die Boxen aufzufüllen, wisst ihr, wenn wir die Sachen verpacken wollen und Füllmaterial brauchen“, verteidigte sich Harry.

Bob und ich sahen einander an, Bob zwinkerte mir zu und sagte: „Na gut, Harry, wenn du hier der Boss bist und du das sagst, dann hab ich KEIN Problem damit.“

„Dankeschön“, erwiderte Harry.

Ich fügte hinzu: „Und weißt du, Bob, wenn du erst mal für uns arbeitest und du je eine Box hast, die du versenden willst, Harry hier wird sie dir persönlich mit Styroporkügelchen füllen, damit da nicht eine Menge extra ...“

Harry unterbrach mich: „Jetzt reicht's aber! Mensch! Was ist nur los mit euch Jungs? Kann ich nicht einen Styroporkügelchenspender haben, wenn ich das will? Bob, fang gar nicht erst mit mir an. Ich krieg schon genug ab von Dr. Geoffrey!“[6]

Wir brachten Bob nach oben ins Vorstandszimmer, und das Erste, das Bob sagte, war: „Ich will sichergehen, dass ihr eine Sache versteht, ich hatte mit diesen verdammten Kontakten nichts zu tun, also fragt mich bitte nicht danach.“

Tele, sein ehemaliger Arbeitgeber, hatte ein riesiges Problem mit den Schrittmacherkontakten, die er für das Herzschrittmacher-

6 Wir haben den Styroporkügelchenspender nie benutzt. Er hing immer nur in der Versandhalle als ein Tribut an Harry.

system produzierte. Wir hatten darüber gelesen und es war ein großes Schlamassel.

Harry zwinkerte mir zu, ich schaute Bob in die Augen und sagte: „Also, Bob, Harry und ich, wir haben uns gefragt, ob du uns etwas über die Kontakte erzählen kannst?“ Bob starrte starr geradeaus. Er sah aus, als hätte er gerade ein Gespenst gesehen. Dann begann Harry loszulachen. Dann fing ich an zu lachen. Bob saß da und schaute uns an, als wären wir ein paar Verrückte, die ihn gerade von Colorado hierher geflogen hatten, mit dem einzigen Ziel sich über ihn lustig zu machen ... und dann lachte er auch laut los. Wir hatten unseren Mann gefunden.

Als er sich etwas entspannt hatte, lieferte Bob das beste Vorstellungsgespräch, das ich bis heute geführt habe. Er war intelligent, schnell, und er wusste genau, was wir brauchten. Wir schickten ihn hoch zu den VCs, damit sie ihm das Engagement hinter Symphonix erklären konnten. Die waren auch beeindruckt. Bob war jung, aber wir hatten das Gefühl, dass er der Aufgabe gewachsen war und das Projekt umsetzen würde. Bob trat dem Team bei und kam in Rekordzeit mit Sack und Pack nach Kalifornien. Schon in der Woche danach war Bob die vierte Person, die in unsere Büros einzog. Ich hatte mir eine Wohnung in den Orchard Parkway Appartements genommen, die gleich auf der anderen Straßenseite von Symphonix liegen, und Bob mietete sich auch dort ein. Ron hatte richtig gelegen. Ich wohnte gegenüber meiner neuen Firma, und ich war umgeben von unglaublich talentierten Leuten.

Harry, Bob und ich begannen dann, Ingenieure zu rekrutieren. Wir stellten Tim Dietz, Craig Mar und Chris Julian, als Wandler-Team und für den Implantat-Teil des Geräts ein. Wir heuerten für die Elektronik und Signalverarbeitung Bruce Arthur an (er hatte mit Bob bei Tele gearbeitet), außerdem Jim Culp und John Salisbury; dieses Team sollte bald um Eric Jaeger, Dan Wallace und Duane Tumlinson erweitert werden. Wir engagierten Steve Trebotich (den ich von ReSound kannte) für unsere CAD-Abteilung. Das waren die wichtigsten Männer, die das Gerät bauen würden. Pat Rimroth wurde bald danach für die Herstellung an Bord geholt. Bei unserer ersten Weihnachtsfeier im San Jose Downtown Hyatt waren ungefähr 20 Angestellte und alle Vorstandsmitglieder anwesend.

Das Ziel von Symphonix war es, das erste Mittelohrimplantat der Welt zu produzieren und zu kommerzialisieren. Wir nannten das Produkt Vibrant Soundbridge. Der Sinn von Vibrant Soundbridge ist es, Patienten, die aus medizinischen Gründen kein gewöhnliches akustisches Hörgerät nutzen können oder damit unzufrieden sind, eine Therapie für Gehörlosigkeit anzubieten. Vibrant Soundbridge ist ein Mittelohrimplantat mit „Direct Drive", das die mechanischen Schwingungen der Kette der Mittelohrknöchelchen vervielfacht und dadurch ein verstärktes Signal an die Innenohrschnecke sendet. Die Nutzung von mechanischen Schwingungen anstelle von akustischem Klang bietet die Möglichkeit, ein genaueres und qualitativ besseres Signal an das Innenohr zu liefern. Geräte mit „Direct Drive" können dieses Signal ohne Resonanz und Okklusion liefern und bieten so dem Nutzer einen signifikanten Vorteil, der zu einer deutlich verbesserten Lebensqualität führt.

Zu diesem Zeitpunkt hatten wir alle Informationen, wie ich sie in meinen Patentanmeldungen angegeben hatte, und die Daten von meinen Prototypen. Aber das war auch schon alles. Ziel war es, mit den Konzepten aus meinen ursprünglichen Patenten ein Gerät zu bauen, das halten würde, was es versprach, das wir in den Kopf eines Patienten implantieren konnten und das dann ein Leben lang funktionieren würde. Leicht gesagt, aber um ehrlich zu sein, so selbstbewusst wir auch waren und so gut die Technologie auf dem Papier und in den Patenten aussah, wir konnten nicht sicher wissen, ob wir all das je umsetzen könnten, bevor wir es nicht versucht hatten.

Am 2. Februar 1995 erhielt ich die Benachrichtigung von Peter Carroll, dass das Patent für den FMT vom Patentamt der Vereinigten Staaten genehmigt worden war. Für mein erstes Patent erhielt ich erstaunliche 56 Patentansprüche. Das Gerät wurde erst im Jahr 1992 erfunden, und jetzt, nur drei Jahre später, besaß es ein ausgestelltes Patent. Harry lud uns alle zum Mittagessen ein, und wir hatten eine tolle kleine Bürofeier in der Symphonix-Zentrale. Ich war begeistert.

Es hatte eine lange Weile gedauert, aber jetzt war ich umgeben von Leuten, die daran arbeiteten, das erste Mittelohrimplantat der Welt Realität werden zu lassen.

Es war ein besonderer Moment für mich und für die Millionen von Patienten, die dringend ein Implantat brauchten, um zu hören.

Die Vibrant Soundbridge

„You seek a great fortune, you three who are now in chains.
You will find a fortune, though it will not be the one you seek.
But first ... first you must travel a long and difficult road,
a road fraught with peril. Mm-hmm.
You shall see things wonderful to tell.“

Der Prophet in *O Brother Where Art Thou?*

Implantatsysteme mit „Direct Drive“ bringen die Gehörknöchelchenkette mit mechanischer Energie zum Schwingen, nicht mit akustischer Energie, die erst über das Trommelfell ins Mittelohr gelangen muss. Der „Direct Drive“ kann die Signale in hoher Qualität sehr nahe an das Innenohr übermitteln. So können einige der Probleme von herkömmlichen Hörgeräten, wie etwa die Entstehung von Rückkoppelungen, vermieden und gleichzeitig deutlich verstärkte Signale mit einem breiteren Frequenzspektrum übertragen werden.

Die Hauptkomponenten des Systems mussten wir im Team bauen. Erstmals einen *richtigen* Floating Mass Transducer (FMT) zu konstruieren, das war unsere erste Aufgabe. Der FMT sollte das kleinste hoch-wiedergabetreue Gerät seiner Art werden, etwa so groß wie ein Reiskorn und in der Lage, mit nur 100 Mikrowatt Leistung das Äquivalent von 115 Dezibel Schallinformationen zu übertragen. Unser Ziel war also durchaus ambitioniert, oder, wie manche meinten, lächerlich. Der FMT musste auch hermetisch versiegelt werden und zu 100 Prozent körperverträglich sein. Das Symphonix-Team zögerte aber keine Sekunde und schuf Fakten.

Sobald das Team den FMT fertig hatte, fingen wir mit den Versuchen an. Es war gelungen, einen Apparat anzufertigen, der etwa zwei Millimeter lang war, mit einem Durchmesser von 1,5 Millimeter und einem Gewicht von nur 25 Milligramm. Der Symphonix FMT-Elektromagnet besteht aus zwei Spulen, die sich um ein hermetisch versiegeltes Gehäuse aus Titanlegierung winden. Das versiegelte Titangehäuse enthält einen Samarium-Kobalt-Seltenerdmagneten, der auf Elastomerfedern aus Silikon aufgehängt wird. Die Spulen bestehen aus Gold mit Polyamidbeschichtung und werden durch eine dünne Haut aus Epoxidharz doppelt geschützt. Der FMT ist winzig, leicht, stark und erstaunlich robust. Bisher hat auch jeder gehalten.

Der FMT war der Hauptbestandteil des sogenannten VORP, des implantierbaren Teils der Vorrichtung. Das Implantat und der FMT werden in einem ein- bis zweistündigen ambulanten Eingriff in das Mittelohr eingesetzt.

Ein externes Gerät, der Audioprozessor, liefert das Inputsignal und den Strom für das Implantat. Der Prozessor besteht aus einem Mikrofon, einer Elektronik zur Signalverarbeitung, einer telemetrischen Spule und einer Batterie. Er nimmt Signale auf, verstärkt sie je nach Bedarf des Patienten und sendet das modulierte Signal durch die Haut zum Empfänger des VORP. Von dort reist der Impuls weiter zum FMT, der am anderen Ende des VORP liegt und das Ohr mechanisch stimuliert. Der Audioprozessor wird während des normalen Gebrauchs magnetisch auf der Außenseite des Schädels befestigt.

Statt akustische Energie als Abtriebskraft zu verwenden, stimuliert die Vibrant Soundbridge mit mechanischer Energie die Mittelohrstrukturen. Bei der teilweise implantierbaren Soundbridge, empfängt das Mikrofon des außen getragenen Audioprozessors die Schallinformation. Der Audioprozessor wird durch einen Magnet unter dem Ohr des Patienten in Position gehalten. Das Mikrofon des Audioprozessors empfängt den Schall, verstärkt das erhaltene elektronische Signal und sendet dieses dann zum Implantat. Dort wird das Signal zum FMT weitergeleitet, der dieses in Vibrationen umwandelt und an das Innenohr überträgt.

Die Vorteile eines Systems, das das Restgehör eines Patienten nur geringfügig beeinträchtigt, sind erheblich. Wie das bei allen medizinischen Technologien, auch bei den erprobtesten, der Fall ist, mussten wir eine gründliche klinische Versuchsreihe durchführen, um die wahren Stärken und Schwächen der Soundbridge zu erforschen.

Das junge Symphonix Entwicklungs- und Produktionsteam stand vor der großen Herausforderung, den kleinsten Wandler, den es je gab, mit einer derartigen Wiedergabequalität zu entwerfen und zu konstruieren. Er musste überdies noch an einem der kleinsten Knochen im menschlichen Körper, und zwar im Mittelohr, befestigt werden können. Danach mussten wir unsere Erfindung erfolgreich durch die klinischen Tests bringen, um anschließend eine FDA-Bewilligung zu erhalten. Abschließend sollten wir das Gerät auch noch schneller vermarkten und verkaufen als die Konkurrenz. Schnellstens jedoch mussten wir unsere wissenschaftlichen Beiräte besetzen, um uns für die Versuche zu rüsten. Zum gegenwärtigen Zeitpunkt hatten wir nur eine Zusage von Professor Fisch.

Anfang Januar 1995 spazierten Bob und ich in das Symphonix-Hauptquartier und fanden dort Petri und Harry in Harrys Büro.

„Wir haben das Geschäft mit Dr. Hough abgeschlossen!“, sagte Harry aufgeregt.

„Welches?“

„Für die Tierversuche und die klinischen Tests. Dr. Hough hat zugesagt, den Vorsitz unseres United States Scientific Advisory Board zu übernehmen!“

Wie sich herausstellte, hatten Petri und Harry sich heimlich mit Dr. Hough, Dr. Dormer und deren Mannschaft aus Oklahoma getroffen, um sie für uns einzuspannen. Bob und ich wussten davon bislang nichts. Bob, der zunächst etwas beleidigt gewesen war, wurde immer wütender. Harry und Petri hatten schließlich ohne unsere Zustimmung mit einer Forschungsgruppe Abmachungen getroffen, die deutlich Bobs Zeitplan gefährden konnten. Sie hatten auch einen Großteil seines Budgets verplant, denn die Angelegenheit kam teuer. Das war zwar grundsätzlich keine schlechte Idee, aber Bob hatte diese Leute noch nie kennengelernt. Also flogen Bob und Bruce nach Oklahoma. Harry, Petri und ich flogen nach Zürich, um dort Professor Ugo Fisch zu treffen, der unserem europäischen Fachbeirat vorsitzen, dafür Mitglieder auswählen und uns in Europa mit den Versuchsreihen helfen würde.

Wir kamen in Zürich an und fuhren mit einem Taxi den Hügel hoch zur ORL-Klinik des Universitätsspitals. Wir nahmen den

Aufzug hinauf zu Professor Fischs Büro. Zweck des Treffens war es, Professor Fisch die endgültigen Pläne für die Versuchsreihen abzunehmen und ihn hoffentlich davon zu überzeugen, unserem europäischen Beirat vorzusitzen. Das hatte er mir zwar schon einmal versprochen, wir wollten aber Sicherheit, und sowohl Harry als auch Petri wollten den Herren einmal persönlich kennenlernen. Ich hoffte, mit ihm unsere neuesten technischen Pläne und Zeichnungen besprechen zu können.

Als Professor Fisch die Tür öffnete, stellte Harry sich und Petri vor und sagte: „Dr. Ball kennen Sie ja schon."

Sehr zur Überraschung der anderen antwortete Professor Fisch: „Nun ja, ich habe Geoffrey zwar noch nie getroffen, es ist mir aber eine große Freude."

Die beiden dachten, dass ich Dr. Fisch gut kannte. Tatsächlich aber fand unsere gesamte Kommunikation über Fax, Briefe oder Telefon statt. Hans Camenzind hatte Professor Fisch getroffen; ich nicht. Jedenfalls kam unsere Begegnung mit Professor Fisch einer Erleuchtung gleich. Er verstand unsere Baupläne außerordentlich gut und hatte sich zu vielen Details Änderungsvorschläge ausgedacht, etwa zur Form, zur Krümmung oder zur Dicke der Verdrahtung.

Er hakte auch die Aspekte ab, die ihm gefielen, und meinte: „Das sieht alles sehr gut aus. Wenn Sie noch ein paar Änderungen vornehmen, wird alles glattlaufen." Dann fragte er, wann wir fertig sein wollten. „Wir haben schon Patienten für Sie gefunden. Ihre Arbeit ist von größter Bedeutung und kann vielen Menschen helfen."

Obwohl ich Dr. Fisch gerade erst kennengelernt hatte, kam er mir wie ein langjähriger Weggefährte vor. Unser Vorhaben war ihm wichtig.

Kurz vor unserem Aufbruch fragte mich Professor Fisch, ob ich vorhätte, mir selber eines unserer Geräte einsetzen zu lassen.

„Liebend gerne", antwortete ich.

Harry posaunte daraufhin heraus: „Wenn ein Erfinder so fest von seiner eigenen Erfindung überzeugt ist, dass er sie sich selber antun möchte, kann das nur ein gutes Zeichen sein. Unser Dr. Geoffrey wird einer unserer ersten Patienten!"

Petri verließ uns danach, um nach einer seiner anderen europäischen Firmen zu sehen, und Harry und ich blieben in Zürich zurück. Wir mussten erst zwei Tage später in Neuchâtel, wenige Stunden von Zürich entfernt, zum nächsten Treffen. Wir wanderten durch die Stadt, sahen uns die Geschäfte an und dinierten in den feinen Züricher Restaurants. Harry amüsierte sich köstlich auf meine Kosten, was ich ihm in gleicher Währung zurückzahlte. Es war toll, für einen Boss zu arbeiten, der mir trotz seiner hohen Ansprüche Respekt entgegenbrachte und noch dazu ein unterhaltsamer Kerl war.

Einmal sagte mir Harry auch: „Dr. Geoffrey, du schaffst das."

Die zwei freien Tage in Zürich mit meinem Chef gehören zu den schönsten Erinnerungen, die ich an Symphonix habe. Es war gewissermaßen die Ruhe vor dem Sturm. In den nächsten Jahren würden Harry und ich noch wilde Gewässer durchqueren, mit Harry als Kapitän der tüchtigen Symphonix-Fregatte und einer Mannschaft, die nicht recht wusste, wann oder wo wir jemals an Land gehen würden. Dank Harry sahen wir unserem Landgang aber mit Zuversicht entgegen.

Bob vollbrachte mittlerweile Wunder in der Entwicklung. Rückblickend ist er, nach Ingeborg Hochmair, der CEO von MED-EL, der zweitfleißigste Mensch, dem ich jemals begegnet bin. Wie erwartet, stellte sich der Bau der Wandler als größte Herausforderung dar. Die erste Aufgabe des Implantat-Teams war es, meine Prototypen nachzubauen. Unsere Ingenieure sahen sich alle meine Handgriffe und Unterlagen sorgfältig an und verfassten seitenweise Notizen. Dann bauten sie die FMTs nach und waren überrascht, wie gut sie funktionierten. Das größte technische Problem war, die Apparate so anzufertigen, dass sie zwar klein genug waren, aber trotzdem noch hermetisch versiegelt werden konnten.

Chris Julian arbeitete eng mit Dan Wallace und Tim Dietz zusammen, um die verschiedenen Probleme zu lösen. Unter anderem bewiesen sie unseren Lieferanten, dass es entgegen ihrer Warnungen sehr wohl möglich war, die Teile so klein zu fertigen, wie wir sie benötigten. Dan Wallace verwandelte meinen Laser-Doppler-Vibrometer-Test auch in ein kluges Versuchssystem für den FMT.

Eine zentrale Schwierigkeit war ein Phänomen, das wir „drop out" nannten. Bei niedrigen Eingangssignalen kam die Leistung aus den Wandlern, die wir mit dem LDV maßen, vor allem in den Niedrigfrequenzbereichen nicht linear heraus. Wir lösten das Dropout-Problem während einer Reihe von nächtlichen Versuchsserien, die Dan, Chris, Bob, Tim Dietz und ich durchführten. Danach stand den ersten akuten Tests nichts mehr im Wege.

Im Februar 1995 führten sintflutartige Regenfälle in Silicon Valley zu Straßensperren. Als ich eines Abends mit dem Auto von einer Sitzung in Sand Hill heimfuhr, hörte ich im Radio, dass der Guadalupe River, ganz in der Nähe unserer Anlage, über die Ufer getreten war. *Um Gottes Willen,* dachte ich mir, *wir haben gerade erst das Computernetzwerk installiert. Wenn das jetzt überflutet wird, kostet uns das Monate!*

Die Lage bei Symphonix war schlimmer, als ich befürchtet hatte. Ich musste den Wagen an der Autobahn stehenlassen und durch hüfthohes Wasser zu unseren Gebäuden waten. Die Parkplätze waren überflutet, und das Wasser, schon eine Handbreite vor unseren Eingangstüren, stieg immer noch. Ich war entgeistert. Ich rannte durch das Gebäude, steckte alle Computer ab und stellte sie auf jede hohe, freie Fläche, die verfügbar war. Danach versuchte ich die Server und die Netzwerkgeräte zu retten, und abschließend unsere Unterlagen und Protokolle. Ich wusste nicht, ob das als Schutz ausreichen würde, hörte aber im Radio, dass die Pumpen wieder anfingen, das Wasser in die San Francisco Bay zu leiten. Der Boden würde feucht werden, so viel stand fest, aber zumindest konnten wir weiterarbeiten oder sogar kurzfristig umziehen. Als ich das Gebäude verließ, hatte das Wasser die Lobby erreicht.

Ich rief Harry an. „Ich hab das Netzwerk so hoch wie möglich abgestellt", teilte ich ihm mit. „Kennst du jemanden, der ein Boot hat? Wir werden nämlich eines brauchen."

„Willst du mich verarschen?", schrie Harry ins Telefon.

Ich verneinte, aber Harry klang wie von einer Tarantel gestochen.

„Beruhige dich, Harry", versuchte ich ihn zu beschwichtigen. „Wenn die Pumpen wieder laufen, ist alles in Ordnung, und wenn nicht, tja, dann werden wir schon sehen." Ich legte auf, wissend, dass ich Harrys Abend ruiniert hatte.

Es dauerte Tage, bis die Pumpen wieder ihre Arbeit aufnahmen. Die Deiche am Guadalupe hielten aber stand, und der Regen ließ so weit nach, dass das Wasser etwas wich. Die Mitarbeiter bei Symphonix mussten zwar etwas weiter weg parken, aber wir kamen mit ein paar feuchten Teppichen davon.

Bei Symphonix begann die Zeit der langen Nächte und endlosen Sitzungen. Wir führten hunderte Tests durch, verfassten tausende Dokumente und noch mehr Zeichnungen. Wir waren durch das Qualitätssicherungssystem ziemlich gefordert. Alles musste verifiziert, geprüft und dokumentiert werden. Nicht selten endete das in hitzigen Debatten. Gleichzeitig arbeiteten unsere Forscher und Entwickler weiter. Sie bauten Modelle, stellten Versuche an und schliffen an den Einzelheiten herum. Unser Produktionsteam, angeführt von Pat Rimroth, versuchte inzwischen eine Anlage für die Massenfertigung von Implantaten und Audioprozessoren zu entwerfen.

Wie bei allen Firmengründungen gab es viel Pizza, meistens spät am Abend. Wir kamen häufig erst in der Nacht nach Hause, schliefen wenig und erschienen in der Früh wieder im Labor. Das klinische Personal beschäftigte sich mit den Protokollen und Anlagebewilligungen für die Versuchsreihen. Peter Hertzmann hatte die heroische Aufgabe, die Implantate dafür herzurichten. Wir empfingen auch viele VIPs, meistens unsere Investoren oder solche, die es noch werden wollten. Bob beeindruckte mich in dieser Phase am meisten. Er kam als Erster zur Arbeit und ging abends als Letzter wieder fort. Es waren endlose Tests durchzuführen. Samstage verwandelten sich allmählich in normale Arbeitstage. Bloß die Sonntage blieben frei, aber sogar dann fand man Jim Culp oder Eric Jaeger im Labor.

Ich hatte zur Forschung meine eigenen Räumlichkeiten in der Firma und verbrachte jede freie Minute dort beim Erfinden, wenn ich nicht schon wieder Laser-Doppler-Tests durchführte. Ich baute in der Zeit etwa die ersten implantierbaren Mikrofone, die auch wirklich funktionierten.

Am 6. November 1996, nur 18 Monate nach ihrer Erfindung, implantierte Dr. Ugo Fisch in der ORL-Klinik in Zürich zum ersten Mal eine Soundbridge in ein menschliches Ohr. Andere Kliniken folgten bald nach. Die Operationen verliefen allesamt erfolgreich und schenkten den Patienten ein deutlich verbessertes Gehör und bessere Tonqualität. Die Dinger funktionierten!

Trotz des Erfolgs empfand ich Enttäuschung. Aufgrund unserer Elektronik schafften wir es nicht, das System voll auszuschöpfen und lauter zu machen. Wir wurden während der Entwicklungsphase immer wieder davor gewarnt, das Gerät zu laut zu machen und dadurch das Restgehör unserer Patienten noch weiter zu beschädigen. Natürlich hatten wir versucht, das zu vermeiden, und waren offensichtlich übervorsichtig gewesen. Obwohl die vielen Versuchsreihen eigentlich der Feineinstellung dienten, schreckten wir dann doch vor unseren eigenen Möglichkeiten zurück. Als wir schließlich ins Labor zurückkehrten, um den Audioprozessor zu verstärken, brach natürlich eine kleine Krise aus. Bob schaffte es jedoch mit seinem Team in kürzester Zeit, die Soundbridge doch noch lauter zu drehen. Harry war während der Versuchsphase ein Fels in der Brandung.

Bei der nächsten Versuchsrunde waren schon die stärkeren Prozessoren im Einsatz. Die Soundbridge wurde mittlerweile in ganz Europa eingesetzt. Die Ergebnisse waren hervorragend. Das Ziel war erreicht, die Soundbridge funktionierte so, wie sie es sollte.

In achtzehn Monaten von der Firmengründung bis zur Zulassung eines Klasse-III-Implantats: Das muss ein Rekord sein. Es ist auch deswegen besonders beachtenswert, weil aktive medizinische Implantate weltweit eines der am stärksten regulierten Produkte sind. Bei Symphonix haben wir das ganz ohne Abkürzungen bewältigt.

Nach unseren ersten Erfolgen flogen Harry und ich nach Japan, um dort beim Gesundheitsministerium um eine Zulassung anzusuchen. Zunächst brauchten wir eigene Spezialisten für die Koordination der Versuche und Amtswege. Wir waren uns sicher, dass meine Kontakte zu Dr. Suzukin und Dr. Yanigihara und der Ehime-Klinik hilfreich sein würden. Nun, fast fünfzehn Jahre später, muss ich zugeben, dass wir wohl etwas zu optimistisch waren. Mein Produkt ist in Japan immer noch nicht zugelassen, und die medizinischen Versuche laufen weiter. Man hatte uns zwar versichert, dass die FDA-Daten akzeptiert würden, wir mussten aber trotzdem völlig neue Versuchsreihen vor Ort starten.

Zumindest hatte Harry in Japan wie wild fotografiert, und nach unserer Rückkehr gab ich meiner Mutter ein paar Abzüge, die sie stolz ihren Kolleginnen im El-Camino-Krankenhaus zeigte. Eine der jüngeren Krankenschwestern fragte meine Mutter, ob ich vielleicht Interesse hätte, den Nussknacker in der Oper zu sehen, da sie wegen der Absage einer Freundin ein Ticket übrig hatte. Es war die Weihnachtszeit, ich war alleine, also ließ ich mich von meiner Mutter überreden, diese Schwester, Sabina, anzurufen. Ich konnte den Nussknacker nicht ausstehen, hatte ihn schon unzählige Male gesehen und fand ihn immer einschläfernd.

Ich rief Sabina an und schlug vor, uns vorher auf einen Kaffee zu treffen. Vor ihrer Wohnung nahe der San Jose State University stieg ich aus dem Auto, läutete, und war etwas sprachlos, als mir eine große, sehr attraktive junge Frau die Tür öffnete.

„Hi Geoff, ich bin Sabina."

Wow!, dachte ich mir. *Das wird ja besser, als ich hoffte, sie ist wunderschön!*

Wir fuhren zum The Bear in Los Gatos, um uns ein paar Coffee Creams – eine Art Milchshake – zu schnappen. Wir verstanden uns sofort und beschlossen, Salsa tanzen zu gehen. Die Chemie stimmte, und wir hatten eine fantastische Zeit. Ich liebte ihren Stil und ihren starken europäischen Akzent. Nachdem ich Sabina spätabends zu ihrem Apartment zurückgeführt hatte, fragte ihre Mitbewohnerin, wie es denn gelaufen sei.

„Ich heirate diesen Mann!", antwortete Sabina.

Die Mitbewohnerin dachte natürlich, dass Sabina durchgedreht war. Damit lag sie falsch.

Peter Hertzmann und seine Leute schlossen endlich die EU-Versuchsreihe ab und stellten die Patientendaten fertig. Nun konnten wir unsere Zulassung abholen und unser Europabüro in Basel einrichten.

In den USA hatte es die Soundbridge viel schwerer. Die United States Food and Drug Administration, die jedes medizinische

Gerät zum Verbrauch freigeben muss, war hartnäckig und verlangte vor jeder Versuchsreihe ein „pre-IDE meeting“. Unser Regulatory Affairs Officer Earle Canty und ich stellten unsere Technologie vor, während unser klinisches Team die Versuchsreihe erklärte. Dr. Hough und Stan Baker beschrieben die notwendigen medizinischen Eingriffe. Viel besser konnte ein Termin bei der FDA nicht laufen.

Nachdem ich den Bauplan kurz vorgestellt hatte, meinte einer der FDA-Ingenieure: „Das sieht sogar funktionstüchtig aus. Endlich sind wir so weit!“

Seine Kollegen starrten ihn grimmig an. FDA-Sitzungen sollen nicht von Stürmen der Begeisterung über vollendete Baupläne gestört werden.

„Die Vibrant Soundbridge schreit nach einem Einsatz bei Kindern“, sagte ein anderer FDA-Experte. „Es wird so viel Nachfrage geben, dass wir hier besonders vorsichtig vorgehen müssen.“ Er hatte Recht: Der pädiatrische Markt wäre für uns sehr wichtig, die Freigabe dafür aber bekamen wir erst im Jahr 2009, und zwar in Europa. Ich finde, es entbehrt nicht der Ironie, dass die Vibrant Soundbridge noch immer nicht in den USA für die Verwendung bei Kindern freigegeben ist, in Europa aber schon. Soweit ich weiß, wurde bis heute keinem Kind in den USA eine Soundbridge eingesetzt.

Der FDA war sofort klar, welcher Durchbruch Symphonix hier gelungen war. Das brachte uns natürlich viel Aufmerksamkeit; vielleicht sogar zu viel. Jedenfalls durften wir Ende 1996 die ersten Versuche in den USA starten. Die ersten Patienten wurden von Dr. Charlie Leutje in Kansas City behandelt, mit den gewohnt ausgezeichneten Ergebnissen.

Ich war der Letzte von fünf Testpatienten, die im House Ear Institute, Los Angeles, von Dr. Derald Brackmann eine Vibrant Soundbridge eingesetzt bekamen. Der Eingriff war ursprünglich früh am Morgen angesetzt, aber Dr. Brackmann wurde aufgehalten. Es war ein ganzes Filmteam vor Ort, also musste alles wiederholt werden. Sabina begleitete mich, denn wir waren mittlerweile verlobt. Die Leute vom Film wiesen uns an, Händchen zu halten, uns zu küssen, und alle möglichen anderen peinlichen und aufgesetzten Dinge zu tun. Ich war dabei schon leicht betäubt, und man hatte mir ein kleines Mikrofon auf die Innenseite meines Operationskittels geklebt. Der TV-Techniker machte sich schreckliche Sorgen um das Mikrofon, das mit einem teuren Fernübertragungssystem ausgestattet war. Natürlich hing ich auch am Tropf. Es waren etwa acht Leute in dem kleinen Krankenzimmer.

Nach einigen Stunden des Wartens musste ich pinkeln, also stand ich auf und fing an, den Infusionsständer im Schlepptau, mir einen Weg aus dem Zimmer zu bahnen. Trotz der Teilnarkose schaffte ich es irgendwie in die Toilette. Dort ließ ich es erst mal richtig sprudeln.

Ich habe einige Empfehlungen für alle, die in ähnlichen Situationen landen, mit Infusionen, Mikrofonen und einem Zimmer voller Fernsehtechniker. Erstens sollte man das Mikrofon abdrehen, bevor man sich in der Toilettenkabine entspannt zurücklehnt. Wenn man das, wie ich, vergisst, hören alle mit. Zweitens sollte man unbedingt darauf achten, dass das Mikrofon auch wirklich gut am Kittel befestigt ist. Sonst fällt es nämlich in die WC-Schüssel. Drittens sollte man den eigenen Wasserfluss unterbinden, bevor man sich hinunterbeugt, um das Mikrofon anschließend zu retten, denn Urin hinterlässt auf weißer Krankenhauskleidung deutliche Flecken. Abschließend rate ich davon ab, das Mikrofon nachher zu trocknen. Das klappt nicht, man kann es dann nur noch entsorgen. So zu tun, als ob nichts passiert wäre, ist leider auch keine Option.

Es dauerte noch einige Stunden, bis Dr. Brackmann mich in den Vorbereitungsraum rollte. Ich hatte schon sechs Stunden im narkosebedingten Rausch verbracht, also ging es mir prima. Ich war ziemlich aufgeregt und fühlte mich dabei ein wenig ulkig.

Im Vorbereitungsraum wusste die Schwester nicht, wo ich rasiert werden sollte, da sie noch nie die Implantierung einer Vibrant Soundbridge erlebt hatte.

Ich versuchte ihr, so gut ich konnte, den Fleck hinter meinem Ohr zu beschreiben, an dem der Schnitt gesetzt werden sollte. Sie begann zu rasieren und fragte mich dann: „Wie hoch soll ich denn raufgehen?“

Unvorsichtigerweise – denn ich befand mich in einem katholischen Krankenhaus – meinte ich zu ihr: „Hören sie einfach bei der 666 auf.“ Ich mache die Drogen dafür verantwortlich.

Dr. Brackman wartete schon im Operationssaal. Was dann passierte, entzieht sich meiner Erinnerung, aber Dr. Brackmann schilderte es mir im Nachhinein. Ich war auf dem Bett hineingeschoben worden, richtete mich auf, sah dem erstaunten Arzt in die Augen, schob ihm einen Zettel in die Hand und rief: „Achten Sie darauf, dass das Ding gut am Amboss sitzt, der Kontakt muss stabil sein!“ Auf dem Zettel standen penible Anweisungen für die Operation.

Ich kann mich an nichts erinnern, aber die Operation wurde genau dokumentiert. Sie wurde sogar in einen Sitzungsraum übertragen, in dem andere Ärzte und meine Verlobte den Eingriff live mitverfolgten. Dr. David Foyt erzählte mir später, dass ich angeblich nach der Operation aus meiner Narkose aufgeschnellt wäre, um zu fragen, ob denn nun der Kontakt mit dem Amboss auch wirklich gut sei. Man versicherte mir, dass das der Fall sei, und ich schlief sofort wieder ein. Auch daran kann ich mich nicht mehr erinnern.

Die Operation fand am Freitag statt, und Dr. Brackmann wollte mich erst Montag für eine Kontrolle wiedersehen. Sabina und ich verbrachten das Wochenende in San Diego. Wir lagen am Pool, lasen, gingen essen und entspannten uns. Wir konnten es nicht lassen, auf den Strandwegen Skateboard zu fahren.

Montags sah sich Dr. Brackmann mein Ohr an, während draußen noch eine Medienmeute die Mikrofone und Kameras fletschte. Dr. Brackmann teilte mir erfreut mit, dass alles in bester Ordnung sei, schließlich hätte er ja meine Anweisungen genau befolgt.

Es war noch früh, und bevor Sabina und ich nach San Diego zurückkehrten, wollten wir noch in Disneyland vorbeischauen. Ich hatte seit meiner Kindheit davon geträumt, ein Gehörgerät implantiert zu bekommen. Jetzt hatte ich eines, und ich hatte es sogar erfunden. Nicht schlecht, gar nicht schlecht. Und jetzt ging es auch noch nach Disneyland!

Das Implantat

„I had the ambition not only
to go farther than man had gone before,
but to go as far as it was possible to go."

Captain James Cook

Mein Implantat wurde aktiviert, indem man den Audioprozessor über dem Implantat positionierte und auf diese Weise das Gerät einschaltete. Als das zum ersten Mal passierte, durchlebte ich einen unvergesslichen Augenblick. Zum ersten Mal in meinem Leben hörte ich laute, klare, unverzerrte Töne, die in meinem Ohr zu sein schienen. Die Klarheit war überwältigend. Es war noch großartiger und unwirklicher, als ich erwartet hatte.

Während der Aktivierung, die im House Ear Institute stattfand, mussten wir Interviews mit ungefähr fünf Presseagenturen geben. Das Ereignis wurde vor allem von den Radiosendern im Raum Los Angeles kommentiert. Meine Geschichte schaffte es auch zu CNN, doch eigenartigerweise vor allem auf die ausländischen Märkte in Europa und nicht in den USA.

Ich war gut darauf trainiert, in der Öffentlichkeit zu sprechen, und hatte noch zusätzlich ein offizielles Medientraining erhalten, das unsere PR-Konsulenten arrangiert hatten. Dennoch mäkelte Harry an allem herum, was ich sagte, oder wollte eine andere Darstellung. Die neuen Implantate waren wunderbar, und sobald sie aktiviert waren, vernahm ich Geräusche, die ich nie zuvor gehört hatte, was für mich unglaublich war. Eines der ersten Geräusche, das ich hörte, war, wie der Wind durch die Blätter rauschte. Das hatte ich zuvor eigentlich nie richtig gehört, und jetzt vernahm ich, wie das Rauschen von kleinen flötenartigen Lauten begleitet wird, wenn der Wind durch die Äste streift. Ich hatte ja keine Ahnung gehabt, dass Bäume kleine Symphonien von Tönen hervorbringen können. Regen erzeugte ein anderes, für mich neues Geräusch: Ich hörte, wie die Regentropfen auf die Windschutzscheibe und das Autodach prasselten und trommelten. Den Gesang der Vögel, das Tosen der Brandung an die

Küste, den Klang der Musik zu hören – all das waren für mich unglaubliche Momente. Bisher hatte ich das Reich der Töne nur als flache, langweilige Landschaft voller Deformationen erlebt. Jetzt hatten Töne für mich zum ersten Mal eine dreidimensionale Qualität.

Während der Interviews wurden mir Fragen gestellt, wie: „Welche Töne können Sie jetzt hören, die Sie vorher nicht vernehmen konnten?"

Ich antwortete dann: „Ich habe eigentlich noch nie Vögel gehört. Ich wusste nicht, wie der Wind klingt. Musik ist ganz unglaublich und die Klarheit der Stimmen, auch meiner eigenen, ist kolossal."

Das trieb Harry in den Wahnsinn! Er wollte, dass ich etwas bereits Vorbereitetes sagte, wie: „Meine Lebensqualität hat sich jetzt dramatisch gesteigert, und auch die Werte der Stimmenerkennung sind signifikant erhöht. Die Versicherungen sollten dieses Gerät bezahlen, Audiologen sollten sich damit vertraut machen, damit sie es ihren Patienten empfehlen können." Also versuchte ich solche Kommentare einzuarbeiten, aber die Medien waren viel mehr an dem persönlichen Aspekt der Geschichte interessiert. Wenn 19 von 20 Sätzen in einem Interview Harry gefallen hätten, würden sie genau denjenigen verwenden, der Harry verrückt machte.

Um mich noch mehr zu verwirren, waren die Public-Relations-Konsulenten begeistert von der Aufnahme bei den Medien und davon, wie gut meine Beschreibungen ankamen. Harry dagegen lehnte das völlig ab und setzte mir so zu, dass er sogar anfing, bei den Interviews dabei zu sein. Er setzte sich mir gegenüber und sagte mir mit lautlosen Mundbewegungen die Antworten vor. Das wiederum machte mich so nervös, dass ich nicht mehr normal sprechen konnte und meine Stimme einen gekünstelten, vorbereiteten Klang erhielt. Da meinten die PR-Konsulenten, dass sich die Qualität verschlechtere.

„Geoff hat eine natürliche Art, das zu artikulieren, was die Leute hören wollen, und genau das brauchen wir für die Geschichte", beklagten sie sich bei Harry. „Wenn wir ihn zu viel coachen und ihm ein Script geben, verlieren wir das."

Aber Harry blieb eisern. Ich verstand ihn, aber ich verstand auch die PR-Leute. Ich war echt in der Zwickmühle.

Ein paar Wochen nach der Aktivierung erhielt ich einen Anruf von Scotty Reid, einem Dreizehnjährigen, der an einem Projekt für die Schule arbeitete.

„Spricht dort Mr. Ball?“, fragte eine kleine Stimme.

„Ja“.

„Spricht dort *der* Mr. Ball?“

„ Denke schon. Ich arbeite bei Symphonix.“

„Ich schreibe einen Bericht über Sie für die Schule, und ich möchte wissen, wie alt Sie waren, als Sie daran dachten, ein Implantat für sich selbst herzustellen.“

„Ich denke, das war so ungefähr in deinem Alter, so mit 13 oder 14. Aber es stellte sich heraus, dass die damals erhältlichen für mich nicht funktionierten.“

„Hab ich mir gedacht. Also waren Sie 13, als Sie beschlossen, für sich selber ein Implantat herzustellen.“

„Na ja, nicht ganz. Das war schon viel komplizierter.“

„Wissen Sie, dass Sie der einzige lebende Cyborg sind“, unterbrach mich Scotty, „und ich möchte wissen, wie Sie darüber denken.“

„Wie? Worüber denken?“

„Na ja, dass Sie ein Cyborg sind. Ein Lebewesen, das sich reanimiert, wenn eine seiner Funktionen ausfällt, so wie in der Schlacht, und dann repariert es sich selbst. Sie sind der einzig lebende. Wie fühlt sich das an?“

„Ah, ja, hast Recht, Scotty, absolut. Ja. Ein Cyborg zu sein ist toll. Es ist echt cool, und das ist nur der Anfang. Wir hoffen, dass wir mehr Cyborgs in einem Kollektiv versammeln. Das wird fantastisch sein.“

„Das hab ich mir auch gedacht!“

Also unterhielten wir uns über Star Trek und die Unterschiede zwischen Cyborgs und bionischen Lebewesen, und ob ich wirklich ein Cyborg wäre oder eher nur ein Borg. Ich wusste zwei Dinge über Dreizehnjährige: Sie ändern selten ihre Meinung und man kann nie eine Diskussion gegen sie gewinnen. Scotty versprach, mir, eine Kopie seiner Arbeit zu schicken, tat es aber nicht. Sonst hätte ich seinen Namen und Zitate aus dem Bericht bringen können. Aber Scotty hatte irgendwo Recht, und ich muss mein Dasein als Cyborg in meinem Lebenslauf nachtragen.[7]

Zu meinem Verantwortungsbereich bei Symphonix zählte auch die Beobachtung der Konkurrenz und der Industrie. Ich hielt auch viele wissenschaftliche Vorträge, unterstützte die Grundlagenforschung und besuchte darüber hinaus fast alle Fachkonferenzen in den Vereinigten Staaten und Europa. Harry und der Aufsichtsrat machten sich große Sorgen, dass sich irgendwer Symphonix schnappen könnte, also verfasste ich monatliche Updates über die Konkurrenz.

1996 besuchte ich in Asilomar in Monterrey, Kalifornien, eine Tagung, die sich primär mit Cochlea-Implantaten befasste. Es war die beste Tagung über Cochlea-Implantate, auf der ich je gewesen war, und ich fand das wissenschaftliche Niveau beachtlich.

Beim Konferenzdinner saß ich neben einem Herrn, den ich noch nie gesehen hatte, und wir begannen uns zu unterhalten. Kurz danach setzte sich eine sehr hübsche junge Frau neben ihn. Wir stellten uns gegenseitig vor, der Herr dabei mit deutschem Akzent.

„Ich bin Erwin Hochmair“, sagte er.

Ich war so verblüfft, dass meine Gabel in der Luft stehenblieb. „Erwin Hochmair!“, ich schrie fast vor Aufregung.

„Ich habe alle Werke von Ihnen und Ihrem Bruder gelesen! Sie sind der Schlüssel für die Telemetrie, die ich verwende. Verstehen die Leute überhaupt, wie wichtig Ihr Beitrag auf diesem Gebiet ist!?“

Erwin schaute mich verwirrt und besorgt an. „Welcher Bruder?“, fragte er.

Ich sprach ein bisschen langsamer, weil ich dachte, er hätte mich vielleicht nicht verstanden.

7 In den ersten Versionen dieses Buches gefiel mir der Cyborg-Teil sehr gut. Er ist ja auch wahr. Ein Cyborg zu sein schien irgendwie cool und lustig. Ich wollte das ursprünglich sogar als Kapitelüberschrift verwenden. Vor der letzten Überarbeitung sah ich jedoch eine Episode von „The Cyborgs“ im VBS.TV (www.VBS.TV.Com). Da ging es um einen Kerl, der eine Art „smart card“ in seinen Arm implantierte, um das Licht im Büro aufzudrehen. Danach waren Cyborgs für mich nicht mehr lustig, sondern nur dumm. Die VBS-Show hatte mein ganzes Konzept ruiniert.

„Ich meine Sie und Ihren Bruder Ingeborg“, erklärte ich.

Jetzt schaute er überrascht und erstaunt hoch. „Oh, Sie meinen meine Frau, Ingeborg! Darf ich Ihnen Ingeborg Hochmair vorstellen.“ Damit zeigte er auf die Frau neben ihm.

„Heißt das, dass ich all die Jahre geglaubt habe, dass Sie und Ingeborg Brüder wären, und jetzt komme ich drauf, dass Ingeborg diese schöne Dame und Ihre Frau ist? Das sagt ja alles über mich.“

Zum Glück haben die Hochmairs Sinn für Humor und mussten sehr lachen. Wie jeder ernsthafte Skifahrer kannte ich Ingemar Stenmark vom schwedischen Olympia-Skiteam in den 70ern und 80ern, den vielleicht besten Slalomfahrer aller Zeiten. Ich kannte auch einige Brüderpaare, die zusammen in der Forschung arbeiteten, sogar eines in Stanford. Auch muss ich sagen, dass in allen technischen Vorlesungen, die ich besucht hatte, die Zahl der Frauen an einer Hand abzuzählen war, also bekenne ich mich eines männlichen Vorurteils für schuldig. Dennoch war ich erstaunt, ein Ehepaar zu treffen. Das war in etwa so, als hätte ich Marie und Pierre Curie getroffen. So hoch schätzte ich auch ihre Arbeit.

Man sagt, dass man niemals eine zweite Chance für den ersten Eindruck erhält. Nun hatte ich ja sicher Eindruck gemacht, wenn auch nicht den erwünschten. Hätte ich ihre wichtige Rolle in meinem späteren Leben geahnt, hätte ich mich sicher mehr angestrengt. Aber wenigstens würden sie sich an mich erinnern.

Ich machte Sabina den Heiratsantrag im Cash Store Restaurant in Davenport, Kalifornien, gegenüber dem alten Davenport Pier. Nachdem sie „Ja“ gesagt hatte, feierten wir in Capitola. Einige Monate später, am 13. September 1997 heirateten wir im Monterrey Plaza Hotel in der Cannery Row in Monterrey. Es war ein perfekter Tag: 24 Grad Celsius, klare Luft mit einer Aussicht über die Bay bis nach Santa Cruz, meinem bevorzugten Surfgebiet. Die Zeremonie fand auf einem Pier über einer Stelle statt, von der aus ich schon oft tauchen gegangen war. Ein schöner Tag und eine wunderbare Hochzeit. Es war auch ein Fest für die Firma: Außer Harry und fast der kompletten Belegschaft von Symphonix waren unter unseren Gästen auch der Aufsichtsrat und sogar einige unserer Hauptinvestoren.

Symphonix stellte weltweit ungefähr 80 Leute an. In Europa wurden wir 1998 zugelassen, und auch in den USA liefen die klinischen Zulassungsverfahren gut. Harry und der Aufsichtsrat dachten, es wäre ein günstiger Zeitpunkt, sich auf dem öffentlichen Markt und nicht nur weiter bei privaten Investoren nach zusätzlichen Geldern umzusehen. Wir stellten unsere Dia-Shows zusammen, aber die Märkte waren nicht bereit, die Firma an die Börse zu bringen. Der Punkt bei einer VC-finanzierten Firma ist, dass die Venture-Fonds im Grunde nur zwei Möglichkeiten haben, ihren Investoren Renditen zu zahlen: Die erste ist jene, die Firma durch eine Fusion oder Übernahme zu verkaufen und den Gewinn unter den Investoren aufzuteilen; die andere, die Firma durch einen Börsengang an die Öffentlichkeit (IPO) zu verkaufen und dann die Aktien auf die einzelnen Investoren aufzuteilen. Dafür braucht man eine Ausstiegsstrategie.

In den späten 90er Jahren wurde das IPO als ideale Möglichkeit gesehen, den Investoren einen Gewinn zukommen zu lassen. Ein IPO gab einer Firma eine großartige Möglichkeit, das nötige Geld für eine Expansion und für Investitionen in neue Produkte zu erhalten. Andererseits gibt es keine Garantie dafür, dass Firmen mit ausgezeichneter Erfolgsbilanz in der Forschung und Entwicklung, aber mit schwachem Vertrieb, das Marketing und den Verkauf ihrer Produkte entsprechend betreiben können. Oder noch schlimmer: Sollte es einen wirklichen Durchbruch in der Entwicklung geben, kann es oft unerträglich lange bis zur Markteinführung dauern. Wall Street hat nicht sehr viel Geduld mit jungen Firmen, die nicht ihre Verkaufszahlen erreichen.

1999 unterzeichnete Harry ein Abkommen mit dem Geschäftsbereich von Siemens Hearing, der Hörgeräte herstellte. Damit konnte Symphonix auf die Siemens-Technologie der Signalverarbeitung und die entsprechende Software zugreifen. Im Gegenzug übernahm Siemens den Vertrieb der Vibrant Soundbridge in ganz Europa.

Kurz danach schloss die Symphonix-Niederlassung in Basel, und unsere Angestellten in Europa wurden von Siemens übernommen. Die Idee dahinter war, dass Symphonix die Verkaufsexpertise von Siemens in Europa nutzen und damit das Geschäft beleben würde. Positiv daran würden die Verankerung in Europa und das dortige Kundennetzwerk sein; der Preis für den Transfer und andere Punkte waren allerdings nicht so vorteilhaft für Symphonix. Rückblickend muss man sagen, dass Symphonix wenig Einfluss hatte, wenn die Verkaufsziele nicht erreicht wurden.

Der Verkauf der Vibrant Soundbridge in Europa lag auch nicht annähernd in dem erwarteten Bereich. Über die Ursachen gibt es viele Meinungen. Eine war, dass die europäischen Märkte Versicherungsleistungen erwarteten und dass es mehrere Jahre braucht, um darüber positive Entscheidungen in den einzelnen Ländern zu erhalten. Ein zweiter Grund war der Mangel an Personal im Verkauf und im Kundendienst. Siemens hat das Team der ursprünglichen sechs Symphonixleute in Deutschland um etwa vier Vertreter erweitert, aber es hätten wesentlich mehr sein sollen. Ich weiß nicht alles, was passiert ist, und kann nur raten, was innerhalb von Siemens besprochen wurde. Tatsache bleibt aber, dass wir bald nach dem Deal auf Siemens-Seite andere Ansprechpartner hatten als jene, mit denen wir verhandelt hatten, was sehr eigenartig war. Das neue Team hatte möglicherweise andere Ansichten über den Symphonix-Deal und schien ihn auch nicht so gut zu verstehen wie die ursprünglichen Verhandler. Die Vibrant Soundbridge stellte einen unglaublichen Fortschritt in der Produktpalette dar, aber wenn es kein Vorläuferprodukt auf dem Markt gibt, ist es oft schwierig, den Verkauf in Schwung zu bringen.

Der Fluch der Soundbridge war, dass wir als Erste damit herauskamen, dass es vorher kein Gehörimplantat dieser Art gab. Das weckte zwar Interesse, aber es konnte auf keine Erfahrungsbasis zurückgegriffen werden. Audiologen mussten selten Patienten für ein Gerät an Chirurgen überweisen und Chirurgen mussten Patienten keine Technologie verkaufen. Andersherum: Audiologen konnten gut Hörgeräte verkaufen, und Chirurgen konnten gut operieren, aber keiner hatte Erfahrung darin, einen Patienten zu einem Arzt zu schicken bzw. bei einem Eingriff ein Gerät zu verkaufen. Dazu kommt noch, dass in manchen Ländern das Verhältnis von Audiologen und Chirurgen nicht besonders gut ist, häufig sogar schlecht oder nicht existent. Viele Audiologen hatten Angst, dass bei einer Überweisung an einen Chirurgen für eine Implantation die Patienten später nicht mehr zurückkämen, um den Audioprozessor zu kaufen. Unsere Techniker konnten in vielen Fällen diese Beziehung durch eine Betreuung in der Anfangsphase verbessern. Es war uns immer bewusst, dass an der Beziehung Audiologe – Chirurg gearbeitet werden musste, aber es war wesentlich mehr Arbeit erforderlich, als wir dachten.

Der zweite Fluch der Soundbridge war der Zeitfaktor. Sobald das Implantat zugelassen war, mussten wir auch Implantationen in einer entsprechenden Anzahl durchführen. Um sehr erfolgreich zu sein, brauchten wir keine astronomische Zahl von Implantaten. Die Zentren sollten im ersten Jahr drei bis sechs Implantationen durchführen, im darauffolgenden 15 bis 20, und dann fünf bis zehn pro Monat usw. Es gab genug Zentren für die Durchführung. Wenn man bedenkt, wie weit verbreitet und wie wenig behandelt Gehörverlust ist, schienen das eher niedrige Raten. Aber wir irrten uns.

Es brauchte etwa drei bis sechs Monate, bis ein neues Vibrant-Soundbridge-Zentrum seine ersten zwei Patienten fand. Aktiviert wurden die Geräte dann etwa acht Wochen später. Sechs Monate nach erfolgter Implantation kamen die Patienten für den Abschlusstest zurück. Wenn alles gutging, begannen die Zentren dann ihre nächsten drei oder vier Patienten zu suchen. Statt drei bis sechs Implantationen im ersten Jahr schafften sie gerade mal zwei. Und erst dann suchten sie ihre nächsten Patienten. Wir waren verblüfft.

Jedes Zentrum durchlief praktisch seine eigenen klinischen Mini-Tests. Und diese begannen mit weniger als fünf oder sechs Patienten, was bei unseren klinischen Tests die Standardanzahl war. Wie bei allen Innovationen gibt es eine Lernkurve, und wenn es zu Problemen kommt, treten die meist beim ersten oder zweiten Patienten auf. Aber so lange Zeiträume hatten wir in unseren Geschäftsmodellen nicht vorgesehen, und wir hatten einfach nicht dieses zusätzliche Jahr für jedes Zentrum in Europa Zeit.

Siemens erlebte diesen Fluch in Europa, und Symphonix sah sich damit nach der FDA-Zulassung auch in den USA konfrontiert. Übrigens ging es der Konkurrenz nicht besser. Auf der Industrie für Mittelohrimplantate schien ein Fluch zu liegen.

1998 verfiel Silicon Valley der Dotcom-Manie. Die Internetblasen-Wirtschaft erzeugte so viel zusätzlichen Verkehr, dass ich doppelt so lange brauchte, um durch das Valley nach San Jose zu fahren. Auch bei Symphonix begann der Rummel.

Ein Symphonix-Ingenieur lachte: „Vielleicht sollten wir uns ‚Symphonix dot com' nennen!" Wohin wir auch blickten gingen die Firmen an die Börse. Symphonix war ein technischer Erfolg. Die Geräte wurden implantiert, die klinischen Tests liefen gut in den USA. Über uns wurde in den meisten Medien berichtet und wir hatten Artikel in großen Business-Zeitschriften und im *Wall Street Journal.*

Der Nobelpreis wird nie an Ingenieure vergeben (außer man zählt die Preise von Von Bekesy und Shockley dazu), also war ich sehr aufgeregt, als mir 1999 der nächstbeste Preis verliehen wurde, der Hauptpreis des Engineer of the Year Award for Excellence in Design. Unser Gerät wurde als revolutionär bezeichnet und hatte alle Mitbewerber, die nicht die FMT-Technik verwendeten, an die Wand gespielt. Obwohl alle Konkurrenten lange vor uns begonnen hatten, schafften wir es, das einzige und erste in Europa approbierte Gerät zu sein. Wir hofften, das bald auch in den USA zu erreichen.

Ein komplett implantierbares Gerät zu bauen und bewilligt zu bekommen, erfordert enormen und sehr teuren Aufwand sowie zusätzliche komplette klinische Tests. Wir dachten, wenn wir wieder den gleichen FMT verwenden, könnte dies das Verfahren vielleicht beschleunigen. Ein komplett implantierbares Gerät würde auch bedeuten, die F&E zu verdoppeln und viele zusätzliche Kräfte für die Produktion anzustellen. Wir standen auch in den Startlöchern, um in den USA loszulegen, sobald die Bewilligung da war. Um die mutmaßlichen Produktanforderungen erfüllen zu können, müssten wir auch unsere Produktionskapazität erweitern. Dafür brauchten wir ein wesentlich größeres Gelände als Orchard Parkway, viel mehr Leute und viel mehr Geld.

Wir hatten das erste kommerziell erfolgreiche Mittelohrimplantat, also war es nur zu verlockend, diesen technischen Erfolg mit dem weltweit ersten komplett implantierbaren System zu wiederholen. Unsere Banker und Berater verhießen uns äußerst gute Kapitalmärkte und offene Türen für zusätzliche Mittel. Allerdings warnten sie uns auch, dass wir nicht darauf bauen könnten, immer offene Türen vorzufinden, und dass wir daher jetzt an die Börse sollten. Andernfalls müssten wir möglicherweise lange auf solch eine günstige Gelegenheit warten.

Also setzten wir uns mit Bankern und Investmentfirmen zusammen, die unsere Firma und unsere Erfolgschancen bei einem Börsengang evaluieren sollten. Da wir gerade erst mit unseren Verkäufen in Europa mit Siemens begonnen hatten, konnten wir keine langjährigen Verkaufszahlen vorweisen, also würde Symphonix ein Spekulationsinvestment oder ein „spec stock“ sein. 1999 gingen Dotcom-Firmen mit wesentlich weniger Erfolgen an die Börse, als sie Symphonix aufzuweisen hatte. Wir waren sehr erfolgreich in Bereichen, in denen andere gescheitert waren. Wir hatten riesige Marktchancen in einem medizinischen Gebiet, das noch nicht abgedeckt war. Die Banker zeigten sich optimistisch.

Einer sagte uns: „Das wird eine Perle unter den Dotcom-Tech-Aktien sein. Symphonix bietet etwas Neues, aber wesentlich Reelleres.“

Ein erfolgreicher Börsengang von Symphonix hieß, der Öffentlichkeit und auch der Konkurrenz alles offenzulegen. Für mich als Erfinder hätte das aber auch einen persönlichen Nachteil.

Ein Banker warnte mich: „Man wird Sie so einsperren, wie Sie sich das gar nicht vorstellen können.“ Das hieß, ich könnte keine Aktien bei Ausgabe verkaufen, und auch noch lange Zeit nach Abschluss nicht.

Ich arbeitete daran schon mehr als 15 Jahre und war sicher, dass man mich ein paar Aktien verkaufen lassen würde. Leider war dem nicht so.

Zu dem damaligen Zeitpunkt schien ein Börsengang das Beste für die Firma, die Investoren und die Gehörlosen, die in den Genuss unserer Technologie und der neuen Entwicklungsmöglichkeiten kommen würden. Ich war immer der Ansicht, dass wir umso bessere Chancen als Firma hätten, je mehr wir uns auf die Entwicklung von Technologie konzentrierten, die den Hörgeschädigten helfen würde. Wir sprachen mit den Bankern und evaluierten ihre Pitches. Sie sahen unsere Marktchancen äußerst positiv. Schließlich wählten wir die Cowan Bank als Lead für den Börsengang aus, und George Montgomery übernahm es, den Symphonix-Deal an die Börse zu bringen. George und sein Team erstellten auch den Anlageprospekt (der die Firma, die Technologie, den Markt und die Risikofaktoren beschreibt) sowie die IPO-Unterlagen, wobei ihnen unsere Anwälte bei Wilson Sonnsini halfen. Bald saßen wir über Entwürfen, die genau unsere Geschäftsfinanzen, die Aktienverteilung, die Verwendung der Mittel und die Risikofaktoren anführten. Wir brauchten einige Monate, bis alles fertig war.

Ich hatte nur gegen einige Entscheidungen Einwände, die wir bei Symphonix trafen. Eine war der Umzug in ein größeres und wesentlich teureres Gebäude gleich um die Ecke, auch in San Jose. Büromieten und Immobilienpreise waren exorbitant. Auch für Privatleute waren die Preise horrend. Die meisten konnten es sich nicht leisten, ein Haus in Sunnyvale zu kaufen. Sabina und ich kauften uns schließlich sehr günstig ein Abbruchhaus in den Los-Gatos-Hügeln und richteten es selber her. Manche meiner Ingenieure mussten zusehen, wie sich ihre Mieten auf dem Höhepunkt der Internetblase in kurzer Zeit verdoppelten. Wir zahlten gut, konnten aber nicht mit dem aufgeblasenen Immobilienmarkt mithalten. Ich hielt es für das Klügste, ins Central Valley oder in den Süden zu ziehen, wo Unterkünfte noch leistbar waren, doch leider teilte niemand meine Meinung.

Sobald wir alle nötigen Unterlagen für den Börsengang beisammen hatten, begannen Harry, Alf Merriweather (unser CFO), die Banker von Cowen und ich unsere Symphonix IPO Roadshow. Vier Wochen lang zogen wir durch die USA und durch Europa, um Investmentbanker und potentielle Anleger zu treffen und zu informieren. Unser Ziel war es, die Bücher mit fixen Aufträgen für Anteile zu füllen, damit wir genug Aufträge für die Aktien hätten, die wir am Markt anbieten wollten. Die Symphonix-Aktien würden über die NASDAQ gehandelt werden. Am 13. Februar 1998 erfolgte der Börsengang von Symphonix. Der Ausgabepreis IPO betrug zwölf Dollar pro Aktie und stieg schnell auf 17 Dollar. Der Symphonix IPO war ein Erfolg.

Siemens hatte die europäischen Geschäfte übernommen, doch Bill Perry, Leiter der Symphonix-Abteilung, war Amerikaner, und er beschloss, nach etlichen Jahren in Europa, mit seiner Familie wieder in die USA zurückzukehren. Ich hielt ihn für den perfekten Kandidaten für den VP für Marketing und Verkauf in den USA. Doch auch diese Entscheidung bei Symphonix lief nicht nach meinen Wünschen. Ernannt wurde ein früherer West-Point-Mann mit einem MBA, der angeblich brillant sein sollte und auch einen entsprechenden Lebenslauf vorweisen konnte. Was mir etwas eigenartig vorkam, war, dass er für meinen Geschmack etwas zu viel militärische Credits aufwies.

„Der ist doch nur ein Militär", sagte ich Harry. „Gegen einen militärischen Hintergrund ist zwar grundsätzlich nichts einzuwenden, aber ich halte Bill für den besseren Kandidaten."

„Der Zug ist abgefahren", gab mir Harry zur Antwort.

Der Traum aller Erfinder ist es, eine große Erfindung zu machen, sie erfolgreich auf dem Markt zu sehen und damit Geld zu verdienen. Auf der Höhe des NASDAQ-Handels lag der Marktwert von Symphonix ungefähr bei 300 Millionen Dollar und bei 17 Dollar pro Aktie. Nach dem Symphonix IPO war ich auf dem Papier Millionen wert. Allerdings betrug mein Anteil an Symphonix nur mehr wenige Prozent. Damit hatte ich kein Problem, denn ich fand es immer besser, ein kleines Stück einer guten Sache zu besitzen als ein großes von nichts. Es ist sicher ungewöhnlich für eine Medizingerätefirma, in Privatbesitz zu stehen und eine hohe Marktkapitalisierung zu haben. Es ist noch seltener, dass Erfinder zum Schluss mehr als fünf bis zehn Prozent der Firma besitzen. Es war einfach beispiellos für Erfinder und das ursprüngliche Management-Team einer öffentlich gehandelten Firma, mehr als 50 Prozent der Aktien zu halten.

Trotz meiner Versuche wurde mir nicht gestattet, Aktien bei der Erstausgabe zu verkaufen. Auch wenn ich absolut an die Zukunft von Symphonix glaubte, war es im Interesse der finanziellen Zukunft meiner eigenen Familie, meinen Aktienbesitz zu diversifizieren. Es gab kleine, spezifische Fenster, die mir erlaubten, kleine Anteile meiner Aktien zu verkaufen, solange es keine Hinweise auf Bewegungen gab, die die Börsenaufsicht als Insiderhandel betrachten konnte. Aber es gab einen Haken: Jedes Mal, wenn die Fenster offen waren, ging ich zu Alfs Büro und fragte ihn, ob ich einige Aktien verkaufen könnte. Alf rief die Anwälte an, und die Antwort war immer nein. Oder ich rief meinen Investmentbanker an und gab ihm einen Verkaufsauftrag, worauf er dann unseren Konsulenten und/oder Alf anrief und mir dann sagte: „Nein, das Fenster ist geschlossen." So konnte ich nie verkaufen, und Harry auch nicht.

Als unsere Aktien fielen, wurde das „Nein" noch unerbittlicher. Ich konnte immer nur eine ganz kleine Menge auf einmal verkaufen, die nicht annähernd ausreichte, um mit einer Pensionsvorsorge zu beginnen.

Harry war in einer ähnlichen Position. Ich war stets ein Startup-Mann und bin es immer noch, aber Harry war der eigentliche Startup-CEO. Ich hatte sogar zunächst geglaubt, dass Harry das Startup beginnen würde, um es dann nach zwei Jahren zu verlassen, aber er blieb, während wir zu einer „Mid-stage"-Firma wurden. Ich glaube, dass Harry so lange blieb, weil der Symphonix-Deal sich viel mehr nach seinem Geschmack entwickelte, als er zunächst gedacht hatte. Man sagt, dass ein Gründungsmitglied eines Silicon-Valley-Startups in zwei Jahren härter und länger arbeitet als der Durchschnittsbürger in seinem ganzen Leben. Harry war ein Hauptgründungsmitglied von Laserscope und dann Gründer und CEO seines Startups CardioRhythm, das vor seinem Eintritt bei Symphonix an Medtronic verkauft worden war. Das allein war schon schwierig genug. Symphonix war Harrys dritte Startup-Firma in Folge, also könnte man auch sagen, dass Harry die Arbeit von drei Leben in nur sieben Jahren geleistet hat.

Harry war ein großer Führer, eine Quelle der Inspiration und die wesentliche Antriebskraft der Firma. Doch diese enorme Arbeitsleistung hatte auch ihren Preis. Harry brauchte verständlicherweise emotionale und physische Erholung. Er wollte sich mit seiner Frau wieder an der Ostküste ansiedeln und sich zurückziehen. Wir alle wussten, dass das einmal kommen musste, und auch wenn wir es nicht mochten, war uns klar, dass die Zeit für einen Wechsel gekommen war. Harry hatte eine Pause verdient.

Harry Robbin war der unterhaltsamste und lustigste CEO, für den ich je gearbeitet habe, zeitweise allerdings auch der frustrierendste. Wie jeder Mensch hatte er seine guten und schlechten Tage. Harry war wirklich einmalig. Man kann über Harry Robbin sagen, was man will, aber was er besser konnte als fast alle anderen CEOs, war das, was in dieser Rolle von fundamentaler Bedeutung ist: gute Leute anstellen. Harry hatte das Talent, die Initiative, die Ressourcen und Verbindungen und vor allem auch die Persönlichkeit, um die talentiertesten Leute anzuziehen und in die Firma zu holen. Bis heute fasziniert mich diese Begabung, gute Leute zu finden und an Bord zu holen.

Ich wollte unbedingt Bob Katz als CEO für Symphonix, aber nicht alle Symphonix-VPs unterstützten mich dabei. Man mag sich wundern, warum ich nicht selber den begehrten Symphonix-CEO-Posten wollte, doch ich wusste, dass Bob damals der bessere Kandidat war. Er war älter, hatte einen MBA, mehr Erfahrung und war bereit für die Aufgabe. Damals hielt ich mich nicht für diese Rolle geeignet. Ich war noch sehr involviert in meine Laborarbeit, und mir machte die kreative Seite, das Erfinden und Forschen, zu viel Spaß. Wie die anderen auch, meinte ich noch wachsen zu müssen, bevor ich die CEO-Rolle übernehmen konnte, besonders jetzt, da Symphonix an der Börse war. Die Erfüllung meines Traumes, eines Tages meine eigene Firma zu leiten, müsste noch ein paar Jahre warten.

Als Harry die Firma 1999 verließ, war der Aufsichtsrat der Ansicht, dass eine Beförderung von Bob auf diesen Posten zu viel Spannung unter den anderen VPs erzeugen würde, und so stellten sie Kirk Davis als unseren neuen CEO an. Mir tat es leid, dass Harry ging. Ich habe viel von ihm gelernt und durch die Zusammenarbeit mit ihm erhielt ich eine bessere Ausbildung als durch einen MBA. Für Harry hatte der Weggang von Symphonix den Vorteil, dass er jetzt seine Aktien verkaufen und seine Anlagen diversifizieren konnte.

Da das Fenster zum Verkauf meiner Aktien immer geschlossen war, wurde mir klar, dass ich Harrys Beispiel folgen und die Firma verlassen müsste, wollte ich meine Aktien in größerem Stil verkaufen und diversifizieren. Das war die einzige Möglichkeit, den Insiderhandelsregeln zu entkommen. Ich durfte nicht einmal einen festgelegten Trading-Plan beginnen. Ich saß in der Klemme: Einerseits liebte ich Symphonix und die Leute dort, die Technik und die Arbeit. Es war ein toller Arbeitsplatz und mein Baby. Andererseits war mir klar, dass das wahrscheinlich meine einzige Chance war, viel Geld zu verdienen. Sabina und ich wollten eine Familie gründen und dachten an unsere zukünftigen Kinder.

Symphonix war mein 23. Arbeitgeber, aber mein erster Versuch, wirklich ans große Geld zu kommen. Ich weiß, dass man selten eine zweite Chance bekommt, von einer dritten ganz zu schweigen. Kommentare wie: „Das ist dein erster Venture-Deal, es wird noch andere geben", vertrug ich gar nicht gut. Ich wusste, wie ungewöhnlich der Erfolgskurs von Symphonix gewesen war. Mir war klar, dass eine neuerliche Chance höchst unwahrscheinlich war.

Wenige Firmen schaffen es wirklich. Von 100.000 Leuten, die eine gute Idee oder Erfindung haben, erstellen nur 5000 einen Businessplan oder verfolgen ihre Idee auch konsequent. Von diesen geben 4000 ihre Geschäftsidee auf, sobald sie merken, wie viel Arbeit und Kosten damit verbunden sind und wie viele Hürden es zu überwinden gilt. Bleiben also 1000 übrig, die wirklich zu einer Finanzierung kommen und eine Firma gründen. Von diesen tausend Startups scheitern 90 Prozent innerhalb der ersten beiden Jahre. In weiteren fünf Jahren werden achtzig der restlichen hundert geschlossen oder verkauft. Nur ein oder zwei der verbleibenden 20 Firmen haben einen Marktwert von mehr als 100 Millionen Dollar.

Ich war natürlich über den Eindruck besorgt, den es machen würde, wenn ich meinen Traum verlassen, das Geld schnappen und abhauen würde, und ich sprach mit meiner Frau über unsere missliche Lage. Ich erzählte ihr, wie sich die Aktien bewegten und dass ich immer vor einem geschlossenen Fenster stünde. Ich wollte eigentlich nicht wie Harry die Firma verlassen, ich wollte wirklich bleiben. Ich hatte auch noch diesen anderen verrückten Traum, mein eigenes Labor aufzubauen und an einer anderen Idee zu arbeiten. Ich träumte davon, das Labor als Forschungslabor für Symphonix zu führen.

Sabina sagte: „Das ist dein Lebenswerk. Du liebst diese Arbeit und bist noch nicht fertig damit. Es geht nicht um Geld, ist es dir nie gegangen. Das ist deine Mission. Was immer passiert, es wird in Ordnung gehen für uns. Gib deinen Traum nicht auf. Wir werden es schon schaffen, also mach dir um uns keine Sorgen."

Ich sprach mit meinen Anwälten. Alf war auch über die Auswirkungen auf die Kurse besorgt, wenn der CTO gleich nach dem CEO ebenfalls geht. Schließlich beschloss ich zu bleiben, weil ich es für das Richtige hielt, wenn mir auch klar war, dass es möglicherweise die schlechteste finanzielle Entscheidung war, die ich überhaupt nur treffen konnte.

Wir waren gerade dabei, die letzten Unterlagen für die Einreichung bei der FDA fertigzustellen. Wir hatten in allen Punkten sehr gute Resultate: Mit den europäischen Daten und unseren US-Patienten hatten wir fast 100 Patienten. Die klinischen Versuche waren sehr gut gelaufen. Wir stellten gerade Informations- und Entscheidungsunterlagen zusammen, die wir noch vor der für uns entscheidenden Sitzung an alle HNO-Spezialisten im FDA-Gremium senden wollten. Michael Crompton leitete die Abteilung für Zulassungen und leistete Beachtliches, um die FDA-Zulassung in den Vereinigten Staaten zu erreichen.

Da fielen plötzlich die Geräte aus. Wir hatten ein paar Ausfälle in Europa beobachtet, aber die waren durch Fehlbehandlung oder Beschädigung der Geräte während der Implantation entstanden. Wir waren sicher, dagegen die richtigen Maßnahmen ergriffen zu haben. Doch plötzlich kamen die Geräte zurück, nachdem sie explantiert werden mussten. Sie hatten einfach nicht funktioniert. Zuerst waren es nur zwei, bald darauf fünf, und bei zehn befiel uns Panik. Da gab es ein gröberes Problem zu lösen. Wir fanden die Wurzel des Versagens und taten alles, um den Fehler zu korrigieren. Wir testeten die neuen Geräte und reichten alles bei der FDA ein. Auch wenn die Fehlerbehebung nur in einer einfachen Änderung des Gerätes bestand, kostete es eine Menge Zeit, bis wir sichergestellt hatten, dass das Problem nicht mehr auftrat. Die FDA verlangte neuerliche Patientendaten, um zu beweisen, dass das Problem gelöst war. Also behandelten wir noch 50 Patienten, was natürlich unsere Pläne für den Start in den USA verzögerte. Es würde auch die geplante Markteinführung bei der Konferenz der Amerikanischen Gesellschaft für Otolaryngologie verzögern. Es war extrem unangenehm.

Kirk Davis war ein erfahrener medizinischer Manager, der von Baxter kam. Er hatte einen vorbildlichen, perfekten Lebenslauf, und als ich ihn bei unserem ersten Interview traf, war ich sehr beeindruckt. Ich fand es auch interessant, bereits zum zweiten Mal bei der Auswahl meines eigenen Chefs involviert zu sein. Kirk wollte immer seine eigene Firma führen, und er hatte zweifelsohne die erforderlichen Fähigkeiten, Führungsqualitäten und den richtigen Hintergrund dazu. Er begann 1999, gerade als der FDA-ENT-Ausschuss unser Gerät zur Approbation empfohlen hatte, und wir waren alle zufrieden mit Kirk. Während all der Interviews mit den Direktoren und Managern hatte ihm aber niemand gesagt, dass sich unser Marktauftritt aufgrund eines Gerätefehlers verzögern würde. Ich denke, jeder aus dem Interview-Komitee hat angenommen, dass es bereits irgendwer anderer erwähnt hatte. Nun ist mir klar, wie das passiert ist. Wir hatten das Problem identifiziert, waren dabei, es zu lösen und die Daten der FDA zu schicken.

Ende des Jahres 2000 erhielt die Vibrant Soundbridge die Bewilligung vom FDA-Ausschuss. Der neue Marketing- und Verkaufschef, der frühere Militäroffizier, hatte ein ausgezeichnetes Team von Vertretern und klinischen Managern zusammengestellt, um fünf Regionen in den USA abzudecken.

Das Ziel der Vertreter war natürlich der Verkauf, während die klinischen Manager den Implantierungszentren und Patienten bei der Programmierung helfen und auch neue Patienten identifizieren sollten.

Als die Genehmigung erteilt war, hatten wir ein Meeting, um den Plan und die Materialien für die Produkteinführung durchzugehen, also welches Produkt wo und wie auf den Markt käme. Wir hatten üblicherweise am Montagvormittag ein Managementmeeting, meist in angenehmer und produktiver Atmosphäre. Da wir jetzt die Bewilligung hatten, erwarteten wir Gratulationen und gute Laune. Doch dem war nicht so.

Selbst wenn ich das jetzt schreibe, kommt es mir unglaublich vor, aber der VP für Sales und Marketing sagte einfach: „Es gibt keinen Plan."

„Welche Materialien haben wir?", fragte Kirk.

Der VP zog neuere Versionen der schon früher von Peter Hertzmann zusammengestellten Unterlagen hervor. Es war nicht viel und absolut nichts Neues. Was hatte er die letzten sechs Monate gemacht? Er hatte zwar das Personal für den Außendienst, aber auch die waren meist vom Vertriebsdirektor angestellt worden.

„Ich habe ein gutes, motiviertes Team", verteidigte er sich, aber er hatte keinen Plan und keine Materialien für die Produkteinführung. Ich war fassungslos. Offenbar hatte er nicht mit einer Genehmigung durch die FDA zu diesem Zeitpunkt gerechnet. Er dachte, er hätte mehr Zeit, aber das war natürlich falsch. Vielleicht wurde ein MBA doch überschätzt.

Wir verpassten die Chance, das Produkt im Jahre 2000 in irgendeiner guten und effektiven Art herauszubringen. Unsere neuen Außenmitarbeiter hatten wenig Anweisungen, nur mageres Material und keine detaillierte und ausgefeilte Strategie. Sie waren zwar ein ausgezeichnetes Team, aber bald kamen wichtige Mitarbeiter, alte und neue, zu mir, um ihre Bedenken über die Richtung zu äußern, die der Marketingchef einschlug. Leider kündigten gerade diese Leute. Wir verloren unseren Vertriebsdirektor und dann einen unserer Spitzenverkäufer. Die wichtigen Marketingleute gingen, denn sie „hielten es nicht länger aus", wie einer sagte. Das war ein sehr schlechtes Zeichen: Wir hatten das Produkt noch nicht einmal eingeführt, und unsere Leute gingen bereits. Unsere Verkaufs- und Marketingbemühungen waren in Auflösung begriffen. Wir verloren kostbare Zeit und Ressourcen.

Schließlich schafften wir 2001 eine Mini-Einführung der VSB bei der Frühlingskonferenz der COSM in Palm Desert. Die Konferenz hatte nicht so viele Teilnehmer wie die größere der American Academy, aber es waren wichtige Kunden dort, wir waren gut repräsentiert und unsere Leute waren dabei. Aber es war natürlich nur zweitklassig, und der VP von Verkauf und Marketing verließ bald darauf die Firma.

Wir hatten große Mühe, schnell einen neuen VP zu finden. Der Boom der Internetfirmen strebte gerade seinem Höhepunkt zu und gute Leute, von denen es ja nie genug gab, konnte man kaum finden. Ich forcierte wieder die Option, Bill Perry zu uns zu holen, der auch kam und mit Kirk sprach. Bill war sehr zufrieden mit seinem gegenwärtigen Posten, aber er kam zumindest zu einem Gespräch. Vielleicht war Kirk nicht besonders beeindruckt, denn einmal mehr wurde Bill nicht angestellt.

Mai, Juni und Juli 2000 vergingen. Wir hatten nur wenige Bewerber und darunter keinen passenden. Inzwischen half uns Robert Baker, der früher bei ReSound gewesen war, mit dem Marketing, bis wir die Stelle besetzen konnten. Wir stellten John Luna an, der zusammen mit Robert unsere Verkäufer trainierte und auf den neuesten Informationsstand brachte. Wir hatten fast sechs Monate keinen VP für Marketing und Verkauf, bis der Board „unseren neuen Marketing-Mann“ anstellte.

Das war die dritte Personalentscheidung bei Symphonix, mit der ich nicht einverstanden war. Ich war gegen den neuen Marketingleiter, nicht weil ich ihn für unfähig hielt, sondern weil er früher Manager bei einer Hörgerätefirma gewesen war, die ich nicht mochte. Ich wusste, dass jemand von dieser Firma kaum gut in unsere passen würde und hielt den neuen Mann für eine Fehlbesetzung. Ich erklärte Kirk, dass ich zwar durchaus den Enthusiasmus und Schwung des Neuen schätzen würde, aber ein ungutes Gefühl bei seiner Einstellung hätte. Kirk war höflich und verständnisvoll, meinte aber, die Entscheidung sei bereits gefallen und ich müsste sie mittragen. Es sei bereits sehr spät. Also stimmte ich widerstrebend zu und hoffte, ich würde es nicht bereuen. Es störte mich auch, dass der neue Mann nicht sofort mit seiner Familie nach Kalifornien ziehen wollte. Ich hatte bereits genug Erfahrung, um zu wissen, dass ein aufgeschobener Umzug eine deutliche rote Warnflagge bedeutete. Ein Umzug nach Kalifornien mit seiner Frau würde wahrscheinlich lange nicht, wenn überhaupt stattfinden. Stattdessen würde er nur eine kleine Wohnung nehmen und zweimal im Monat nach Wisconsin pendeln.

Ich machte Kirk darauf aufmerksam: „Die Tatsache, dass seine Familie nicht mit ihm kommt, ist kein gutes Zeichen. Wir brauchen jemand, der sich 100 Prozent engagiert. Wie würden Sie sich dabei fühlen, in Kalifornien für jemanden zu arbeiten, der in einem anderen Bundesstaat lebt? Welche Botschaft vermittelt das den Mitarbeitern?"

Ich glaube, Bob Katz war noch mehr gegen diese Besetzung, denn bald danach beschloss er, die Firma zu verlassen. Der Grund dafür war sehr wahrscheinlich, dass er mit der Richtung, die die Marketing- und Verkaufsseite der Firma einschlug, nicht einverstanden war. Bob hatte zwar ein fantastisches Angebot erhalten, aber ich denke, er hielt sich für besser geeignet für die Rolle des CEO. Schließlich hatte er jedem Aspekt von Symphonix seinen Stempel aufgedrückt und war Motor der Entwicklung, die Soundbridge Realität werden ließ. Dabei wurde er ein richtiger Gehörexperte mit ausgezeichneten Beziehungen zu Audiologen und HNO-Ärzten. Er hatte sich zu einem hervorragenden Redner entwickelt und hatte eine bestimmte, effektive Art, im Team Probleme zu lösen, die bei den Mitarbeitern sehr gut ankam. Solange Bob bei Symphonix war, war es eine Firma, in der nichts schieflaufen konnte.

Wir hatten positive Energie und konnten für jedes Hindernis eine Lösung finden. Bei Symphonix zu arbeiten war stimulierend und machte Spaß. Durch Bobs Abgang habe ich einen guten Freund und Diskussionspartner verloren. Carlos Baez, mit dem ich vor Jahren bei ReSound gearbeitet hatte, kümmerte sich nun um die täglichen Abläufe bei Symphonix.

Es war erschreckend zu erleben, wie schnell sich die Unternehmenskultur nach Bobs Abgang veränderte. Fast über Nacht wurde aus einer Firma, die nichts falsch machen konnte, eine, in der alles schieflief. Symphonix war immer mit Schwung die Lösung von Problemen und Schwierigkeiten angegangen, doch plötzlich erwiesen sich Probleme als unlösbar. Bob und ich bildeten ein starkes Team in der Forschung und Entwicklung, doch sobald er fort war, kam ich von den anderen Abteilungen her schwer unter Beschuss. Carlos bemühte sich sehr, aber es war nicht einfach, Bobs Rolle und Position in der Unternehmenskultur zu übernehmen. Dann begann sich ein Virus, den ich Miesepetrigkeit nenne, in der Firma breitzumachen. Er breitete sich besonders heftig an Tagen aus, an denen unsere Aktien fielen, und machte sich an Tagen mit steigenden Kursen weniger bemerkbar.

Ein Beispiel für diese Miesepetrigkeit war die extreme Negativität, die die Firma durchzog. Dr. Jon Spindel und ich hatten mehrere Wochen in meinem Labor eine neue Position für den FMT untersucht. Dr. Spindel befürwortete schon lange, dass man Wandler wie den FMT an dem runden Fenster des Innenohres platzieren sollte. Das hätte den Vorteil, dass die mechanische Schallenergie direkt in die Cochlea übertragen würde. Anders gesagt, die Soundbridge war eine Art mechanisches Cochlea-Implantat. Aufgrund der Daten, die wir mühsam über Wochen gesammelt hatten, war klar, dass sich der Innenohrantrieb mit dem FMT gut bewältigen ließ und dass man so Hörverlust außerhalb des gegenwärtig von der FDA bewilligten Indikationsspektrums behandeln könnte. Damit könnte man mit Soundbridge wesentlich mehr Patienten behandeln. Unsere Daten waren beeindruckend, und wir waren überzeugt, ein Konzept für ein neues Produkt zu haben.

Wir präsentierten die Ergebnisse vor dem Symphonix-Führungsteam. Wir schlugen vor, die Methode weiterzuentwickeln, Input von unseren wissenschaftlichen Beratern zu holen und mit einer klinischen Versuchsreihe zu beginnen.

Die Antwort unseres Führungsteams war: „Du willst den FMT an das runde Fenster eines lebenden menschlichen Patienten anbringen? Nur über unsere Leichen!“

Dann begannen sie eine Liste von Gründen anzuführen, warum die Anwendung des FMT am runden Fenster nie funktionieren würde und warum er nie an Menschen angebracht werden sollte. Man muss zugeben, dass der Wert unserer Arbeit durchaus anerkannt wurde. Sie gaben zu, dass es „wissenschaftlich hervorragend" sei, aber „keinerlei klinischen Wert" besitze.

Dr. Spindel und ich waren sehr ernüchtert, als uns gesagt wurde, dass unsere Daten zwar gut waren und den Wert unserer Vorgangsweise erkennen ließen, wir aber sehr viel mehr Arbeit hineinstecken müssten, bevor auch nur im Entferntesten daran gedacht werden konnte, diese neue Methode an menschlichen Patienten auszuprobieren. Schlussendlich kamen wir auch zu dem Schluss, dass die Kliniker vermutlich Recht hatten. Damit allerdings wurden wir zu Opfern dieser Miesepetrigkeit und Teil der neuen Firmenkultur, die darin bestand, Probleme statt Lösungen zu finden. Die Idee, den FMT am runden Fenster zu verwenden, wurde so zu einem kleinen netten Forschungsergebnis, dem nichts weiter folgte. Traurigerweise publizierten wir nicht einmal einen Artikel mit unseren Ergebnissen.

Ich bin überzeugt, dass die Daten über das runde Fenster unter Bob Katz niemals in dieser Art abgeschossen worden wären. Er hatte sogar schon 1995 versucht, mit dem Team der Universität von Virginia, dem Roger Ruth und Dr. Spindel angehörten, an dem Konzept mit dem runden Fenster zu arbeiten. Bob, der den otologischen Experten und Symphonix-SAB-Mitgliedern sehr genau gehört hatte, war auch der Ansicht, dass der FMT das ovale Fenster im Innenohr antreiben könne. Dr. Charlie Leutje, der erste Chirurg in den USA, der die VSB implantierte, hatte für diese Methode plädiert, seit er die Vibrant-Soundbridge-Konstruktion 1994 zum ersten Mal gesehen hatte. Jetzt hatten wir die Daten, die das Potential bewiesen, aber das Konzept stieß in der Post-Katz-Symphonix auf taube Ohren. Eines der Probleme, die entstehen, wenn man mit einem Konzept der Erste ist, ist jenes, dass man unzählige Stunden darauf verwendet, die Funktionsweise des Gerätes zu erklären, statt sich darauf zu konzentrieren, dass es so schnell wie möglich bewilligt wird. Technisch gesehen ist es leichter, die Nummer Zwei zu sein. Wie es auch heißt: „Morgenstund' hat nicht immer Gold im Mund".

Ein weiteres Beispiel der Miesepetrigkeit war das Debakel bei der Entwicklung der Simulation des „Direct Drive" (DDS). Bevor Bob die Firma verließ, hatten wir ein Projekt laufen für ein System, das die Möglichkeit bot zu zeigen, wie der FMT fantastischen Hi-Fidelity-Klang erzeugen konnte, bevor es einem Patienten implantiert wurde. Wenn auch klar dokumentiert werden konnte, dass der FMT der kleinste elektromechanische Hi-Fidelity-Wandler war, der je gebaut worden war, konnte man nicht von den Leuten, die auf dem Gebiet arbeiteten, und schon gar nicht von den potentiellen Patienten erwarten, dass sie in Ruhe alle Information lesen und die Technologie und Daten verstehen würden, die den Wert des FMTs bewiesen. Wahrscheinlich sind sie schon über meinem eigenen Artikel, der den fantastischen Klang beschreibt, eingeschlafen.

Also hatten wir ein Problem: Wir hatten den FMT, ein wunderbares Gerät, das den besten Klang durch „Direct Drive" erzeugte, den es jemals gegeben hatte, aber nur wenige Leute verstanden wirklich seine Funktionsweise. Bob und ich wollten ein Gerät bauen und den Leuten zeigen, wie gut es war, und es ihnen nicht nur erzählen.

Das Konzept für den DDS („Direct Drive"-Simulator) sollte einen FMT verwenden, der in den Hörkanal des Patienten oder von jedermann, der das hören wollte, gehalten würde. Dann würde ein wenig warmes Wasser in den Ohrenkanal eingeführt. Ohne jetzt Details der Biomechanik anzuführen, wie das genau funktioniert: Die Person würde dann einen bestechend klaren Ton durch „Direct Drive" hören, der vom FMT erzeugt wurde. Wir brachten weiches Silikon an den Enden des FMTs auf, und die Ärzte verwendeten ein bisschen Öl und hielten das Gerät neben das Trommelfell des Patienten. Die Berichte waren hervorragend und alle, die es ausprobierten, waren erstaunt.

Wir produzierten ein schnell entworfenes, aber ausreichendes System, das knapp nach Bobs Weggang von Symphonix herauskommen sollte. Jedem war klar, wie vorteilhaft es wäre, den FMT den Patienten und ihren Familien ohne Eingriff vorführen zu können. Die Möglichkeit, den FMT auszuprobieren, wäre eine hervorragende Methode, um die Patientenzahlen zu steigern, ganz abgesehen davon, dass es sehr cool war. Aber der neue Marketingleiter wollte, dass das Gerät schicker aussah. Er bestand darauf, es in eine maßgeschneiderte Schachtel einzufügen und mit leicht bedienbaren Knöpfen auszustatten. Die Vorschriftenabteilung wollte es einreichen, die Kliniker wollten noch mehr Daten usw.

„Das können wir alles machen, wir können ihm eine Firlefanz-Verpackung verpassen, es in irgendeinem Schicki-Micki-Format bauen, aber das kostet Zeit und viel Geld“, erwiderte ich. „Andererseits, wenn wir es so nehmen wie es ist, ohne Firlefanz und ganz einfach, können wir es in ein paar Monaten draußen haben. Wenn wir es anders machen, dauert es ein gutes Jahr, in dem wir es aber schon verwenden könnten.“

Natürlich wurde die Schicki-Micki-Version beschlossen und das einfache Modell fallengelassen. Ich sollte versuchen, einen firmenexternen Hersteller aufzutreiben, der es in sechs Monaten schaffen könnte. Das tat ich, aber wie bei den meisten Projekten, die eine Bewilligung erfordern, dauerte es ein Jahr. Sobald die Miesepetrigkeit beginnt, verbreitet sie sich seuchenartig und vergiftet alles. Der DDS war das absolut frustrierendste Projekt, an dem ich je gearbeitet habe, aber ich zog es durch.

Trotz allem waren wir bereit für den großen Start der Vibrant Soundbridge. Zweifelsohne hatten alle aus dem Marketingteam ihr Bestes gegeben. Sie haben die erste richtige US-Produkteinführung der Vibrant Soundbridge bei dem wichtigsten Kongress des Jahres hergerichtet, dem Treffen der Amerikanischen Akademie der Otolaryngologen in Denver, Colorado, im Herbst 2001. Die Programme waren gedruckt, die Aufgaben verteilt und unser Stand war beeindruckend. Alle arbeiteten mit, und man konnte die Aufregung spüren. Alle – unsere Investoren, Angestellten und die Außendienstmitarbeiter – schauten zu, als Symphonix sein erstes richtiges Bühnendebut gab. Wir gaben den Ton an, und ich dachte schon, ich hätte mich mit meinen Bedenken in Bezug auf den Marketingchef geirrt.

Das gesamte Management von Symphonix und die Mitglieder des wissenschaftlichen Beirates waren anwesend. Wir hatten alle unsere Außendienstmitarbeiter eingeflogen und ca. 40 Leute von der Firma bei dem Kongress. Wir hatten unseren Stand voll mit den neuesten Displays, Materialien und Werbegeschenken. Wir hatten einen Plan! Wir hatten an der Universität von Denver einen riesigen Schläfenbein-Workshop eingerichtet, wo Chirurgen an 50 Stationen die Installation der Vibrant Soundbridge lernen und üben konnten, wir hatten 50 Programmierstationen, um Audiologen zu zeigen, wie man das Gerät programmiert. Wir hatten fünf unserer Patienten, die das Gerät erfolgreich verwendeten, eingeflogen, damit sie den Ärzten und Audiologen erzählen konnten, wie das Implantat ihr Leben positiv verändert hatte, und Fragen beantworten konnten. Ich war erschöpft, wir alle waren erschöpft. Unsere Anwesenheit war toll, unsere Leute waren toll, und unser Stand war fantastisch. Das war der große Start. *Zehn, neun, acht, sieben, sechs ...*

Das Programm dieses Tages sah am Vormittag eine gemeinsame Versammlung mit den Audiologen und den Ärzten vor. Nachmittags würden die Ärzte in der entsprechenden chirurgischen Technik ausgebildet werden, die Audiologen ein praktisches Programmiertraining erhalten, und es würde eine Frage- und Antwortstunde mit erfahrenen Soundbridge-Programmierern und echten Patienten geben. *Fünf, vier, drei ...* Anschließend luden wir zu einem Cocktailempfang und dann zum großen Galadiner. *Zwei!*

Um 10.30 Uhr nach der Vormittagssitzung wollten wir gerade in die Kaffeepause, als die Normalität abrupt zum Stillstand kam. In der Lobby gab es ein kleines Fernsehgerät, und die Leute scharten sich darum herum. In den Gesichtern war völliges Unverständnis zu lesen, Tränen flossen, und eine eigenartige, stoische Stille machte sich breit, da jeder die Übertragung hören wollte. Der Start der Vibrant Soundbridge, der erfolgloseste Start eines neuen medizinischen Geräts in der Geschichte, hatte am katastrophalsten Tag stattgefunden, den man sich denken konnte. *Stoppt den Countdown.* Es war der 11. September 2001.

Die Menge hielt den Atem an, als jemand rief: „Das World Trade Center ist gerade eingestürzt! Die USA werden angegriffen!"

Ich rannte hinüber und schaute ungläubig und geschockt zu. Viele der Banker, die uns beim Börsengang geholfen hatten, arbeiteten im World Trade Center, und einige von ihnen waren jetzt tot oder starben gerade. Ich zitterte. Dann fand ich Kirk Davis.

„Wir haben viele Leute hier", sagte ich zu ihm. „Sie und ich müssen sofort hinausgehen und jedes Mietauto mieten, das wir finden können, damit die Leute zumindest nach Hause kommen. Alles andere können wir vergessen."

„Es wird schon okay sein", versicherte mir Kirk. „In ein oder zwei Tagen kommen wir da raus."

Ich war sprachlos, und die Gedanken, die ich in jenem Moment hatte, sind nicht druckreif.

„Jemand hat gerade zwei Flugzeuge als Waffen verwendet und das World Trade Center zerstört. Es wird wochenlang, wenn nicht monatelang keine Flüge geben! Wir müssen die Autos sofort mieten, bevor alle weg sind. Den Start können wir vergessen."

Kirk hielt mich für verrückt.

„Geoff, Mann, beruhige dich."

Ich wusste, dass uns die Zeit davonlief, rannte hinaus, sprang in ein Taxi und fuhr zur nächsten Hertz-Mietwagenstation.

Ich ging hinein und verlangte zehn Mietwagen.

Die Angestellte schaute mich verwundert an. „Sie wollen was?", fragte sie ungläubig.

„Oh, und noch zwei Vans."

Sie schaute mich an und sagte: „Ich habe nur sechs." Sie fügte hinzu, dass sie noch nie nach sechs Autos gefragt worden war.

„Das ist ja auch kein normaler Tag", entgegnete ich.

Meine Gedanken schienen sich fast zu überschlagen, waren aber auf eigenartige Weise kristallklar. Es war fast wie eine Out-of-Body-Erfahrung.

Ich dachte, *jemand hat gerade die USA mit Flugzeugen angegriffen. Wir befinden uns im Krieg mit jemandem und Tausende sind gestorben. Unser Start ist zu Ende. Die Aktienkurse werden in den Keller rasseln, auch unsere. Symphonix ist in riesigen Schwierigkeiten. Wir alle sind das.*

Ich musste an die Leute in diesen Türmen denken, die ich kannte. Letztendlich wurde es noch viel schlimmer, als ich es mir vorgestellt hatte, es war ein Albtraum.

Am 11. September 2011 schaute ich mit dem Rest der Welt entsetzt zu, wie das World Trade Center zusammenbrach. Ich wusste nicht, dass damit auch meine Träume für Symphonix zusammenbrachen. Meine Firma starb eigentlich an diesem Tag, und damit auch ein Teil von mir mit all den Plänen und Träumen, die ich für die Zukunft gehabt hatte. Ich musste meine Träume vergessen und auf einem neuen Weg neu anfangen. Im Vergleich zu den anderen jedoch, die ihr Leben oder ihre Liebsten an diesem tragischen Tag verloren, oder zu denen, die ihre Zukunft neu gestalten mussten, hatte ich Glück und war dankbar, eine zweite Chance zu haben. Als ich zum Konferenzzentrum zurückkam, waren bereits alle Veranstaltungen abgesagt. Der Kongress war vorbei. Es gab kein Galadiner. Und es gab auch kein Mietauto mehr in ganz Denver.

Um fünf Uhr nachmittags versammelten wir bedrückt das Symphonix-Team in der Lobby des Konferenzhotels. Wir saßen da und schauten uns an. Der größte Mietwagen würde nach Nordosten fahren und die Leute unterwegs absetzen. Ich fuhr einen anderen Wagen Richtung Südwesten. Kirk und ich würden mit zwei Autos nach Kalifornien zurückfahren, und die zwei anderen Wagen fuhren Richtung Süden und dann nach Los Angeles. Wir packten alles zusammen und verabschiedeten uns. Ich war die meiste Zeit der langen Fahrt zurück nach Kalifornien am Steuer. Während des gesamten Weges ließ mich das Gefühl der Bedrohung nicht los, und mein Magen war verkrampft.

Einerseits wusste ich, dass meine Firma ein äußerst hartes, wenn nicht aussichtsloses Jahr vor sich hatte. Die Ereignisse dieses Tages haben all unsere harte Arbeit und unseren Erfolg hinweggefegt. Fünfzehn Jahre Arbeit, die ich persönlich investiert hatte, schienen nutzlos. Gleichzeitig kamen mir meine Sorgen kleinlich und egoistisch vor angesichts der Ereignisse in New York, Washington und Pennsylvania. Die ganze Nacht über hörten wir die Berichte im Radio des Mietautos, das eines der zehntausenden war, die in den frühen Morgenstunden des 12. September durch ganz Amerika fuhren. Wie würde meine Firma, mein Baby, das überstehen?

Als wir die großen Wüsten des amerikanischen Südwestens durchquerten, hatte ich ein unheimliches Erlebnis. Um Mitternacht war Straße dunkel und leer: nirgends ein Licht außer Wetterleuchten in der Ferne, kein Verkehr. Die anderen schliefen, und ich chauffierte, in Gedanken über die Angriffe versunken. Plötzlich schlug ohne Vorwarnung unter ohrenbetäubendem Krachen ganz in der Nähe ein Blitz ein. Dann noch einer. „Krach!“ *Jetzt müssen wir wirklich von vorne anfangen,* dachte ich. „Krach!“ *Das wird ein hartes Jahr werden.* „Krach! Krach! Krach!“ *Keine Ahnung, was die Zukunft bringen wird.* Jedes „Krach!“ klang, als ob Gott eine Aussage machen würde.

Zwei Wochen vor dem 11. September waren Sabina und ich auf der Hochzeit meines guten Freundes und Golfpartners Rick Adams gewesen. Der Bräutigam war in dem Flugzeug, das den zweiten Turm traf. Myra, seine Braut, war am Boden zerstört. Angesichts solcher Tragödien scheint es unpassend zu sein, anzuführen, dass Symphonix und viele andere junge Firmen ebenfalls Opfer dieses Ereignisses waren. Schon vor 9/11 war die Internetblase Realität. Firmen mit Spekulationsaktien, die vielleicht noch Jahre vom kommerziellen Erfolg entfernt waren, wurden an den Kapitalmärkten besonders hart getroffen. Vor dem 11. September lag die Symphonixaktie, die seit ihrem Höhepunkt von 17 Dollar gefallen war, bei sechs Dollar. Als die Börse nach dem 11. September wieder öffnete, brach unsere Aktie ein und erholte sich nie mehr. Noch schlimmer war, dass die Leute nach 9/11 sechs Monate lang nicht daran dachten, ihre Schwerhörigkeit behandeln zu lassen. Das ganze Land schien in posttraumatischem Stress gefangen.

Das Debakel steigerte sich noch, als eine neue Form der Probleme mit Mittelohrimplantaten auftauchte. Als nach dem 11. September unsere Aktie so tief stand (weniger als zwei Dollar pro Aktie), dass NASDAQ drohte, den Handel auszusetzen, wollten einige unserer Ärzte keine VSB mehr implantieren, weil sie glaubten, dass Symphonix verschwinden würde. Sie hatten ihr Vertrauen in die Firma verloren, weil sie dachten, wir würden in Konkurs gehen. Die Ironie lag darin, dass wir noch jahrelang am Markt gewesen wären und unser Aktienkurs auch wieder irgendwann einmal gestiegen wäre, hätten sie auch nur eine bescheidene Anzahl an Implantaten eingesetzt. Durch die Annahme, dass es Symphonix bald nicht mehr geben würde, dadurch dass sie aufgrund unseres Aktienkurses unsere Produkte nicht mehr verwendeten, schufen sie eine selbsterfüllende Prophezeiung. Das gilt für jedes Produkt. Wenn es zum Beispiel eine weltweit führende Schrittmacherfirma gäbe und alle Ärzte mit einem Schlag diese Schrittmacher nicht mehr verwenden würden, weil sie an der Zukunft der Firma zweifelten, würde selbstverständlich der Aktienkurs der Firma fallen, und ohne Verkäufe würde die Firma irgendwann einpacken müssen.

Das einzig Gute an der Finanzkrise von 2010 ist, dass ich jetzt über Leerverkäufe und deren Auswirkungen auf Symphonix reden kann, ohne paranoid oder verrückt zu klingen. Zwischen 2006 und 2007 wetteten Goldman Sachs und viele andere gegen Produkte, die sie ihren eigenen Kunden verkauften. Gleichzeitig sicherten sie diese Verkäufe mit einem Dickicht an Transaktionen ab. Die Moral der Geschichte ist, dass diese Unternehmen Öl in das Feuer der amerikanischen Hypothekenkrise gossen und die Weltwirtschaft gleich mitverheizten. Wozu?

Szenenwechsel zu Symphonix, direkt nach dem Börsengang. Zu dem Zeitpunkt war Symphonix das einzige börsennotierte Unternehmen, das Mittelohrimplantate herstellte. An der Börse gehandelt zu werden, hat den Vorteil, dass man durch den Börsengang Zugang zu frischem Geld bekommt, und wenn die Aktienpreise hoch sind, zusätzliche Kapitalerhöhungen durchführen kann. Der Nachteil ist, dass die Bilanzen öffentlich zugänglich werden. Wenn eine Firma wirtschaftliche Turbulenzen erfährt, und sei es nur für kurze Zeit, läuft sie Gefahr, von den Finanzmärkten bestraft zu werden, manchmal auch zu unrecht. Firmen können auch überbewertet werden, aber Leerverkäufe dienen theoretisch gerade dazu, Bewertungen wieder näher an die Realität heranzuführen.

Symphonix ging 1998 an die Börse. Kurz danach ermöglichte die Entstehung von Yahoo Finance und ähnlichen Websites jedem mit einem funktionierenden E-Mail-Account, anonyme Kommentare abzugeben. Die Kommentarseite von Symphonix (NASDAQ: SMPX) wurde dadurch zum Blitzableiter für Leerverkäufer. Schon am ersten Tag ging es los. Ich hatte schon davor mit Aktien gehandelt und virtuelle Pinnwände gesehen, also wusste ich, dass im Internet billige Aktien oft hochgelobt und dann fallengelassen werden. Einmal kamen etwa die ReSound-Aktien unter die Räder. Was Symphonix widerfuhr, fiel in eine andere Kategorie. Unsere Nachrichtendichte war rekordverdächtig. Ich erinnere mich heute noch an die Betreffzeilen.

JAWS: „SMPX geht unter, unter, unter. CEO weg. Wer ist der nächste? Verkauft diesen Stinker!"

SSHORTX: „Dieser Hund bellt nicht, aber ich beiße. Ich bin raus, bevor die untergehen."

Es hörte nicht auf, war brutal und legal.

Es war auch unseren Mitbewerbern erlaubt, unsere Aktien zu handeln. Firmen, die uns auf die Pelle rücken wollten, konnten die SMPX-Aktien leer verkaufen, um den Preis in den Keller zu treiben. Das rückte zukünftige Kapitalerhöhungen in weite Ferne und schädigte unseren Ruf, was unseren Handel weiter drückte.

Natürlich habe ich weder Rechnungen noch sonstige Aufzeichnungen, die zeigen, dass unsere Mitbewerber unsere Aktien runtergedrückt haben. Ich werde sie auch nicht bekommen. Schließlich sind solche Transaktionen rechtmäßig, und es gibt keine Pflicht zur Offenlegung. Genauso wie es den großen Banken erlaubt war, gegen ihre eigenen Kunden zu wetten, war es unseren Rivalen gestattet, SPMX-Aktien leer zu verkaufen. Vielleicht war es auch zulässig, unsere Online-Pinnwände zu missbrauchen, um den Preis in den Keller zu treiben. Jedenfalls aber war es für Symphonix unmöglich, zwischen 1999 und 2001 diesen Praktiken nachzuspüren oder ihnen gar ein Ende zu setzen. War es nun so, wie ich vermute? Ich zweifle nicht im Geringsten daran, dass meine Konkurrenten mit unseren Aktien handelten, vielleicht sogar im Glauben, dass sie einmal zulegen könnten. Jeder mit einem halbwegs seriösen MBA hätte sich ausrechnen können, dass man uns mit ein oder zwei Millionen Dollar aus dem Weg räumen und dabei noch eine Stange Geld verdienen konnte. Eine kleine Zahlung an eine der kleinen Firmen, die in den Chatrooms und Gerüchteküchen des Internets ihr Unwesen treiben, hätte gereicht, um unsere Aktien abzuschießen.

Ich habe über die Jahre viele Gerüchte über derartige Vorgänge gehört. Ich war mir nie sicher, was ich glauben sollte, aber ich weiß, was ich gesehen habe. Ich bin kein Börsenprofi oder hauptberuflicher Leerverkäufer, aber die Ereignisse auf unseren Pinnwänden waren nicht mit denen anderer Firmen vergleichbar. Wo es raucht, da brennt es. Ich jedenfalls habe einen Feuersturm miterlebt. War

Symphonix für andere eine Gefahr, so konnte man sie für wenig Geld bannen. Man konnte dabei sogar Geld verdienen, und das legal. Wer würde das nicht tun? So laufen Geschäfte. Finde ich das richtig? Nein. Bin ich enttäuscht? Natürlich, es war ja meine Firma. Aber so sind nun einmal die Kapitalmärkte.

In Zukunft wird das Spekulieren an Börsen hoffentlich besser reguliert und das Leerverkaufen eingedämmt. Die bestehenden Gesetze gegen Kursmanipulation müssen durchgesetzt werden. Meiner Meinung nach müssen raubtierhafte Leerverkäufe verboten und die Kursmanipulationen beendet werden. Unternehmen und Insider sollten nie in ihrem eigenen Geschäftsfeld handeln dürfen. Punkt.[8] Das ist besonders für jene Unternehmen wichtig, die neu auf dem Kapitalmarkt sind. Obwohl ich der festen Überzeugung bin, dass meine Firma ein Opfer des Leerverkaufens wurde, sehe ich ein, dass derartige Praktiken mitunter auch wichtig sind, um Aktien vor Überbewertungen und Märkte vor der Überhitzung zu schützen. Es sollte aber genau untersucht werden, wer wie Leerverkäufe tätigt. Goldman Sachs hätte niemals die Aktien anderer Investmentbanken kaufen dürfen oder auf das Platzen der Immobilienblase wetten. Da wurde Sauerstoff ins Feuer gepumpt, und so etwas tut man nicht. Ganz zu schweigen davon, dass sie vermutlich auch noch mit Insiderinformationen handelten.

Die Auswirkungen des geringen Kaufvolumens in den USA und der strauchelnden Siemens-Mannschaft in Europa waren fatal. Die Leerverkäufer verdienten sich an SMPX dumm und dämlich. Zu allem Überfluss riefen Ärzte an und meinten, dass sie keine Geräte einpflanzen könnten, weil die Firma vor dem Konkurs stehe und keine Gewährleistung mehr übernehme. Kirk hatte, gemeinsam mit Terry Griffin, unserem neuen CFO, sogar noch zusätzliches Kapital beschafft, aber wir bluteten aus unseren Bilanzen. Die Stimmung nach 9/11 machte es außerdem unmöglich, unseren Cashflow planmäßig zu entwickeln. Wir mussten Einschnitte vornehmen.

---

8 So sollte z. B. ein Manager der Autofirma Y nicht Aktien seines Konkurrenzunternehmens X halten dürfen.

Kirk wollte an der Plattform für komplett implantierbare Technologie weiterarbeiten, die etwa zu 60 Prozent fertig war und voraussichtlich in neun Monaten für klinische Tests vorbereitet werden konnte. Er glaubte fest daran, dass die Plattform für unseren Erfolg ausschlaggebend sein konnte und wollte sie nicht aufgeben. Adele Olivia, eine der neuen Direktorinnen im Symphonix-Vorstand, beschwor Kirk daraufhin, massive Einschnitte einzuleiten, um Kapital zu sparen und uns auf dem Markt Zeit zu kaufen. Kirk glaubte aber an uns und daran, dass Symphonix noch die Kurve kratzen konnte. Die Welt hatte sich aber ohne uns weitergedreht. Das war nicht Kirks Schuld.

Im Mai 2001 fingen wir an zu kürzen, und die Entwicklung der implantierbaren Technologie wurde gedrosselt. Es schmerzte zuzusehen, als wir gute Leute entließen. Unsere Aktien notierten weiterhin unter zwei Dollar, und wir drohten aus dem NASDAQ zu fliegen. Es war beinahe unmöglich geworden, an mehr Liquidität zu kommen.

Viele glaubten, dass die Firma gerettet werden könnte, wenn Medicare die Kosten der Vibrant Soundbridge übernähme. Sollte Medicare das Produkt abdecken, würden nicht nur Patienten die Mittel für die Soundbridge rückerstattet bekommen, auch private Versicherer hätten sie in ihr Programm aufnehmen müssen. Ich verwies immer wieder darauf, dass viele Versicherer, wie Aetna, damals schon einen erheblichen Anteil der Kosten übernahmen. Aber das wussten nur wenige außerhalb unseres Erstattungsbüros, das nur aus einer Person bestand. 60 Prozent der Versicherten, die von ihrer Versicherung eine Soundbridge forderten, bekamen sie rückerstattet. Je besser wir die Behördengänge und Verwaltungstricks verstanden, desto höher wurde der Anteil positiver Anträge. Wir waren auch für das gesamte Militär zugelassen, inklusive Familienangehörige und Pensionisten. Gemeinsam mit unserem Vertreter an der Westküste hatte ich die erste Implantierung im San Francisco Veterans' Association Krankenhaus eingefädelt. Die VA ist weltweit der größte Käufer von Hörgeräten, und bei der hohen Inzidenz von Gehörlosigkeit im Militär wäre allein die Präsenz auf dem Militärmarkt schon ein Riesenerfolg gewesen. Nach meiner Rechnung hatten zwölf Millionen Menschen in den USA Zugang zu einer Finanzierung für die Soundbridge.

Ich sagte immer: „Wir müssen mehr Leute anstellen, um die Versicherungsanträge auszufüllen!"

Wir ließen nichts unversucht: Vertriebsverträge, strategische Partnerschaften, Lizenzbeteiligungen und noch viel mehr. Die anderen Firmen waren schlussendlich immer nur am implantierbaren Mikrofon und der komplett implantierbaren Technologie interessiert. Weil aber diese Technologie so neu war, taten sich die Interessenten bei der Bewertung äußerst schwer. Symphonix war seiner Zeit einfach zu weit voraus.

Im August 2002 fiel die Entscheidung von Medicare gegen uns aus: Man würde die Vibrant Soundbridge nicht finanzieren. Um noch etwas Salz in die Wunde zu streuen oder vielleicht nur um mich zu ärgern, ordneten sie die Vibrant Soundbridge als Hörgerät ein – genau die Art von Apparat, die zu ersetzen ich mein ganzes Leben lang gearbeitet hatte. Das war der Nagel im Sarg von Symphonix.

Viele Jahre später erfuhr ich, dass in dem Entscheidungsgremium drei Leute saßen. Davon stimmte einer für uns, und zwei stimmten dagegen. Von den zweien hatte einer enge Verbindungen zu unseren Hauptkonkurrenten, und auch der andere kam aus der Hörgeräteindustrie. Davon abgesehen, dass dieses Gremium offensichtlich befangen war, ist es besonders traurig, dass viele Hörgerätehersteller Implantaten feindselig gegenüberstehen, obwohl sich die beiden Produkte bestens ergänzen.

Ich erfuhr auch erst viel später, wie die Personen in diesem Gremium die Soundbridge aus Sicht von Medicare definierten. Sie erklärten Mittelohrimplantate schlichtweg zu Hörgeräten. Wie konnte das sein? Das sind doch zwei völlig unterschiedliche Technologien. Und wenn sie sich so ähnelten, wieso fürchteten dann die Hersteller von Hörgeräten die Implantate?

Ich ärgere mich heute noch über dieses Urteil, durch das in vielerlei Hinsicht Unrecht geschah. Es ist besonders für mich unverständlich, der ich mein ganzes Leben lang danach strebte, Gehörgeschädigten mit anderen Mitteln als Hörgeräten zu helfen, wie man unser Implantat als Hörapparat bezeichnen konnte. Es brach mir das Herz, dass zwei oder drei Leute an den Worten herumfeilschen konnten, bis von meiner Erfindung nichts mehr übrigblieb. Das werde ich nie verstehen.

Zum Ersten, zum Zweiten und ... zum Dritten

„You do not merely want to be considered
just the best of the best.
You want to be considered
the only one who does what you do."

Jerry Garcia

Auch wenn es rückblickend kaum verständlich erscheinen mag, war ich damals doch davon überzeugt, dass Symphonix nur an Wachstumsschmerzen litt und wir das Negative der Situation einfach ignorieren und durchtauchen sollten. Ich musste davon überzeugt sein, denn sonst wäre ich verrückt geworden. Die Kündigungen waren schrecklich gewesen, doch gegen Ende des Sommers 2002 war ich mir sicher, dass wir wieder auf Schiene waren. Der neue Marketingdirektor hatte Symphonix verlassen, weil er doch nicht nach Kalifornien ziehen wollte. Das überraschte mich nicht.

John Luna wurde befördert und übernahm den Verkauf. Den ganzen Mai, Juni, Juli und August kamen John und sein Team gut voran. Sie konnten eine Menge Aufträge an Land ziehen, steuerten die geplanten Verkaufsziele gut an bzw. erreichten sie.[9] Die Vorhersagen für das dritte und vierte Quartal waren sehr positiv. Ich war viel mit John herumgereist, um ihn als Firmensprecher zu unterstützen, und konnte den beginnenden Aufschwung miterleben. Der August 2002 war ein hervorragender Monat. Ich begleitete diesen Sommer John und sein Team zu vielen Implantationszentren und vielen gut besuchten Patientenseminaren. Wir vermeinten, das Licht am Ende des Tunnels zu erkennen. Doch dann beschloss der Aufsichtsrat weitere Kündigungen, und uns

9 Ein wesentlicher Punkt dabei war, dass ein gebuchter Auftrag und ein tatsächlicher Auftrag nicht dasselbe waren. Zwischen gebuchten Aufträgen und tatsächlicher Bestellung verging oft zu viel Zeit, besonders wenn wir auf Bewilligungen der Versicherungen warten mussten. Andererseits kam selten eine Bestellung herein, die vorher nicht gebucht war.

verblieb nur noch das notwendigste Personal. Die IT-Entwicklung wurde ausgesetzt.

Die große Ironie dieser zweiten Runde von Kündigungen lag im Zeitpunkt: Er fiel mit der Aktivierung des ersten Soundbridge-Implantats eines Veteran-Affairs-Patienten zusammen. Ich war sowohl bei der Implantation als auch bei der Aktivierung im VA-Spital in San Francisco dabei. Wie bereits erwähnt, ist das Department für VA der größte einzelne Käufer von Hörgeräten in der ganzen Welt, und ich wusste, was es bedeutete, dort hineinzukommen.

Im späten August fuhr John Luna auf eine Werbetour durchs Land, wobei wir uns auf Militärspitäler konzentrierten. Die Soundbridge war bewilligt worden, und geschätzte sechs Millionen aktive und frühere Armeeangehörige würden volle Versicherungsleistungen für die VSB erhalten. Wir fuhren zu den wichtigsten Einrichtungen, überlegten, wie wir die Hörgeschädigten dieser Gruppe am besten erreichen könnten und finalisierten die neuen Soundbridgeprogramme für das Militär. Alles lief so gut und die Implantationszentren zeigten sich so interessiert, dass wir in Hochstimmung waren. Die Bücher füllten sich mit Aufträgen. Unsere letzte Station war das Walter Reed Army Medical Center in Washington. Es war ein besonderer Ort, und ich freute mich darauf, dass ein Produkt, das im VA erforscht worden war, unseren Truppen helfen könnte. Dr. Brian McKinnon war anwesend, und die Walter-Reed-Belegschaft hatte Dr. Spindel geholt, um über den Status von Mittelohrimplantaten am Zentrum zu sprechen. Es war eine sehr gute Veranstaltung. Am Ende waren wir erschöpft, aber das Licht am Ende des Tunnels schien heller zu leuchten.

Die anderen Mitglieder des Teams flogen von Baltimore ab, aber mein Flug ging vom Dulles Airport, auf der anderen Seite der Stadt. Dr. Spindel flog ebenfalls ab Dulles, also nahm er mich mit. Auf halbem Weg zum Flugplatz läutete mein Telefon.

„Geoff, hier ist Kirk.“ Es war eigentlich etwas ungewöhnlich, dass mich Kirk auf meinem Handy anrief, noch dazu spät am Freitagabend.

„Hey, Kirk. Es ist gut gelaufen heute am Walter Reed. Eigentlich super.“

„Hm, fein, gut. Wir hatten gerade einen Anruf vom Aufsichtsrat." Der Board hatte mit Konferenzschaltungen zwischen den vierteljährlichen formellen Sitzungen begonnen, um die Mitglieder über Symphonix auf dem Laufenden zu halten.

„Aha?"

„Ja, Geoff. Schlechte Neuigkeiten: Sie haben beschlossen, die Firma zu schließen."

„Sag das noch einmal?" Ich dachte, ich höre nicht recht.

„Tut mir leid. Symphonix ist am Ende", antwortete Kirk.

Die eigenartigsten Gefühle überschwemmten mich. Es war, als ob all meine Neuronen abgeschaltet wären und ich in völliger Dunkelheit an einem erdfernen Ort triebe. Es gibt keine Worte, um das zu beschreiben.

Ich kann mich nicht erinnern, wie das Telefonat mit Kirk endete. Dr. Spindel erzählte mir, dass ich nur stammelte: „Oh Gott, was soll ich tun?" Ich kann mich an nichts erinnern, auch nicht an den Flug zurück nach Kalifornien. Ich erinnere mich nur, dass ich wütend, aufgeregt, ängstlich, entsetzt und ungläubig zur gleichen Zeit war. Ich erinnere mich an die widerstrebenden Gefühle, die mich zu zerreißen schienen. Ich erinnere mich an die Erschütterung angesichts der Tatsache, dass mein Lebenswerk frühzeitig beendet werden musste. Die Realität war brutal. Ich war zu geschockt, um weinen zu können, doch vielleicht wusste ich auch, dass ich dann nicht mehr hätte aufhören können zu weinen.

Sofort nach Ankunft fuhr ich zu Kirks Haus in Los Gatos, nicht weit von dort, wo Harry gewohnt hatte, um mit ihm zu sprechen. Kirk tat alles, um den Schock für mich zu lindern. Ich war mit Kirks Führungsstil nicht immer einverstanden, aber er war der netteste Mensch, den ich je getroffen habe, und er half mir durch den Untergang der Symphonix.

„Aber hast du ihnen nicht von dem VA erzählt, vom Heer?", fragte ich ihn. „Hast du ihnen von all den Bestellungen erzählt, die wir schon haben? Haben sie verstanden, wie gut wir bei den Versicherungen dastehen? Wir haben Bestellungen! Viele! John meint, wir werden die Verkaufsziele erreichen oder sehr in die Nähe kommen. Die Verkaufszahlen steigen doch. Wir müssen nur noch mehr Versicherungsformulare kriegen. Wir brauchen dafür nicht CMS, wir haben genug nur mit Aetna!"

„Geoff, es ist vorbei. Der Traum ist vorbei", sagte Kirk so nett und bestimmt, wie er konnte.

Das war's. Innerlich bin ich gestorben. Ich sah meine Träume den Bach hinunterschwimmen. Ich fühlte mich wie auf dem Tanzparkett ohne Partner, wenn die Musik aufhört und das Licht abgedreht wird.

Montagfrüh kehrte ich ins Symphonix-Hauptquartier zurück. Der Plan sah vor, die Belegschaft auf ein Minimum zu reduzieren und das Firmenvermögen als Gesamtes zu verkaufen. Es war eine fürchterliche Lage, in der wir uns befanden. Mögliche Käufer wurden benachrichtigt. Wir waren schon oft mit potentiellen Käufern und strategischen Partnern im Gespräch gewesen, doch kam es nie zu konkreten Angeboten. Wenn uns die magische Kristallkugel 9/11 und den negativen Bescheid von CMS gezeigt hätte, hätten wir uns wahrscheinlich schon früher und intensiver um einen guten Deal bemüht. Aber das konnte niemand wissen. Der Kurs, den Kirk für unser gutes Schiff Symphonix vorgesehen hatte, war in dem Glauben an unser Produkt verankert, und wir alle dachten, das wäre der richtige Kurs.

Ich hatte die Technologie 1992 erfunden, und jetzt, nachdem ich zehn Jahre lang fast meine gesamten wachen Stunden für ihren Erfolg eingesetzt hatte, fühlte ich mich betrogen. Es ist mir schon klar, dass das nach sauren Trauben klingt, aber ich habe nie die Chance erhalten, meinem Produkt in meinem Heimatland, den USA, ein ganzes gewöhnliches Geschäftsjahr lang zu einem guten Start zu verhelfen. Ich weiß, dass auf Symphonix auch ohne 9/11 große Herausforderungen zugekommen wären, die sie möglicherweise auch untergehen hätten lassen – vielleicht früher, wahrscheinlich viel später. Die Statistik zeigt, dass die Karten immer gegen junge Ventures sind, und wahrscheinlich wäre Symphonix auf jeden Fall untergegangen. Aber ohne 9/11 hätte unser Schiff auch zu einer anderen Zeit Land erreichen können. Vielleicht hätten wir die Zeit gehabt durchzuatmen. Hätten wir eine normale

Chance gehabt, wäre mir die Niederlage sicher leichter gefallen. Ich wurde im Innersten von einer Angst erfasst, die mich betrogen, verraten hat und zukunftsängstlich zurücklässt, und sie wird wahrscheinlich nie ganz verschwinden.

Bis heute spüre ich, wie irgendein Idiot gerade dann „Feuer" schrie, wenn wir auf die Bühne kommen sollten, und jeder weglief. Das ist eine bittere Pille für mich.

Symphonix war eine gute Firma. Es machte Spaß, dort zu arbeiten, es wurden gute Produkte erzeugt, die in der Gesellschaft gebraucht wurden. Es arbeiteten großartige, talentierte Leute dort. Wir hatten gerade erst angefangen, und die Soundbridge sollte Symphonix' erstes Produkt sein. Es gab noch viel zu entdecken. Wir machten Riesenfortschritte und brachten die erste wirkliche Alternative für Gehörlose auf den Markt. Und gerade als wir Schwung nahmen – hupps, tut uns leid. Das Spiel ist aus.

Rückblickend muss ich sagen, dass es wahrscheinlich äußerst hilfreich gewesen wäre, wenn mehr Ärzte auf Firmenebene involviert gewesen wären. Wir hatten viele amerikanische Ärzte, die fest an uns glaubten: Dr. Leutje, Dr. Hough, Dr. Baker, Dr. Maw und Dr. Roberson, um nur einige zu nennen. Aber es gab zu viele andere, die zu konservativ waren. Wäre ich ein Chirurg gewesen, wäre es mir wahrscheinlich auch gelungen, mehr Leute von dieser Technologie zu überzeugen, auch wenn sie ein radikal neues Konzept darstellt. Einige Ärzte sagten mir, dass sie kein Produkt implantieren würden, solange wir nicht zehn Jahre klinischer Erfahrung aufweisen könnten. Diese Gespräche verliefen meist so:

Arzt: „Ich sage nur, dass ich die Zehnjahresdaten sehen will. Wie wird es in zehn Jahren sein?"

GB: „Zehn Jahre? Verwenden Sie eine neue Technologie erst, wenn sie zehn Jahre alt ist?"

Arzt: „ Nein, das meine ich nicht."

GB: „ Dann können Sie mir sagen, was im Mittelohr in zehn Jahren passieren wird, was nicht auch in den ersten drei Monaten oder einem Jahr passiert?"

Arzt: „Das weiß ich nicht. Deshalb möchte ich ja warten und die Daten in zehn Jahren anschauen."

GB: „Die VSB ruft keine Erkrankung hervor und alle Teile sind körperverträglich. Die Mittelohrgewöhnungsphase ist meist drei Monate nach dem Eingriff abgeschlossen. Wenn etwas passieren sollte, müsste es einen Mechanismus haben. Und welcher Mechanismus sollte das sein? Den Zellen wachsen nicht irgendwelche Arme oder Beine, mit denen sie dann gezielt den Wandler bewegen, um den FMT zu verrücken."

Arzt: „Ich weiß eben nicht, was passieren könnte. Und das können wir auch nicht wissen, bevor wir nicht die Daten haben."

GB: „ Welche Daten?"

Arzt: „Die Zehnjahresdaten."

GB: „ Die Daten, die zeigen, dass nichts passiert ist?"

Arzt: „Idealerweise ja."

Ich habe schnell gelernt, dass diese Unterhaltungen zu nichts führen. Wäre Soundbridge von einem Chirurgen erfunden worden, hätte das möglicherweise die Skeptiker überzeugen können. Egal ob sie es wirklich brauchten oder nicht, zu viele Chirurgen wollten einfach Zehnjahresdaten, um sich sicherer zu fühlen. Das verstehe ich ja einerseits, andererseits kann man so eigentlich nie eine neue Technologie einführen. Rückblickend gesehen glaube ich, dass ein Chirurg als Erfinder wahrscheinlich viele Zweifel leichter ausgeräumt hätte. Ich hatte immer das Gefühl, dass ich als Nicht-Chirurg mehr beweisen müsste. Einmal hörte ich einen Chirurgen sagen: „He, das ist der Junge mit der Dose." So zu denken, ist natürlich nicht besonders hilfreich. Auf eigenartige Weise hatten die Zehnjahrestypen sogar Recht: Neue Technologie im medizinischen Bereich braucht schrecklich lange – manchmal zehn oder 20 Jahre – bevor ihre Einsatzraten signifikant steigen.

Wenn mehr US-Gruppen bereit und willens gewesen wären, diese Technologie anzunehmen, hätte das Gerät zur Behandlung von gemischter und Schallempfindungsschwerhörigkeit zuerst in den USA eingesetzt werden können, wo es erfunden wurde. Als ich meine Karriere in den mit Schwerhörigkeit befassten Wissenschaften begann, waren die Vereinigten Staaten führend bei der innovativen Behandlung von Gehörverlust. Jetzt habe ich eher den Eindruck, dass sich die Amerikaner zurücklehnen und den Europäern bei der Innovation zuschauen. Viele US-Medizingerätefirmen führen ihre wichtigen klinischen Versuche im Ausland durch. Die neueste und spannendste Technologie wird exportiert und zuerst in anderen Ländern eingesetzt. Früher oder später werden die Innovationen gleich im Ausland geschehen.

Einige meinen, dass die innovative Medizingerätebranche zunehmend abwandert, weil sie in den Vereinigten Staaten nicht so arbeiten kann, wie sie möchte. Das erstaunt mich, und ich kann nicht glauben, dass das der Weg ist, den die USA gehen wollen. Aber offensichtlich schauen die USA nur untätig zu, wie ihre Führungsposition in Schlüsselgebieten dahinschwindet. Was ist mit den offenen Armen für neue Ideen und ihrer Verwirklichung? Wir können die Schuld nicht nur auf Versäumnisse, Anwälte und Vorschriften abschieben. Sobald wir so weit sind, dass der innovative Geist stranguliert wird, müssen wir nicht alle dagegen einschreiten?

In einem letzten Versuch, Geld aufzutreiben, sprachen Terry Griffin und ich mit den wenigen Banken, die noch bereit waren, überhaupt mit uns zu sprechen, aber es gab keine Bieter. Terry hatte an alle Konkurrenten und potentiellen Käufer Briefe geschrieben, in denen er den Ausverkauf von Symphonix ankündigte.

Jon Luna und ich hatten einen letzten Notfallplan ausgebrütet: Wir dachten, wenn wir genug Geld auftreiben könnten, könnten wir irgendeine Art von „Neustart" finanzieren oder zumindest das Bestehen der Firma sichern, bis sich die Märkte erholt hätten. Die Tatsache, dass Symphonix an der Börse gehandelt wurde, erlaubte keine anderen Optionen, und die Kosten anderer Alternativen waren zu hoch. Also sprachen wir mit Greg Onken in seinem Büro in der Bear Street. Greg war eine der Schlüsselfiguren im Cowen-Team, das unseren Börsengang abgewickelt hatte. Er wand sich in seinem Stuhl, als wir unbeholfen zu formulieren versuchten, was wir tun könnten, aber wir waren verzweifelt und wollten einfach irgendwie die Firma retten.

Greg hörte höflich zu und meinte schließlich: „Ihr habt ja offenbar gar keine Ahnung, was ihr eigentlich wollt, außer sechs bis zehn Millionen. Da sehe ich keine Möglichkeit."

Wir untersuchten jede Möglichkeit, die uns oder Greg einfiel, aber es war klar, dass nichts gehen würde. Damit war das erledigt.

Als uns Greg hinausbegleitete, wandte er sich zu mir: „Weißt du, Geoff, wenn du ausgestiegen wärst und alle deine Aktien verkauft hättest, wärst du heute wahrscheinlich in der Lage, deinen Lebenstraum zurückzukaufen. Aber das hast du versäumt, und das ist echt Scheiße.“

„Du weißt gar nicht, wie wahnsinnig mich das macht“, antwortete ich. „Wann immer ich daran denke, möchte ich am liebsten aus dem Fenster springen.“

Darauf Jon: „Zum Glück hat das Symphonix-Gebäude nur einen Stock, also müssen wir uns darüber nicht zu viele Sorgen machen!“

Galgenhumor, diesmal für eine sterbende Firma.

Der Anruf

„Young men, never give up, never give up. Never, never, never!“

Winston Churchill

Den wichtigsten Anruf meines Lebens tätigte ich Anfang September 2002. Er ging an Ingeborg Hochmair, die CEO von MED-EL. Erinnern Sie sich: Bevor ich Ingeborg Hochmair das erste Mal traf, dachte ich, sie und ihr Mann Erwin wären Brüder. MED-EL war vom Verkauf von Symphonix unterrichtet worden, hatte aber, wie die anderen auch, noch nicht geantwortet. Bei Symphonix hatten wir gerade die letzten Kündigungen abgewickelt und mit der Liquidierung des Firmenkapitals begonnen. Wir hatten keine Käufer gefunden und waren daher gezwungen, einen regelrechten Flohmarkt zu veranstalten. Für Symphonix war es schlimmer gekommen, als wir jemals befürchtet hatten.

Inge und Erwin Hochmair sowie die restliche MED-EL-Mannschaft hatten vor ein paar Monaten die Symphonix-Zentrale besucht, um unsere implantierbare Mikrofontechnologie zu bewerten. Darauf war jedoch nichts Konkretes gefolgt. Anrufe von Kirk und anderen hatte MED-EL nicht beantwortet.

Miterleben zu müssen, wie Arbeiter Baupläne in den Müll warfen oder wie Jeff und sein Team die Büroeinrichtung auseinandernahmen und wegfuhren, um sie an das nächste Startup-Unternehmen zu verkaufen, war herzzerreißend. So etwas sollte niemand mitansehen müssen. Doch im September 2002 musste ich genau das. Ich verabschiedete wehmütige Mitarbeiter, die das Gebäude ein letztes Mal verließen. Manche behaupten, dass so eine Erfahrung den Charakter stärke. Wenn das stimmt, bin ich Groucho Marx. Es war ein surrealer Albtraum. In den letzten Tagen von Symphonix passierten Dinge, die so unecht wirkten, dass ich mich zwicken musste, um mich zu vergewissern, dass ich nicht träumte. Man kann sich auf solche Ereignisse einfach nicht vorbereiten.

Ich schloss meine Bürotür und wählte Ingeborg Hochmairs Nummer. Sie antwortete überraschenderweise sofort. Es war schon spät in Österreich, wo sie ihre Firma hatte.

„Hallo?"

„Ingeborg Hochmair?", fragte ich.

„Ja, hier ist Ingeborg Hochmair. Ist das Geoffrey Ball?"

„Yeah! Ich meine, ja!"

„Ah, hallo Geoffrey, wie geht es dir?"

„Ingeborg. Schau. Ich bin nicht sicher, ob du das verstehst. Die Situation hier bei Symphonix ist wirklich ... ist wirklich sehr schlimm. Es ist schrecklich. Hast du die Unterlagen zu Symphonix gelesen, die man dir geschickt hat?"

Inge gestand, dass sie die Papiere noch nicht genau gelesen hatte, also erklärte ich ihr alles.

„Geoffrey", sagte Ingeborg, „ich werde morgen früh, wenn ich ins Büro komme, als Erstes deine Unterlagen lesen. Wir kriegen das schon hin."

„Ich kann dir nicht sagen, wie wichtig das ist."

Ich legte auf und verließ mein Büro. Sehr zu meinem Schrecken hatte der Putztrupp schon meine Forschungsarbeiten, den TI und die implantierbaren Mikrofone, mitsamt den Prototypen und Testsystemen, in den Müll geworfen.

Ich rannte auf sie zu: „Hört auf! Hört auf! Hört sofort auf!"

Dann eilte ich zurück in mein Büro. Plötzlich, zum ersten Mal seit Wochen, spürte ich, wie ich wieder Kontrolle über mich gewann. Nach so viel Machtlosigkeit folgte nun ein unglaubliches Gefühl der Macht. Ich spürte auch, dass ich meinen Instinkten folgen sollte. Ich nahm noch einmal das Telefon und rief Ingeborg ein zweites Mal an.

„Hallo! Geoffrey?"

„Ingeborg! Du musst mir jetzt genau zuhören. Die verschrotten gerade meine Firma. Hier und jetzt, und zwar alles. Verstehst du? Wenn du das implantierbare Mikrofon willst, und alle meine Patente; du kannst sie haben. Wenn du auch nur an einen Teil dessen glaubst, was ich in den letzten zehn Jahren getan habe, können wir nicht bis morgen warten. Dann musst du den nächsten Flieger nehmen."

Eine lange Pause. Dann sprach Ingeborg.

„Ach Geoffrey. Ich hatte keine Ahnung, dass es schon so weit gekommen ist."

„Für mich ist es das Ende, aber ich will so viel wie möglich von dieser Arbeit retten. Das kann man doch nicht alles wegwerfen. Du musst Kirk anrufen."

„Ich werde mit dem erstbesten Flug zu dir reisen. Mittlerweile mach' dir nicht zu viele Sorgen."

Ich begab mich in die Haupthalle von Symphonix und rief Kirk und Terry zu: „Wir können damit jetzt aufhören! MED-EL ist interessiert. Der CEO ist auf dem Weg."

Damit hörte es für einen Moment auf. Wir schickten die Räumtruppe fort. Zum Glück hatte ich den Irrsinn für vierundzwanzig Stunden angehalten.

Ich weiß nicht, wie Ingeborg es schaffte, aber am nächsten Tag landete sie mit ihrem Team in San Jose. Mit ihr kamen Ali Mayr, Martin Kerber, Darcy Ochs und Walter Fimml. Ingeborg teilte das Team in Gruppen auf, um die Reste von Symphonix zu bewerten. Sie traf sich auch mit Kirk und Terry. Ich besprach mit Darcy das geistige Eigentum, die Technologieanwendungen, die Pläne für den TI und die Zukunft, die Wettbewerbssituation, meine Gedanken zum Geschäftsmodell und vieles mehr. Sie fragte mich zwei volle Tage lang aus. Es kam mir vor wie eine mündliche Doktoratsprüfung. Inge arbeitete mit Kirk und Terry, um das verbleibende Firmenkapital zu sichern und einen Abschluss herbeizuführen.

Ich zeigte dem restlichen Team die Forschungslabors, das TI-Testlabor und die Anlage. Ali Mayr musste ich nicht viel erklären. Seine Aufgabe bestand nur darin festzustellen, ob die Produktion der Implantationsserie in das Werk bei Innsbruck, Österreich, verlegt werden konnte. Grundsätzlich sprach nichts gegen eine Verlegung, schließlich konnten wir auf die ausführliche Dokumentation zurückgreifen, die für medizinische Geräte der Klasse III erforderlich ist, und auf qualitativ hochwertige Systeme. Walter musste nur sicherstellen, dass unsere elektronischen Datensysteme und Dateien die Reise überstanden.

Das MED-EL-Team traf sich am zweiten Tag in unserem Konferenzzimmer, um Ingeborg zu berichten. Wir waren nicht dabei.

Die Berichte waren wohl zufriedenstellend. Ingeborg kam in mein Büro, schloss die Tür und setzte sich.

„Ich bin sehr beeindruckt, und ich bewundere deine Arbeit. Sie braucht bloß mehr Zeit. Wir werden das nochmal versuchen. Ich möchte, dass du mit deiner Frau nach Innsbruck kommst."

„Um dort zu arbeiten? Ich spreche doch kein Deutsch!"

„Wir sprechen sowieso alle Englisch. Was meinst du?"

„Sicher! Ja, natürlich! Ich denke schon. Österreich?! Es gäbe da aber doch noch eine Kleinigkeit ..."

„Ja?"

„Könnt ihr, du und das Team, heute zu mir zum Abendessen kommen? Es wird wohl eines der letzten, da ich ja vermutlich mein Haus verkaufen werde."

„Ja! Ich würde auch sehr gerne Sabina kennenlernen."

Ich hatte nun also eine neue Vorgesetzte, ich müsste mein Haus verkaufen und nach Innsbruck ziehen. Das war immer noch besser als zusehen zu müssen, wie mein Lebenswerk in den Müll verfrachtet wird.

Als ich abends heimkehrte, fragte mich Sabina: „Wie war es heute?"

„Es lief richtig gut!"

„Wirklich? Großartig! Was wird denn jetzt passieren?"

„Hier ist der Plan. Wir verkaufen das Haus, packen unsere Sachen und ziehen nach Innsbruck."

Es folgte eine lange Pause.

„Meinst du das ernst?"

„Ja, doch. Ich denke schon."

„Du machst Witze."

„Nein, ich meine das ernst. Glaube ich zumindest."

„Na gut. Probieren wir es. Was haben wir schon zu verlieren?"

„Nur das Haus, den Garten, der uns so am Herzen liegt, dass wir darin begraben werden wollten, und unsere Freunde."

Wir schlossen unter Tränen einen Pakt. Wir würden nach Österreich gehen und uns sechs Monate nicht darüber unterhalten, wie es uns gefiel. Wir würden einfach versuchen, es dort zu schaffen.

„Gibt es noch etwas?"

„Ja, ich muss den Grill starten! Die Österreicher kommen zum Abendessen."

Ingeborg und ihr Team kehrten nach Österreich zurück. Ali und Klaus Holzer kamen einige Wochen später mit der Produktionsmannschaft wieder. Einige ehemalige Symphonix-Mitarbeiter erklärten sich großzügigerweise bereit, in die Firma zu kommen, um den MED-EL-Angestellten die Produktion zu erklären. Nach zwei Wochen Arbeit packten wir alles, was noch von Symphonix übriggeblieben war, in Kartons, die von der Mannschaft in 20 große Schiffscontainer hinter der Halle verladen wurden. Die restlichen Büromöbel verkauften wir einfach. Wir mussten nicht einmal Werbung machen; es hatte sich herumgesprochen.

Im Jahr 2002, ungefähr ein Jahr nach dem 11. September 2011, fand ich mich auf einer American Academy of Otolaryngology-Konferenz als MED-EL-Vertreter wieder. Die Welt hatte sich in den vergangenen zwölf Monaten gewaltig verändert. Im Dezember hatte Inge Sabine und mich für ein paar Tage nach Innsbruck eingeladen. Ich hielt tagsüber Präsentationen und traf mich mit den MED-EL-Entscheidungsträgern. Die Leute von der Personalabteilung zeigten Sabina inzwischen die Stadt. Als wir ankamen, war es sogar für Innsbruck unheimlich kalt. Die Stadt war hübscher, als wir es uns je vorzustellen gewagt hatten. Mir wurde schnell klar, dass es schlimmere Orte auf diesem Planeten gab als Innsbruck, das umringt ist von Alpengipfeln, mit fünf Skigebieten in Sichtweite der MED-EL-Zentrale. Ich war auch beeindruckt von den Med-El-Mitarbeitern, besonders von Ali Mayr und Plamen Kamenoff, die in den Fertigungsanlagen schon emsig Platz für die Vibrant-Soundbridge-Produkte schafften. Ich konnte es kaum erwarten loszulegen.

Es war schwer genug, eine kleine Firma an die Börse zu bringen. Wir lernten aber schnell, dass es noch schwieriger ist, ein börsennotiertes Unternehmen aufzulösen und dabei allen Regeln und der SEC Folge zu leisten. Ich ahnte nicht, dass der Börsenabgang schwieriger sein würde als der Börsengang selbst. Terry musste sich wochenlang mit unseren Anwälten und der SEC herumschlagen. Die Eigentümer mussten sich einigen, ebenso die Vorstandsmitglieder. Ich wiederum wollte so schnell wie möglich nach Österreich. Das Haus verkauften wir in nur einem Tag. Ich war bereit für die nächste Phase in meinem Leben.

Die restlichen Angestellten, wie Kirk, Terry oder ich selbst, mussten in Übergangsbüros ziehen. Ingeborg hatte außer mir noch acht anderen Symphonix-Angestellten angeboten, nach Innsbruck zu kommen. Ich wünschte mir, sie hätte mehr genommen, aber die meisten hatten schon wieder Arbeit gefunden. Es war ärgerlich zuzusehen, wie Terry sich mit der SEC über Kleinigkeiten streiten musste. Auf jede Antwort folgten weitere Fragen. Es schien nicht enden zu wollen. Meiner Meinung nach gewannen dabei nur die Anwälte, was mich faszinierte. Allmählich wurde klar, dass es bis zu einem Abschluss noch lange dauern würde. So war es dann auch: Erst fünf Monate später konnten wir eine Einigung erzielen, die offiziell besiegelt wurde.

Nach der Einigung wurden die Container zum Transport durch eine Spedition freigegeben. Ich schickte Ingeborg während der Abwicklung wöchentliche Berichte. Es galt, sowohl das Eigentum als auch die IP-Dateien und ein regelkonformes Produkt unbeschadet zu überstellen und dabei noch Patienten zu versorgen. Mein Leben schien mir wie ein endloser Strom von Versandkartons, die alle beschriftet und eingepackt werden mussten. Nichts durfte verloren gehen. Während dieser Zeit prägte ich mir sämtliche Dokumente, Dateien und Aufzeichnungen fest ein. Ich fühlte mich wie eine lebende Enzyklopädie. Austria. Dort, wo es keine Kängurus gibt!

Ich hatte eigentlich gemeint, dass es viel Arbeit gewesen sei, das Unternehmen zu gründen. Es aber in Kisten zu verpacken und nach

Übersee zu versenden, war nicht weniger aufwendig. Unmengen an Aufzeichnungen, die für einen Hersteller medizinischen Geräts unerlässlich sind, mussten erhalten werden und leicht auffindbar bleiben. Der Dokumentationsaufwand war enorm. Die Tücke bestand darin, dass wir das ganze Material auf der anderen Seite des Atlantiks auch wieder auspacken mussten. Linda Ferner und ich haben dabei sicher hunderte Archivschränke und Dokumente verpackt, aussortiert, beschriftet und in Tabellen eingetragen.

Ich reiste am ersten April 2002 nach Innsbruck, nachdem ich zuvor das Symphonix-Büro endgültig verlassen hatte. Ich packte letzte persönliche Gegenstände in mein Auto, das auch zum Verkauf stand, und fuhr damit zum Symphonix-Hauptgebäude. Die neuen Mieter waren schon beim Einrichten. Dann machte ich noch einen Abstecher zu den ursprünglichen Symphonix-Büros am Orchard Parkway. Als ich auf den Parkplatz rollte, auf dem Bob Katz und ich immer Football gespielt hatten, wallten die Erinnerungen hoch. Ich schluchzte der Vergangenheit nach, schluchzte über das, was hätte sein können, über das, was nun war. Dann fuhr ich für ein Abschiedsessen zu meinen Eltern nach Sunnyvale.

Ich flog aus San Jose ab und wir rauschten bald über Silicon Valley. Als in der Ferne die Santa-Cruz-Berge verschwanden, sah ich unter mir den Ort, an dem ich aufgewachsen war und wo ich meine erste Arbeit gefunden hatte. Ich dachte an den Weg, der vor mir lag. Diese Abreise war anders als jene zum Studium oder zur Arbeit in Colorado. Ich wusste diesmal nicht, was mich erwartete. Sabina sollte im darauffolgenden März zu mir nach Innsbruck kommen. Wir mussten zuerst noch unsere Autos verkaufen, unser Hab und Gut in einem Schiffscontainer verstauen und den Verkauf unseres Hauses abschließen.

Das wahre Glück während dieser gesamten Zeit war meine Frau. Sie ist nicht nur ein großartiger Mensch, sondern auch Europäerin. Sabina hat eine Doppelstaatsbürgerschaft und war mit ihrer Mutter aus Polen in die Vereinigten Staaten geflüchtet. Der Umzug würde sie wieder näher zu ihrer Familie in Polen bringen. Wir dachten auch, dass eine Arbeitspause für Sabina vielleicht unserer bisher erfolglosen Familiengründung auf die Sprünge helfen könnte. Außerdem, so wussten wir, gab es hervorragende Möglichkeiten einer Fruchtbarkeitsbehandlung in Europa, sollte es denn nötig sein.

Also, Europa! Acht gegeben! Wir kommen!

Sichere Landung und Neuanfang

„Talk about your plenty, talk about your ills,
one man gathers what the others spill.
Ashes, ashes all fall down."

Jerry Garcia

Ich landete in Innsbruck, Ingeborg holte mich vom Flughafen ab, und wir fuhren zu ihrem Haus in Axams, einem kleinen Bergdorf auf einem Plateau mit Blick auf die Tiroler Hauptstadt. Gemeinsam mit ihrem Mann Erwin aßen wir gemütlich zu Abend und fuhren anschließend zu meiner vorläufigen Wohnung, die in der Nähe der Firma lag und die ich behalten konnte, bis ich eine bessere gefunden hatte. Sie organisierte mir auch ein Mobiltelefon und setzte sogar die SIM-Karte eigenhändig ein. Eine Geschäftsführerin, die anpackt: Ich war beeindruckt.

Ingeborg und Erwin Hochmair sind Legenden im Bereich der Hörhilfen und Implantate. 1974 entwarf Ingeborg Desoyer ein Cochleaimplantat, brauchte aber noch einen Signalprozessor und ein telemetrisches System. Bei ihrer Suche traf sie auf Erwin und bat ihn, die Elektronik zu entwerfen, was er auch tat. Ingeborg brauchte den Prozessor, Erwin baute ihn. Schon kurze Zeit später heirateten sie. 1977 setzten sie in Wien das erste hybride Multikanal-Cochleaimplantat ein. Als Erwin ein Lehrstuhl für Physik an der Universität Innsbruck angeboten wurde, packten sie auch das Implantat ein, und Ingeborg betrieb ebenfalls Forschung an der Universität. Ingeborg und Erwin forschten später auch in Stanford und waren am frühen 3M-Innenohrschneckenimplantat beteiligt. Sie drückten beide der Technologie, die für Implantate verwendet wird, ihren Stempel auf. Ohne ihre Pionierarbeit gäbe es die Soundbridge nicht. Im Jahre 1989 gründeten sie MED-EL, um ihre Forschung marktfähig zu machen.

Ingeborg und ich haben viel gemeinsam. Wir lieben beide die Forschung und die Detailorientierung im wissenschaftlichen Betrieb, sind aber vor allem angetrieben vom Verlangen, Geräte zu entwerfen und zu bauen, die der Gesellschaft und schwerhörigen Menschen weiterhelfen. Wir mussten beide in die Geschäftswelt einsteigen, um den Traum zu verwirklichen, Technologie aus dem Labor jenen Menschen zugänglich zu machen, die sie am allermeisten brauchen. Wir mussten dafür beide die Welt der Wissenschaft verlassen.

Ich kenne niemanden, der mit mehr Hingabe und Motivation arbeitet, als Ingeborg. Sie übernimmt von Bob Katz, der einen Ruf als Nachtarbeiter hatte, diesen Titel. Vielleicht ist sie auch ein Cyborg mit ultrastarken Batterien! Wie dem auch sei: Ihre Leistung ist beachtlich. MED-EL ist eines der führenden Unternehmen in diesem Geschäft und sicherlich der erfolgreichste Hersteller von Implantaten in Österreich. Die Firma, die sie von null aufbaute, beschäftigt heute knapp eintausend Mitarbeiter und vermutlich noch einmal so viele in der Zulieferindustrie. Ihre Produktlinien werden in fast einhundert Ländern eingesetzt, um gravierende Schwerhörigkeit zu beheben. MED-EL ist in den meisten Ländern auch Marktführer. Ich dachte immer, dass Ingeborgs Krönung als CEO von MED-EL die bahnbrechende Vermarktung des ersten Prozessors, für den man nicht Batterien an einem Gürtel mitführen musste, im Jahr 1991 war. MED-EL produzierte damals einen Prozessor, der hinter dem Ohr getragen werden konnte und mit einem Haken befestigt wurde. Das brachte für Benutzer von Hörgeräten natürlich eine erhebliche Verbesserung ihrer Lebensqualität. MED-EL war der Konkurrenz auch bei der Einführung von fortgeschrittenen Audiokodierungsstrategien einen Schritt voraus, die erstaunliche Verbesserungen bei der Sprach- und Geräuscherkennung bei den Implantatsbesitzern brachten.

In diesem Tempo ging es weiter. MED-EL war bahnbrechend bei der Kombination von elektroakustischen Stimulierungsgeräten (EAS) sowie auditiver Hirnstammimplantate (ABI). Sie waren auch die Ersten, die sich dafür einsetzten, die verbleibenden natürlichen Gehörstrukturen so weit wie möglich zu erhalten, sogar bei sehr schwerhörigen Patienten. Seit MED-EL die Vibrant Soundbridge akquirierte und begann, sie durch die eigenen Vertriebsstrukturen zu vermarkten, ist MED-EL mit einem Marktanteil von über 95 Prozent der weltweit führende Hersteller von Mittelohrimplantaten geworden.

Als ich nach Österreich kam, hing mein Produkt am seidenen Faden. Es war auch nicht leicht, die Soundbridge nach der Ankunft in Innsbruck zu neuem Leben zu erwecken. Linda und ich mussten wieder alle Kartons auspacken, die wir in den USA eingepackt hatten. Ich hatte den Server mit all den Verzeichnissen und Dokumenten mit mir ins Flugzeug genommen und schloss ihn in Innsbruck wieder an. So kamen wir zurück ins Geschäft. Linda übernahm die Service- und Reparaturabteilungen und war auch für die Symphonix-Angelegenheit unersetzbar. Sie war unschlagbar darin, Dinge wiederzufinden. Ohne ihre tatkräftige Unterstützung wäre die Übersiedelung wesentlich schwieriger geworden, und ich wäre verloren gewesen.

Trotz der Turbulenzen und Schwierigkeiten des Umzugs der Soundbridge nach Innsbruck war es den Aufwand wert. Zusammenlegungen und Akquisitionen sind immer eine Herausforderung. Die Übernahme von Symphonix hat es Inge und MED-EL ermöglicht, ihre Produktfamilie zu erweitern und MED-EL in die „Hearing Implant Company" zu verwandeln.

Für mich war Innsbruck ein Neuanfang. Seltsamerweise kam es schon kurz nach meiner Ankunft zu neuen Fortschritten in der Forschung zur Soundbridge. Bemerkenswert war etwa mein Besuch bei einer Operation im Jahr 2003, in der Clinique Causse in Béziers, Frankreich. Ich habe seitdem hunderte Eingriffe miterlebt, in denen Gehörimplantate eingesetzt wurden, aber dieser war besonders denkwürdig. Dr. Dumon setzte die Vibrant Soundbridge in das Mittelohr eines Patienten, der an chronischer Schallleitungsschwerhörigkeit sowie starker lokaler Schallempfindungsschwerhörigkeit litt. Anstatt den FMT an einer intakten Gehörknöchelchenkette anzubringen, positionierte er ihn am verbliebenen Amboßfortsatz, verband ihn mit einer Stapesprothese und schloss so die Verbindung zum Innenohr. Mit anderen Worten, er ersetzte die Gehörknöchelchen und verwendete den FMT, um Vibrationen ins Ohr weiterzuleiten. Es war dies das erste Mal, dass die Vibrant Soundbridge verwendet wurde, um einen kombinierten Gehörverlust zu korrigieren. Die Nachricht über Dr. Dumons Eingriff und seine beachtlichen Ergebnisse verbreitete sich schnell, und mittlerweile verwenden viele Chirurgen diese Technik.

Im Jahr 2005 führte Dr. Coletti in Italien eine weitere Neuerung ein, indem er erstmals ein FMT am Runden Fenster positionierte. Es funktionierte! Es folgten weitere Fälle, und bald hatte sich die Verwendung des FMT in der Therapie von kombinierter Schwerhörigkeit als anerkannte Behandlungsmethode durchgesetzt. Die klinischen Tests unserer neuen Instrumente schlossen wir erfolgreich ab und erhielten dafür 2007 die nötigen Genehmigungen. Eine neue Behandlungsform mit dem Namen „Vibroplasty" war geboren. Ich war begeistert von der Überzeugung, mit der Dr. Coletti die Rundes-Fenster-Technik, ganz auf sich alleine gestellt, vorantrieb. Natürlich gab es auch Widerstände und Kritik, aber er ließ sich davon nicht beirren. Ich sah mich wieder einmal bestätigt in der Ansicht, dass es zwar viele gute Gründe gibt, wieso etwas nicht funktionieren kann oder sogar soll, dass am Ende aber nur zählt, ob es nun tatsächlich funktioniert. Und das tat es; alles andere war unwichtig.

2007 war auch das Jahr, in dem wir erkannten, dass die Vibrant Soundbridge bei vielen Kindern zum Einsatz kommen konnte, die keine andere Möglichkeit zur Überwindung ihres Gehörverlusts hatten. Das war wirklich unglaublich für mich. Wir organisierten das erste International Pediatric Meeting in Frankfurt, dank dessen wir anschließend die Genehmigung für den Einsatz der Vibrant Soundbridge bei Kindern erhielten. 2009 brachten wir dann den neuen Amadé Audioprozessor auf den Markt, der mehr Bandbreite und Leistung als seine Vorgänger hatte. Schließlich wurden 2010 unsere weiterentwickelten FMT-Coupler genehmigt, die den Einsatz von wiederherstellenden Implantaten weiter erleichtern. Das alles zu erreichen, hat unseren engagierten Teams viel Arbeit abverlangt, uns aber auch zu ständigem Wachstum verholfen. Heute wird jede Stunde eines meiner Implantate eingesetzt.

Tausende FMTs sind dort im Einsatz, um kombinierte und Schallleitungsschwerhörigkeit zu bekämpfen, wo andere Methoden versagen oder aus medizinischen Gründen nicht verwendet werden können.

Was für ein Glück, dass ich die Soundbridge vor der Müllkippe retten konnte. Ich kann kaum glauben, dass die Menschheit beinahe um solch eine nützliche und gute Technologie gebracht worden wäre. Jeder, der heute mit der Soundbridge hört, ist von der Reinheit des Klangs begeistert. Menschen, die von normalen Hörgeräten umsteigen, kommentieren die Steigerung ihrer Lebensqualität stets mit Jubel, Erleichterung und einem Lächeln. Patienten, die an kombinierter Schwerhörigkeit leiden und schon jahrelang taub waren, können durch die Soundbridge plötzlich wieder hören und sind oft zu Tränen gerührt.

Ich wünsche mir oft, kommunizieren zu können, wie toll die Behandlungsmöglichkeiten durch unsere Produkte geworden sind. Wenn Sie hören könnten, was ich jetzt höre, und es damit vergleichen könnten, was ich mit anderen Geräten erfahren habe – Sie würden sofort den Unterschied erkennen. Es ist, als ob man auf einem Transistorradio ein Fußballspiel mitverfolgen würde: Man kann mitfiebern und alles verstehen, auch wenn der Empfang schrecklich ist und der Lautsprecher rauscht. Aber richtig glücklich wird man damit nicht. Man wünscht sich schließlich klare Töne, kein Rauschen und kein Pfeifen.

Hörgeräte sind natürlich hilfreich, aber die meisten Menschen haben irgendwann das Fremdobjekt in ihren Ohren satt. Sogar Experten sind schwer von dieser Denkweise zu überzeugen, weil die meisten noch nie so ein Gerät tragen mussten. Die meisten Hörgeräte können gar nicht die Leistung erbringen, die Schwerhörige wirklich benötigen. Es ist für mich manchmal frustrierend, dass man in diesem Geschäft noch immer nicht eingesehen hat, wie gut es doch ist, eine Auswahl zu haben.

Pioniere der Vibroplasty haben eingesehen, dass man schwerhörigen Menschen echte Alternativen anbieten muss. Tausende profitieren heute von meiner Technologie, und Zehntausende mehr werden noch folgen. Das ist zwar nur ein Tropfen auf den heißen

Stein, denn eigentlich benötigen noch viel mehr Menschen unsere Hilfe, aber es ist besser als gar nichts.

Kleine Teilchen und große Fragen

„I am among those who think that Science has great beauty. A scientist in his laboratory is not only a technician: he is also a child placed before natural phenomena which impress him like a fairy tale.“

Marie Curie

Don Lucas Senior, einer meiner ersten Kontakte in der Welt des Venture-Kapitals und einer der erfolgreichsten Investoren im Silicon Valley, gab mir einmal eine Weisheit mit: „Wir mögen klein. Klein hat uns immer geholfen.“ Das ist eine sehr nützliche Sicht auf die Welt. Der nächste Durchbruch kommt oft von denen, die etwas kleiner machen: eine kleinere Batterie, kleinere Maschinen, ein kleinerer Chip. „Kleiner, billiger, schneller, besser“ ist ein bewährtes Erfolgsmantra im Valley. Mir persönlich gefällt Dons Formulierung besser, und ich habe mir noch nie einen Spruch so gut gemerkt wie seinen.

Um Forschungskonzepte und Entwicklungen aus dem Labor in eine gesellschaftlich nutzbringende Form zu bringen, muss man das „Tal des Todes“ der Finanzierung durchqueren. Etliche Ideen sprengen den budgetären Rahmen dessen, was Universitäten oder Forschungsförderungseinrichtungen zur Verfügung stellen können. Wenn hinter den Kostenvoranschlägen zu viele Nullen stehen, kommen die Venture-Kapitalisten ins Spiel, die Neugründungen suchen, mit denen man vielleicht das große Geld verdienen kann. Manche Vorschläge sind auch für universitäre Einrichtungen zu kostspielig und für Venture-Kapital uninteressant. Forscher sind oft nicht in der Lage, ihre Ideen so verständlich zu machen, dass Nichtexperten ihr Potential erkennen können. In manchen Fällen ist es auch gar nicht möglich, ohne weitere Investitionen wirklich zu verstehen, wie wertvoll eine Erfindung ist oder worin die Innovation letztendlich besteht. Wir wissen nie, was der nächste große Schritt sein wird, und es ist fast unmöglich einzuschätzen, wer ihn tun wird. Investoren wollen mehr als nur ein paar Forschungsartikel fördern.

Wie so oft sind diejenigen, die am besten in der Lage sind, Potential frühzeitig zu erkennen, und diejenigen, die den ganzen Tag lang Förderanträge prüfen, nicht dieselben. Die logische Folge daraus ist, dass die Labors und Programme mit den meisten Veröffentlichungen den Löwenanteil des Geldes bekommen. Unbekannte Namen, unbewährte Ideen, geniale, aber bisher erfolglose Forscher – sie alle werden in diesem Prozess benachteiligt.

Ökonomen wissen, dass der Staat nur wenige Instrumente zur Verfügung hat, um Arbeitsplätze zu schaffen und zu sichern, die vielleicht auch eine Zukunft haben. Die wichtigsten Hebel sind Investitionen in Forschung und Entwicklung, der Einkauf neuer Technologien, das Ausschöpfen natürlicher Ressourcen und Fortschritte in der Energiegewinnung. Das schreibe ich zu einem Zeitpunkt, in dem der Bundesstaat Kalifornien eine der fürchterlichsten Rezessionen und Wirtschaftskrisen seit 1929 durchlebt. Die Arbeitslosigkeit liegt offiziell bei rund zehn Prozent, und darin sind nicht einmal jene enthalten, die aus der Statistik fallen. Viele von ihnen sind derzeit nicht in den Labors, in denen sie sein sollten. Die Forschungsbudgets kalifornischer Universitäten leiden besonders unter dem Sparzwang. Das Problem dabei ist klar: Gerade jetzt wäre es wichtig, in Forschung zu investieren. Wir kurbeln dadurch den Konsum und die Investitionen an und schaffen die Grundlage für ein nachhaltiges Wachstum in der Zukunft.

Eines der erfolgreichsten Forschungsprojekte in der Geschichte ist meiner Meinung nach die Schaffung des University-of-California-Systems. Unser Universitätssystem hat seit seiner Einführung Ergebnisse geliefert, die unter vergleichbaren Forschungssystemen ihresgleichen suchen. Wir haben die UC Berkeley, die Lawrence Livermore Labs und neun zusätzliche Forschungsstätten, die allesamt die Forschung an der Westküste zu dem gemacht haben, was sie heute darstellt. Natürlich haben diese Einrichtungen Probleme. Die Organisationen sind teilweise aufgebläht, mit hohen Nebenkosten bei der Forschung, die sie rasch unter Kontrolle bringen müssen. Es muss auch eine Lösung gefunden werden, um alle Arten der Forschung steuerlich zu begünstigen. Der

Wissenstransfer aus den Labors in die Industrie könnte schneller und über weniger bürokratische Hürden erfolgen. Forscher müssten dabei unterstützt werden, ihre Arbeit patentieren zu lassen, bevor sie veröffentlicht wird. Überhaupt ist die Idee intellektueller Eigentumsrechte in der Wissenschaft noch viel zu wenig verbreitet. Für diese Herausforderungen gibt es Lösungen. Kalifornien ist schließlich nicht alleine in einer schwierigen Situation, es gibt weltweit viele Staaten und Regierungen, die sich damit herumschlagen.

Österreich und andere Länder wären gut beraten, einen größeren Anteil ihrer Wirtschaftsleistung in Forschung, Entwicklung und Startups zu investieren. Sie könnten und sollten es jungen Unternehmern erleichtern, schnell Firmen zu gründen, indem bürokratische Hürden abgebaut werden. MED-ELs Übernahme von Symphonix und meine Übersiedlung sowie die meiner Produkte nach Österreich hat bei den Einnahmen und Arbeitsplätzen ein Wachstum verursacht, das hoffentlich noch viele Jahre anhalten wird. Das ließe sich auch in anderen Industrien erreichen. Jedes Land, das heute Investitionen in Forschung und Entwicklung forciert und diese auch gut koordiniert, kann in fünf bis zehn Jahren echte wirtschaftliche Vorteile ernten.

Ein wichtiges Thema in dieser Hinsicht ist die Prioritätensetzung in der Geld- und Fördervergabe. Viele Systeme begehen den Fehler, Mittel nur an ausgereifte und erfolgreiche Forschungsprogramme zu vergeben. Jüngere Forscher und Einrichtungen sollten genauso viel Geld bekommen. Natürlich würden im Schlaraffenland alle Forscher mehr Förderungen erhalten, aber das geht nun mal auf Erden nicht, da hier immer ein Wettbewerb um Ressourcen stattfinden wird. Es wäre aber dennoch sinnvoll, jüngere Programme und Labors mehr zu fördern, weil diese mit größerer Wahrscheinlichkeit mit dem Geld neue Firmen gründen werden. Die Schwierigkeit besteht selbstverständlich darin, die richtigen herauszupicken.

Ein weiterer Aspekt der Forschungspolitik, den ich stärker betonen würde, ist die Schwerpunktförderung von Forschung mit konkreten Zielen. Labors und Forschungsstätten sollten ihre Ziele klar und öffentlich darstellen können. Ein Beispiel wäre etwa: „Unser Labor nimmt sich vor, einen energieeffizienten Herd zu entwickeln, der weltweit eingesetzt werden kann, dabei 50 Prozent weniger Energie verbraucht als herkömmliche Öfen und 50 Prozent weniger Treibhausgasemissionen verursacht." Forscher, auch jene, die in der Grundlagenforschung arbeiten, sollten gezwungen werden, den potenziellen gesellschaftlichen oder wirtschaftlichen Nutzen ihrer Arbeit zumindest theoretisch herauszuarbeiten. Es mag angemessen sein, dass in einem Labor die Flugmuster der gemeinen Fruchtfliege erforscht werden, aber ohne eine klare und gut artikulierte Vorstellung, wie diese Forschung der Gesellschaft nützt, sollte derartige Forschung weniger Ressourcen erhalten als die, die zu einem effizienteren Herd führt. Manche geförderte Forschung fällt meines Erachtens in die Kategorie „Hobby- und Bastelforschung", die entweder privat oder gar nicht gefördert werden sollte. Tut mir leid, liebe Bastler!

Ich bin überzeugt, dass gute Forschungsförderungsprogramme auf vielen Hochzeiten tanzen sollten. Gesamtwirtschaftlich betrachtet folgt Forschung viel zu oft kurzlebigen Trends. In den Achtzigern wurde etwa die HIV-Forschung zum größten Ausgabeposten des National Institute of Health in den USA. Natürlich erschien das damals als eine gute Strategie, es ging schließlich um Menschenleben. Ohne die Bedeutung von HIV-Forschung schmälern zu wollen, ist es wichtig anzuerkennen, dass eine derartig einseitige Ausrichtung auch einen Preis hat. Menschen sterben auch an Malaria und Tuberkulose. Es ist gefährlich, wenn kurzfristige politische Prioritäten den Fluss von Forschungsgeldern bestimmen. Es kann sogar die Forschung in den prioritären Bereichen verlangsamen, wenn Impulse aus anderen Forschungsbereichen ausbleiben. Ein Durchbruch bei HIV könnte gut von einer Entwicklung in der Malariaforschung oder einem Stammzellenprojekt eingeleitet werden; man weiß es nur nicht im Voraus.

Ich möchte nicht missverstanden werden: HIV-Forschung ist wichtig. Mir geht es darum, dass wir durch die Vernachlässigung anderer

Bereiche vielleicht mehr Schaden anrichten, als wir durch die Konzentration auf eine einzige Priorität Nutzen gewinnen. Im Rückblick ist es faszinierend, wie der Anstoß zu den größten Erfindungen und Fortschritten oft aus völlig unverwandten Disziplinen und Richtungen kam. Kleine Entwicklungen in einem Bereich können enorme Auswirkungen in einem völlig anderen Bereich haben. Diese Querverbindungen sind nicht vorherzusehen. Sehr wohl wissen wir aber, dass mangelnde Förderung von interdisziplinärer Forschung zu weniger Austausch zwischen den Disziplinen führt. Aber gerade dadurch könnten die größten Fortschritte erzielt werden.

An einem Labor, an das ich mich erinnere, hing ein kleines Schild, auf dem stand: „Wenn wir nicht um zehn da sind, sind wir zu Mittag da. Wenn wir nicht bis zwei da sind, dann sehen wir uns garantiert morgen!“ Das Schild war als Scherz gemeint, und so kam es auch bei den meisten an. Dabei war es wirklich so! An vielen Tagen konnte man keine Aktivitäten im Labor feststellen. Gelegentlich brannte ein paar Stunden ein Licht, dann kehrte wieder wochenlang Ruhe ein. Zwischen fünf am Nachmittag und vier Uhr morgens aber wurde dort gearbeitet wie wild. Auch samstags und sonntags ging es dort rund. Der Laborverantwortliche war nur zu normalen Geschäftszeiten abwesend, weil die Pendelfahrt nach Capitola danach schneller ging. Der Punkt ist: Im Labor hat man gearbeitet.

Intellektuelle Arbeiter und Forscher müssen nun mal nicht von neun bis fünf in der Arbeit sitzen, um Wert zu schaffen. Das irritiert viele Buchhalter und Erbsenzähler, die nicht verstehen, dass die besten Ideen nicht immer pünktlich zwischen neun und fünf anklopfen. Viele von uns Forschern arbeiten zu seltsamen Zeiten und sogar rund um die Uhr. Meine besten Ideen hatte ich im Urlaub in Hawaii. Dort saß ich abends, während Sabina und die Jungs nach einem Tag Schwimmen und Wandern schon schliefen, auf dem Hotelbalkon und schrieb vier Erfindungsmeldungen. Zwei davon sind mittlerweile patentiert, eine wird gerade bewilligt. Ich wette, dass Buchhalter selten um drei Uhr morgens auf dem Balkon sitzen und rechnen.

Ich trete für interessante Leute ein. Ich trete dafür ein, dass Staaten und Institutionen ihre Forschungsinvestitionen erhöhen und dass sie in wirtschaftlich schwierigen Zeiten sogar noch mehr in Forschung investieren. Ich trete ein für interdisziplinäres Denken und für Querdenker. Ich trete außerdem für positive Veränderungen ein, die Erfindern einen Anteil an ihrem Erfolg garantieren, und dafür, dass intellektuelle Beiträge in Organisationen anerkannt, gefördert und vor bürokratischen Denkverboten beschützt werden.

Und doch

Man hat viel darüber geschrieben, was das Besondere eines großen Erfinders ausmacht. Viele glauben, sie seien mit der Gabe der Kreativität auf die Welt gekommen. Ich kann hier nicht über andere sprechen, aber für mich war es schlicht und einfach harte Arbeit. Ich musste immer härter arbeiten als die anderen. In der Schule kämpfte ich, um ein B zu bekommen, während andere weniger arbeiteten und ein A erhielten. Fast nie ist mir etwas leichtgefallen. Doch gerade die Tatsache, dass ich mich so viel mehr anstrengen musste, um die Grundlagen einer Sache zu verstehen, ermöglichte mir eigenartigerweise den nächsten Schritt. Natürlich spielten auch Glück und der richtige Zeitpunkt eine Rolle. Genau sieben Mal wusste ich beim Verlassen des Labors am Abend, dass ich etwas völlig verstanden hatte, in einer Weise wie noch niemand zuvor. Als das das erste Mal passierte, war ich davon noch verunsichert und verwirrt. Aber mit der Überzeugung von der Richtigkeit meines Denkens wuchs auch meine Selbstsicherheit. Das nächste Mal konnte ich schon besser damit umgehen, und danach war mir klar, was passierte. Nichts kann das Gefühl beschreiben, wie es ist, zu wissen, dass man der Erste ist, der etwas Neues entdeckt oder ein vorher unlösbares Problem gelöst hat. Das ein paar Mal zu erleben, bewirkt Wunder für das Selbstvertrauen.

Was Erfinder und Innovatoren tun, ist eigentlich sehr einfach: Wir nehmen ein leeres Blatt Papier und schreiben Dinge auf. Punkt. Eine Idee zu haben, sich selbst zu vertrauen und von der Idee so begeistert zu sein, dass man sie aufschreibt und durchdenkt – das ist alles. Wenn ich zu den Marketingleuten gehe und sie bitte, ein neues chirurgisches Handbuch zusammenzustellen, wie wir es zum Beispiel für die neue chirurgische Technik beim runden Fenster gebraucht haben, wird das eine extrem schwierige Aufgabe für sie. Wenn ich ihnen hingegen einen groben Überblick gebe, ein paar Punkte aufschreibe und vielleicht noch ein paar primitive Illustrationen der einzelnen chirurgischen Schritte, dann haben sie etwas, womit sie arbeiten und anhand dessen sie vor allem die richtigen

Fragen stellen können. Danach ist es relativ leicht für sie, meine Ideen zu beschreiben und zu illustrieren, und das fertige Dokument wird ganz anders und viel besser sein als mein ursprüngliches. Die Schwierigkeit ist nur das leere Papier: Den ersten Schritt in neues, unerforschtes Land zu setzen, etwas aufzuschreiben, einen guten Anfang zu finden – das ist die Herausforderung.

Der Erste zu sein erfordert auch ein gewisses Maß an Kühnheit und Furchtlosigkeit. Schwerhörig zu sein ist eine Eigenschaft, die ich mit dem größten Erfinder aller Zeiten, Thomas Edison, teile. Gehörlosigkeit und Schüchternheit schließen sich gegenseitig aus. Wir Gehörlosen missverstehen oft Worte und sind die verwunderten Blicke gewöhnt, die wir ernten, wenn wir mit unseren Gedanken nicht zurechtzukommen scheinen oder uns manchmal eigenartig benehmen oder seltsam sprechen. Wir lernen, dass es zwecklos ist, sich mit solchen Sachen aufzuhalten, also machen wir einfach weiter. Daher fürchten wir uns nicht vor einem schrägen Blick, dem gelegentlich falschen oder abstoßenden Wort oder den Fehlern. Wir tun es einfach im Bewusstsein, dass wir es irgendwann schon richtig hinkriegen. Und wenn nicht, macht es auch nichts. Es hat auch sonst noch keiner geschafft. Aufgrund dieser Erfahrungen wissen wir, dass Erfindungen manchmal durch Zufall entstehen: Wir suchen eine Sache und finden eine andere, die sich als besser herausstellt als das ursprünglich Gesuchte. Die besten Innovatoren können meiner Meinung nach ihre Erkenntnisse anderen auch sehr gut erklären. Nehmen wir Einstein, der das sehr vereinfachte Modell von Zügen, die sich überholen, heranzieht, um seine Relativitätstheorie zu erklären, eines der revolutionärsten Konzepte überhaupt. Züge! Ich habe sicher in hundert oder mehr Vorträgen erklärt, wie mein FMT funktioniert. Obwohl mein kleiner Wandler sehr einfach ist im Vergleich zur Relativitätstheorie, bezweifle ich, dass ihn mehr als ein Dutzend Leute wirklich verstanden haben. Ich wünschte, ich hätte Einsteins Gabe, ein Thema zu vereinfachen. Manchmal denke ich, dass mehr Ärzte den FMT angenommen hätten, wenn ich ihn nur besser und überzeugender hätte erklären können. Ich hoffe nur, dass ich dank der Erkenntnis, wie wichtig eine einfache Erklärung für diese komplexe Materie ist, doch einiges vermitteln kann.

Der beste Vermittler komplexer Ideen, den ich je gehört habe, war Joe Costello, der eine wirkliche Begabung dafür hatte. Ich hörte ihn einmal eine Stunde lang über komplexe Software-Plattformen referieren, und er erklärte das kristallklar. Dr. Rodney Perkins hat das gleiche Talent. Er kann ein banales Thema neu und aufregend erscheinen lassen oder ein sehr komplexes ganz einfach. Ich besuchte einmal einen Vortrag von Dr. Perkins über ein lächerliches Thema und beobachtete mit Staunen, wie ihm das Publikum völlig auf den Leim ging.

Am Ende der Präsentation wandte ich mich an einen Kollegen: „Ich glaube davon zwar kein Wort, aber nach dieser Darbietung, gestehe ich, würde ich es gerne glauben!"

„Ja, ich auch. Was für eine tolle Präsentation!"

Ein großer Vermittler zu sein, führt dazu, dass man ein großer Verkäufer wird, und um als Erfinder erfolgreich zu sein, muss man seine Ideen und notfalls sich selbst gut verkaufen, und zwar besser, als man es für möglich hält.

Wir leben in einem Zeitalter der Überspezialisierung. Ich denke, dass einseitiges und spezialisiertes Denken eine Falle für den Erfindergeist darstellt. Es ist gut, dass man die Kunst der Erfindung lernen kann, und vielleicht sollten wir uns darin auch spezialisieren. Die führenden erfolgreichsten Innovationen entstanden, nachdem die härtesten Probleme gelöst wurden. Der Schlüssel liegt eben darin, den ausgetretenen Pfad zu vermeiden. Zu viele Leute glauben, sie könnten das angesagteste Restaurant in der Stadt eröffnen, das nächste tolle Gerät oder den nächsten Gimmick erzeugen oder alle anderen T-Shirt-Firmen übertrumpfen. Doch die meisten Restaurants überleben nicht einmal zwei Jahre (kaum eines länger als fünf) und es gibt nur sehr wenige Goldgruben. Aber jene, die sich ein schwieriges und anspruchsvolles Gebiet aussuchen, das man oft schwer erklären kann, haben den Weg in die Zukunft gewählt. Der Erfolg kommt nicht, indem man die niedrig hängenden Früchte am Baum pflückt, außer der Baum steht irgendwo, wo noch niemand geschaut hat.

Als Erfinder bin ich voreingenommen, was die Förderung und Belohnung von Innovation betrifft. Erfinder werden häufig übers Ohr gehauen und besitzen kaum die Mittel, Patente eintragen zu lassen. Sollten sie Aktien oder Honorare erhalten, müssen sie oft miterleben, wie der Wert ihrer Aktien bis zur Wertlosigkeit verwässert wird. Um Erfinder zu belohnen und Innovation zu fördern, müssen wir eine gerechte Entlohnung anstreben. Als Minimum sollten Erfinder ein Prozent Lizenzgebühr aus den Nettoverkäufen ihrer Erfindung erhalten. Wenn eine Erfindung verkauft wird, sollten Erfinder mindestens fünf Prozent des Verkaufspreises erhalten. Sollte eine Firma an die Börse gehen, müssten die Erfinder zehn Prozent ihrer Aktien bei Ausgabe und jedes Quartal bis zu zehn Prozent ihres ursprünglichen Aktienanteiles verkaufen dürfen, unabhängig vom Preis oder anderen Ereignissen. Schließlich sollten Erfinder die Option haben, fünf Prozent ihrer Aktien in einen unabhängigen Inventionsfonds zu platzieren, der unabhängig gemanagt wird. Ich gebe schon zu, dass die Verwirklichung dieser Ideen einige Arbeit und noch einige unbeantwortete Fragen bedeutet. Wie steht es mit den Universitäten, die für die Forschung zahlen? Wie schaut es mit mehreren Erfindern und multiplen Patenten aus? Was, wenn ein Erfinder für eine Innovation bezahlt wurde und das Patent später für ungültig erklärt wird? Was ist mit Verkäufen auf internationalen Märkten? Es gibt viele Probleme, doch ich denke, alle sind zu lösen, wenn auch vielleicht nicht perfekt. Wenn man sicherstellt, dass Innovatoren und Erfinder angemessen belohnt werden, kann es nur zum Vorteil von Institutionen sein und das größere ökonomische Bild verbessern. Das Ziel müsste sein, den Erfindern ein faires Stück vom Kuchen zuzuteilen, der mit ihrem intellektuellen Beitrag entsteht, und Innovation zu fördern.

Mit solchen Bestimmungen würden sicher einige Erfinder Multimillionäre, aber die meisten würden einfach nur einen fairen und bescheidenen Beitrag zu ihrem Einkommen erhalten. Die Universitäten mögen aufschreien und protestieren, dass sie doch dafür schon Gehälter bezahlt. In Wahrheit ist aber die Anzahl der Erfindungsmeldungen und Patentanmeldungen häufig niedriger, als sie sein sollte. Viele Forschungseinrichtungen verabsäumen es, ihre Entwicklungsabteilungen zu ermutigen, die Ergebnisse durch vorläufige Anmeldungen abzusichern, bevor die Resultate publiziert werden. Viele Labors wissen nicht einmal, dass mit der Publikation der neuesten Forschung möglicherweise die Rechte auf die Erfindung für immer verloren gehen, wenn nicht vorher die Rechte auf intellektuelles Eigentum entsprechend dokumentiert und eingereicht sind.

Man sagt, dass Leute von Startups innerhalb von zwei Jahren mehr arbeiten als andere ihr Leben lang. Das mag stimmen, aber ich weiß nicht genau, was es bedeuten soll, denn ich war immer selbst Gründer einer neuen Firma oder habe mit solchen gearbeitet. Aber natürlich erfordern Startups viel Zeit und kosten viel Schweiß. Zu Beginn sind Startups wunderbar: jeder arbeitet hundertzehnprozentig mit, alle kommunizieren toll miteinander, die Ziele sind glasklar und die Geschäftsführung ist immer präsent und ansprechbar, weil man ja dasselbe Büro teilt. Neue Firmen beginnen immer mit hochfliegenden Ansprüchen, und alles ist bestens. Es gibt nichts, was über das Gefühl eines neuen Startups geht, es ist wie eine berauschende Droge.

Biodesign hat kürzlich ein Buch herausgebracht, das in allen Einzelheiten beschreibt, durch welche Phasen Startups für Medizintechnik gehen. Ein kleines Detail, das in diesem Text nur kurz angesprochen wird, ist die Tatsache, dass echte Startups mit bahnbrechenden Konzepten oft viele Jahre brauchen, bis sie erfolgreich sind, und ihre Sonnen- wie Schattenseiten haben. Die meisten Startups sind kein Honiglecken, die meisten schaffen es nicht, und die Konsequenzen und Effekte, die das auf Gesundheit und Wohlbefinden eines Einzelnen haben kann, können gravierend und dauerhaft sein. Der enorme Druck auf Familien, Ehen und soziale Netzwerke lässt Burn-out zu einer nicht zu unterschätzenden Gefahr werden. Vertraulichkeitsvereinbarungen, Finanzgesetze und Übereinkommen lassen den Fackelträgern oft wenig Möglichkeiten, Bedenken und Befürchtungen zu äußern. Es ist ein steiniger Grund, und die Höhen- und Tiefflüge sind extrem. Das eigene Unternehmen zu gründen, es an die Börse zu bringen, es bei seinen ersten zögernden Schritten an der Hand zu nehmen und es dann plötzlich trotz aller Bemühungen zermalmt zu sehen, ist absolut nicht lustig. Manchmal liegt die Erklärung im Markt, manchmal nicht. Manchmal ist es einfach nur Pech. Das Biodesign-Buch spricht nicht darüber, dass es oft nur Glück und den richtigen Zeitpunkt braucht, wahrscheinlich, weil wir über diese beiden Faktoren keine Kontrolle haben.

Ich denke, dass man Erfinden lernen kann, auch wenn manche dafür bessere Anlagen mitbringen als andere. Eine Erfindung von der Idee bis zum marktreifen Produkt zu bringen, ist eine mühsame Aufgabe. Rückblickend wünsche ich mir, dass ich noch 50.000 Dollar hätte investieren können, um noch bessere Wandler zu bauen und einen Prototypen, der auf wesentlich höherem Niveau funktioniert. Den besten Prototypen zu haben und etwas physisch herzeigen zu können, hilft ungemein und hätte mein Konzept und mich in den frühen Stadien sehr viel besser ins Licht gerückt. Ich hätte auch schon zu Beginn einen fähigen Grafiker anstellen sollen, der gute Präsentationen, Dokumente und entsprechende Bilder entwirft. Ein gutes Bild ersetzt tausend Worte, sagt man, und professionelle grafische Darstellungen vermitteln ein Konzept viel aussagekräftiger.

Eine Brücke in die Zukunft

„In this bright future you can't forget your past."
Bob Marley

Die Soundbridge wird täglich vielfach implantiert und ist in über 60 Ländern erhältlich. Den Gehörlosen helfen zu können, war ein großer Erfolg für mich. Mit der Soundbridge können alle Varianten des Hörverlustes behandelt werden: Schallleitungsschwerhörigkeit, Schallempfindungsschwerhörigkeit, kombinierte und neurale Schwerhörigkeit sowie in einigen Fällen spezifische Formen des Tinnitus. Ebenso wird sie eingesetzt, wenn eine Rekonstruktion des Ohres nicht möglich oder nicht erfolgreich war, sowie für chronische Deformationen des Ohres. Die Kuppler, die 2010 zugelassen wurden, haben eine neue Ära in der otologischen Rekonstruktion eingeleitet, bei der der FMT in Abstimmung mit rekonstruktiver Otologie eingesetzt wird, um die Schallempfindungsleitung wiederherzustellen und ein zusätzliches Schwingungssignal abzugeben. Ich muss zugeben, dass es höchst befriedigend ist zu sehen, wie weltweit führende Otologen und Forscher daran arbeiten, meine Erfindung neuen Anwendungsbereichen zuzuführen, um den Gehörlosen zu helfen. Hunderte, wenn nicht tausende von Leuten haben das im Laufe der Jahre ermöglicht. Solche Resultate und solche Erfolge kann nie nur ein Einzelner erzielen.

Eine andere neue Form der Implantate heißt Bonebridge. Vor einigen Jahren beschrieben Sebastian Foidl und Alexei Iltchenkoo, zwei führende Verkäufer in Innsbruck, einen Implantatbauplan, den sie für ihre Kunden wollten. Sie waren erstaunt als ich sagte: „Wirklich? Da habe ich eine Idee." Wir überarbeiteten das Konzept und stellten einen weiteren Mitarbeiter im Team an, um das Implantat zu bauen.

Das Bonebridge-Implantat verwendet einen Wandler, der mittels Schrauben im Mastoidbereich des Schädelknochens angebracht wird. Dann wird durch einen extern getragenen Audioprozessor – ähnlich dem bei der Vibrant Soundbridge – ein elektronisches Signal zu dem Implantat geschickt. Das Signal wird durch die Haut zum Bonebridge-Implantat geschickt, das das Signal demoduliert und ein Audiosignal an den Wandler sendet, das diesen in Schwingungen versetzt. Die Schwingungen werden dann zum Mastoidbereich des Schädels weitergeleitet, und die dort entstehenden Schwingungen werden durch Knochenleitung vom Innenohr als Klang interpretiert. Die Eleganz dieses Implantatsystems liegt darin, dass es die Notwendigkeit eines perkutanen Übertragungssystems unnötig macht und damit auch die damit verbundene offene Wunde, die andere im Knochen verankerte Implantate erfordern. Es eliminiert die Notwendigkeit für perkutane Knochenleitungsimplantate. Das löst ein wesentliches Problem bei der Behandlung mit Knochenleitungsimplantaten, nämlich die Möglichkeit einer Infektion der offenen Wunde rund um die Schraube oder ihre Verschiebung. Der chirurgische Eingriff für das Einsetzen der Bonebridge dauert zwischen 45 Minuten und einer Stunde. Der Bau des neuen Wandlers für das Implantat beruht auf einem neuartigen Konzept, das es für MRI wie auch für alle anderen Arten der Bildtechnik sicher macht.

Am 7. Juli 2011 wurde die erste Bonebridge von Dr. Georg Sprinzl an der Innsbrucker Klinik implantiert. Da der Eingriff in Innsbruck durchgeführt wurde, konnten alle Mitarbeiter bei der ersten Implantation des Gerätes zuschauen. Es war auch gut für Innsbruck, denn dort hat MED-EL sein Hauptquartier. Innsbruck wird immer mehr zu einem wichtigen Zentrum auf dem Gebiet der Gehörtechnologie, und das finde ich absolut cool. Die Implantation verlief wunderbar. Bei der Aktivierung vier Wochen später waren die Resultate phänomenal und übertrafen unsere Erwartungen bei weitem. Sie waren um Größenordnungen besser als die ersten VSB-Resultate. Sie waren einfach perfekt. Auch bei den anderen Implantationspatienten konnten hervorragende Ergebnisse erzielt werden, also hatten wir einen sehr gelungenen Start. Für mich war es auch auf einer persönlichen Ebene sehr befriedigend, dass ich mit einem neuen Implantat unsere früheren Erfolge wiederholen und so mir und den anderen beweisen konnte, dass das erste nicht nur Zufall war. Ich nehme an, dass wir mit der Bonebridge sowie der weiterhin erfolgreichen Soundbridge mehr Mitarbeiter für die Herstellung und den Support dieser Produkte einstellen werden. Bonebridge allein könnte schon viel Arbeit, und das heißt Jobs, schaffen. Die Mehrzahl dieser Jobs wird in Innsbruck entstehen, und das freut mich.

Mit der Bonebridge habe ich mein Ziel erfüllt, ein Implantatsystem für die wichtigsten Arten der Schwerhörigkeit zu entwickeln. Die Bonebridge bietet Patienten dort eine neue Behandlungsoption, wo medizinische Gründe andere Lösungen ausschließen. Sie ist eine hochwertige Behandlungsmöglichkeit und eine Alternative zu herkömmlichen Therapien.

Meine nächsten Ziele sind, den Gebrauch unserer Implantate für Patienten durch größeres Augenmerk auf menschliche Faktoren zu erleichtern sowie die Diagnose und die Kontrolloptionen in den Zentren, die unsere Implantate verwenden, zu verbessern. Wir arbeiten auch an einer ständigen Weiterentwicklung unsere Audioprozessoren, um die neuesten und besten Eigenschaften der Signalverarbeitung darin einzubinden. Bei Verwendung derselben Implantatplattform können wir die Leistung verbessern, indem wir den Audioprozessor upgraden. Das ist meiner Meinung nach der größte Vorteil von teilweise implantierbaren Lösungen. Und bevor ich in den Ruhestand trete, möchte ich noch mindestens zwei weitere Implantate bauen. Soweit ich weiß, hat niemand je drei gemacht, aber ich fand immer, meine Anzahl sollte vier sein. Wie es aussieht, habe ich noch genug bei MED-EL zu tun, um einige Zeit beschäftigt zu sein. So kann ich hoffentlich die Geschäftsfelder, an denen ich arbeite, zu kleinen Zentren der technologischen Innovation ausbauen.

Golfen auf Österreichisch

„Golf is a good walk spoiled.“
Mark Twain

Der Cherry-Chase-Golfplatz lag auf einem Flecken Land im Westen von Sunnyvale, wenn man den Bernardo Drive bei El Camion Real verließ. Als kleiner Junge ergatterte ich gemeinsam mit Freunden regelmäßig ein paar Golfschläger, mit denen wir dann einige Runden spielten. Kinder unter zwölf zahlten nur 2,25 Dollar für eine Runde mit allen achtzehn Löchern. Wir lernten aber schnell, dass wir an schwächeren Tagen und mit den richtigen Platzwarten auch vom siebzehnten auf das zweite Loch zurückschleichen konnten, um noch eine Runde zu spielen. Gelegentlich fuhren wir zum Deep-Cliff-Platz in Cupertino, der uns besser gefiel als Cherry Chase, aber dort zahlten Kinder unter zwölf Jahren unfassbare 4,50 Dollar und die darüber selbst mit Schülerausweis 8,50 Dollar.

Golf machte mir einfach rundum Spaß, und ich hatte am Spiel ebenso viel Vergnügen wie an der Suche nach verlorenen Bällen in den Teichen und Bächen. Während der Sommermonate landete ich oft bei Oma und Opa in Massachusetts. Dort ließ Onkel Butch meinen Cousin David und mich ein paar Bälle auf seinem Anwesen schlagen. Manchmal nahm er uns mit zum Golfplatz, wo wir ganze Tage und Abende damit verbrachten, eimerweise Bälle zu schlagen. Bälle schlagen war und bleibt meine Lieblingsbeschäftigung. Man sieht es meinem Handicap zwar nicht an, aber ich habe erstaunlich viel Golf auf ebenso vielen Plätzen in Europa und den USA gespielt.

Als ich nach Österreich kam, wurde der Vertriebsleiter Alois Griesser einer meiner ersten Freunde. Alois ist ein begeisterter Golfer, der mich sofort in seinen Golfclub im idyllischen Seefeld einlud, als er erfuhr, dass ich auch spiele. Ich parkte also meinen Wagen, schwang die Ausrüstung über die Schulter und lief zum Clubhaus, wo Alois auf mich wartete. Hier muss ich wieder einmal anmerken, wie sehr die Österreicher ihre Bürokratie lieben. Alois gaukelte dem Personal vor, dass ich Amerikaner mit einem Handicap von 13,5 sei, aber meine Zulassungskarte in den USA vergessen hätte. Das war sogar nur teilweise falsch. Dann musste er noch dazudichten, dass ich Mitglied eines Clubs in den USA sei. In Österreich sind die Regeln nämlich eisern. Um zu spielen, muss man zuallererst eine Mitgliedschaft bezahlen, die jährlich mindestens 500 Dollar kostet. Danach muss man an offiziellen Turnieren teilnehmen, denn nur die Wertungen von offiziellen Spielen zählen für das Handicap. Schließlich muss man noch eine Green Fee zahlen, oder man kauft sich eine Saisonkarte für 400 bis 1000 Euro. Mein Freund Alois überredete aber einfach die Manager, die mich dann ein paar Runden spielen ließen.

Auf dem Weg zum Platz sah ich mich erstaunt um. Auf dem Parcour tummelten sich die Leute. Auf allen drei Greens, die mit Kreide vollgeschmiert waren, rannten Lehrer zwischen Gruppen von Schülern herum. An jedem Übungsstand warteten Österreicher in ordentlichen Schlangen auf ihren Anlauf am völlig überfüllten Kurs. Sie übten alle wie wild: Sandschüsse, Aufschläge, Putts, Putts vom Vorgrün und so weiter. Kamen sie an die Reihe, schlugen sie nicht, wie daheim in den USA, den Ball wild vor sich her. Stattdessen zielten alle auf fein säuberlich positionierte und markierte Ziele und Fähnchen. Ich stand also da und dachte mir: *Um Himmels willen, die Leute arbeiten hier ein ganzes Golflehrbuch ab. Wissen die denn nicht, dass das niemand macht? Aber in Rom tut man es den Römern gleich ...*

Ich beschloss also, Alois nachzuahmen. Er zog einen Pitching Wedge aus der Tasche und pitchte Bälle. Ich machte es ebenso. Er übte eine ganze Stunde das Putten, also übte ich mit, ebenso bei den Sandschüssen. Als er endlich seine Aufwärmübungen beendet hatte, stellten wir uns um einen Platz am ersten Tee an. Mit erstaunlicher Disziplin befolgten die Österreicher dort die Etikette. Zwei Freunde von Alois stießen zu uns, und wir bildeten einen Vierer.

Am Tee verzog Alois den Ball dann etwas nach rechts. Als nächstes kam ich dran und setze den Ball in eine Wiese mit hüfthohem Gras. Da ich den Ball nie wieder finden würde, erklärte ich den Ball für verloren und schickte einen provisorischen Schuss nach. Als wir dann am Fairway entlangspazierten, um unsere zweiten Schläge zu erledigen, bildeten die drei Österreicher sehr zu meiner Verwunderung einen Suchtrupp, um im hohen Gras nach meinem Ball zu suchen. Ich sah ihnen verblüfft zu.

„Was macht ihr bloß?"

„Wir suchen deinen Ball!"

„Wieso denn? Ich habe ihn doch als verloren deklariert!"

Ich dachte mir: *Was zum Teufel machen die denn da? Ich will Golf spielen und nicht eine Nadel im Heuhaufen suchen. Aber in Rom* ... Ich begab mich also zu den anderen ins Gras, um meinen Ball zu finden. Als Alois ihn dann tatsächlich entdeckte, musste ich ihn auf den Fairway zurückspielen. Das war mir noch nie passiert.

Beim nächsten Loch schoss einer unserer Gefährten den Ball ins Gestrüpp neben einem Gleis, das den Golfkurs querte. Sofort formierte sich der Suchtrupp, und wir gingen erneut auf Expedition. Mit großer Systematik fanden wir auch diesen Ball. Beim nächsten Loch war es dann wieder so weit. Und danach nochmal. Jedes Mal fand unser Suchtrupp den Ball. Am Tagesende hatten wir acht Exkursionen durchgeführt, aber keinen einzigen Ball verloren. Ich hatte noch nie erlebt, dass verhauten Schlägen so viel Aufmerksamkeit zuteil wird. Als ich entdeckte, dass normale Bälle in Österreich ein Vierfaches dessen kosten, was man dafür in den USA bezahlt, ergab das natürlich etwas mehr Sinn. Gute Bälle sind sogar noch teurer.

Durch Alois verfiel ich dem Golf erneut. Über einen irischen Klub konnte ich mir ein echtes internationales Handicap besorgen, und in Österreich kaufte ich mir eine Saisonkarte, mit der ich so viel spielen konnte, wie ich wollte. Ich spielte mit Alois vor der Arbeit, nach der Arbeit und ganze Wochenenden lang. Ich übte ständig Pitches, Putts und Sandschüsse und setzte auf der Range alle meine Schläger beim Zielschießen ein. Ich nahm Gruppenunterricht, Solounterricht und änderte meine Haltung. Kurzum, ich verwarf meine

Spielweise und meine Gewohnheiten aus Amerika und fügte mich in das straff organisierte österreichische System. Mit der Zeit lernte ich sogar, die teuren Bälle im hohen Gras wiederzufinden.

Wissen Sie, wozu das führte? Mein Spiel hat sich maßlos verbessert. Innerhalb von zwei Jahren hatte ich ein Handicap von 8,5. Ich fuhr mit meiner Frau regelmäßig nach Irland in meinen Klub und erreichte dort regelmäßig niedrige Achtziger, manchmal sogar ein paar Siebziger. An einem Tag wäre mir sogar fast eine Par-Runde gelungen, wenn ich nicht zwei schreckliche Bogeys geschlagen hätte (einer davon peinlicherweise sogar auf einem Par drei Loch).

Nach der Geburt unserer Zwillingssöhne Travis und Trevor hörte ich mit dem Golfen auf. Aber ich hatte gelernt, dass die österreichische Art eigentlich gar nicht so schlecht war. Auch wenn der österreichische Weg nicht immer der mir gewohnte ist, er funktioniert.

So neu das Golfen in Österreich für mich war – die Frisörbesuche hatten es auch in sich. Als ich das erste Mal einen Haarschnitt brauchte, ging ich einfach zum nächsten Frisör, der mich in einen Stuhl drückte und mich fragte, was ich wolle.

Ich verlangte in meinem besten Deutsch „Haar Rasur bitte!"

Ehe ich mich versah, pflasterte der Frisör mein Gesicht mit heißen Tüchern zu. Ich wusste nicht, wie mir geschah! Er entfernte die Handtücher und seifte mein Gesicht ein. Dann zückte er ein Rasiermesser und verpasste mir die genaueste Rasur meines Lebens. Als er fertig war, kam ein Assistent zu mir und fragte auf Englisch, ob ich zufrieden sei?

„Ja, schon, aber könnten Sie jetzt auch die Haare auf meinem Kopf schneiden?"

„Ach, sie wollten einen Haarschnitt! Das tut uns aber schrecklich leid."

Also drückte mich der Frisör wieder in den Stuhl und schor mir fast alle Haare vom Kopf. Sehr zu meinem Schrecken wurde bei der neuerlichen Prozedur auch ein kleiner Flammenwerfer eingesetzt, um all jene Haare zu entfernen, an die er nicht schon mit Rasierklinge und Schere herangekommen war. Ich habe überlebt.

Was mich in Österreich außerdem sehr überraschte, ist das besondere Verhältnis der Österreicher zur Nacktheit. In Amerika, wo ich aufwuchs, ist es verpönt, die eigenen Schambereiche zur Schau zu stellen. Mittlerweile weiß ich, dass es in Österreich andersrum ist. Als meine Frau und ich ins Schwimmbad gingen, bemerkten wir mit Entsetzen, dass man hier einfach Badehosen wechselt, ohne auf Sichtschutz zu achten. Die Freizügigkeit nimmt scheinbar auch zu, je älter und unansehnlicher man wird. Den Leuten hier macht es offensichtlich nichts aus. Wenn ich mit meiner Frau zum Arzt gehe, ist es auch völlig normal, dass man sich im Behandlungszimmer freimacht bevor die Türe zum Warteraum wieder geschlossen wird. Als mir das zum ersten Mal passierte, war ich schockiert. Aber man gewöhnt sich an alles!

Eines Tages, als wir noch in der Bauphase waren, stellten wir ein provisorisches Versuchslabor in der Umkleidekabine unseres Reinraums auf. Ich staunte nicht schlecht, als einige attraktive weibliche Kolleginnen in den Reinraum kamen, sich auszogen und vor mir ihre Straßenkleidung anzogen. Es blieb dabei nur wenig meiner Vorstellungskraft überlassen. Donnerwetter, das hätte in den USA sofort zu Prozessen geführt!

Aber Österreich ist nicht Amerika. Die Sauna erfreut sich hier großer Beliebtheit. Badeanzüge zu tragen ist darin streng verboten, und die Handtücher sind nur zum Draufsitzen gedacht. Ich war vorher noch nie in einer Sauna, woher sollte ich das alles also wissen? Als ich etwa eines Abend nach Hause fuhr, sah ich von der Straße aus durch die hell beleuchteten Fenster des Sportzentrums lauter nackte Saunagäste herumliegen. Die haben nicht einmal die Rollläden runtergemacht!

In Österreich ist es auch üblich, dass im Herrenklo eine Putzfrau werkt, während sich die Männer daneben erleichtern. Das wäre in den USA unerhört. Auch ich habe mittlerweile gelernt, mich in der Anwesenheit von wildfremden Frauen entsprechend zu entspannen.

Mittlerweile bin ich zu der Auffassung gekommen, dass der österreichische Zugang zu diesen Dingen zwar anders als der amerikanische ist, aber irgendwie auch natürlicher. Körper sehen nun mal so aus, ob nackt oder bekleidet, und Nacktheit, ob man es glaubt oder nicht, hat nicht immer etwas mit Sex zu tun. Es ist nur eine andere und durchaus gewöhnungsbedürftige Art, die Dinge zu sehen.

In Innsbruck gibt es eine kleine Auswanderergemeinschaft.

Eines Tages hörte ich jemanden auf der Straße auf Englisch sagen: „Tja, immerhin kann ich jetzt genug Deutsch, um im Tante-Emma-Laden nicht mehr rot anzulaufen, wenn ich bestelle."

Das traf mich. Meine Deutschkenntnisse sind sehr bescheiden, und wenn mir jemand begegnet, der kein Englisch kann, weiß ich mir meist nur noch mit wildem Gestikulieren zu helfen. Kurzum, auch nach vielen Jahren in Innsbruck ist mein Deutsch einfach nicht gut genug. Ich würde ja gerne mehr lernen, es ist mir nur schrecklich peinlich, die deutsche Sprache vor den Einheimischen derart zu verunstalten! Die meisten schalten sofort auf Englisch um, sobald sie mich hören, was es nicht einfacher macht, ihre Sprache zu lernen.

Eine weitere Besonderheit dieses alpinen Umfelds ist, dass hier jeder Extremsportler ist. Meine Ski werden von einem ehemaligen Champion des Race Across America gewartet, und da in einem Umkreis von 30 Minuten ebenso viele Skigebiete liegen, ist die Wahrscheinlichkeit hoch, dass man bei der Arbeit neben einem Weltklasse-Skifahrer sitzt. Ich würde grob schätzen, dass bei MED-EL etwa zehn der weltbesten Alpinisten arbeiten. Es sind auch außerordentliche Snowboarder, Marathonläufer, BMX-Fahrer und Mountainbiker dabei. Eine Kollegin hat sogar einen Mountainbike-Tirolführer geschrieben. Es ist wirklich phänomenal. Wenn man hier in die Berge eingeladen wird, muss man wissen, worauf man sich einlässt.

Was mir am meisten fehlt, seit ich hier lebe? Nun ja, zuallererst die Round-Table-Pizza. In Sunnyvale hat Sabina mir sogar einmal ein Hemd mit der Aufschrift „Body by Round Table" geschenkt. Meine Vorliebe für diese Pizza trug einiges zu meinem Körperumfang bei. Mir fehlt auch das gute mexikanische Essen. Ehrlicherweise muss ich aber zugeben, dass meine Essensgewohnheiten meiner Figur auf Dauer nachhaltig geschadet hätten. In Axams, dem Dorf in dem wir leben, ist das meiste Essen frisch und biologisch angebaut. Daran mussten wir uns auch erst gewöhnen, mittlerweile haben wir das aber sehr gerne. Gewöhnungsbedürftig sind in Österreich außerdem noch die Ladenöffnungszeiten. Abends nach sechs Uhr, am Wochenende und an den vielen Feiertagen kommt man nicht an Nahrung. Anfangs war natürlich auch das endlose Mülltrennen in die jeweils verschiedenfarbigen Tonnen nervig.

In den USA wundert mich mittlerweile natürlich auch einiges, wie etwa die Auswahl an Zahnpasten. Es gibt in Amerika hunderte Zahnpastavariationen: Gel, Paste, Weiß, Rot, mit Weißmachern, mit Kariesschutz, um nur ein paar Varianten zu nennen. Amerikaner haben vielleicht die besten Zähne der Welt, aber brauchen wir dazu hunderte Zahnpastasorten? Das gäbe es in Österreich nicht. Wenn Sie nach Österreich reisen, sollten Sie jedenfalls ihre eigene Zahnpasta mitnehmen, denn ihre Lieblingssorte gibt es hier höchstwahrscheinlich nicht. Noch erstaunlicher sind die amerikanischen Tierfutterabteilungen in den Supermärkten. Die Regale voll Katzen- und Hundefutter erstrecken sich dort ganze Gänge entlang, während es den österreichischen Katzen und Hunden auch mit einem begrenzten Angebot an Trocken- oder Dosenfutter blendend geht.

Mein Humor wird in Österreich selten gewürdigt, meine Frau verweist aber gerne darauf, dass das schon in den USA der Fall war. Ich vermisse die Fahrten nach Santa Cruz und das Golfen am Pastiempo mit meinem Kumpel Rick Adams. Ich vermisse unsere Nachbarn, Janus und Lee, die Ogerrinos und die anderen guten Leute, die mit uns auf der Black Road lebten. Ich vermisse, wie schrill die Santa-Cruz-Berge aussehen und wie die Sonne hinter ihnen untergeht. Ich vermisse Frontier Village und die Hippies aus meiner Jugend. Ich vermisse das Restaurant Farrell's in Sunnyvale, das schon vor langem zusperrte, und ich bedaure, dass ich meine Kinder dort nie wieder hinführen kann. Ich vermisse das alte Stadtzentrum vom Sunnyvale meiner Jugend. Ich vermisse die Patentbibliothek und die Angestellten dort, genau wie die VA, und Stanford, und natürlich alle jene, die mit mir am Symphonix-Projekt arbeiteten. Ich vermisse das Gefühl, dass in Sunnyvale nichts unmöglich ist, dass dort Träume über Nacht wahr werden können und dass der Typ, der bei Clarke's Burgerstand neben dir sitzt, der Erfinder der Hard Disk[10] sein könnte. Gut möglich, dass ich eines Tages ähnlich über Innsbruck denken werde.

Über Facebook habe ich erfahren, dass einer meiner Mitbewohner aus dem Studentenheim jetzt ein erfolgreicher Lokalpolitiker ist, der gerade wiedergewählt wurde. Damals bestach er nicht durch seinen Intellekt, und ich bin nicht sicher, ob er jemals fertigstudierte. Diese Geschichte erinnerte mich daran, dass ich jetzt wohl niemals Bürgermeister oder Gemeinderat für Sunnyvale werden kann. Die Möglichkeit, es in der Politik zu versuchen, mit der ich insgeheim zeitlebens gerechnet hatte, zieht an mir vorbei.

Dafür ist Österreich so unglaublich hübsch, dass es direkt in den Augen schmerzt. Der Ausblick aus unserer Küche könnte genauso gut auf den Yosemite Park in Kalifornien führen. Unsere Besucher starren immer mit einem verzauberten Blick zu den Alpen rüber. „Ihr könnt weiter ungläubig hinstarren", sage ich ihnen dann, „aber die Berge gehen davon nicht weg."

Ein Besucher aus den USA meinte, dass wir in einem riesigen Disneyland lebten, und er hat Recht. Das ist ein ganz besonderer Ort hier, mit seinen bezaubernden Aussichten, die von lieblichen Tälern bis zu schneebedeckten Gipfeln reichen, die den Himmel zerkratzen. Wien, die österreichische Hauptstadt, ist auch sicherlich eine der am meisten unterschätzten Touristendestinationen. Amerikaner, die durch Europa reisen, haken typischerweise die Städte ab, die sie besucht haben. Mit dabei sind immer London, Paris, München, Rom, Venedig und Amsterdam – selten aber die bezaubernde und entzückende Hauptstadt Wien. Dort sind an jeder Ecke Paläste, Denkmäler oder Kaffeehäuser. Der Ruhm der Monar-

10 Das ist wirklich passiert.

chie spiegelt sich in den schmucken Gebäuden ebenso wider wie das Talent ihrer Baumeister. Das Ganze ergibt einen architektonischen Überfluss der mit Statuen, Promenaden und Kutschwegen durchmischt ist. Ingeborg und ich haben uns sogar an dem Tag, an dem wir den Symphonix-Transfer besiegelten, eine Kutschenfahrt geleistet.

Innsbruck und Salzburg haben viel zu bieten. Innsbruck ist das ganze Jahr über eine Alpenperle, mit großartigen Skipisten im Winter und endlosen Wanderwegen im Sommer. Salzburg, die Heimat Mozarts, kann hier durchaus mithalten. Als Besucher kann man Ausflüge an die nahegelegenen Seen unternehmen, die *Sound of Music*-Schauplätze besuchen oder sich in eine faszinierende Salzmine stürzen. Es ist schwer, ein Mozartkonzert auf der Burg, mit Blick über die ganze Stadt, zu übertreffen. Und nein, ich werde nicht von den Tourismusbehörden bezahlt, ich bin einfach nur hingerissen! Österreich leidet manchmal aufgrund seiner Vergangenheit an einem schlechten Ruf, aber die jungen Generationen haben von den Fehlern ihrer Vorfahren gelernt und bewegen sich in die richtige Richtung. Obwohl in manchen abgelegenen Alpentälern und Dörfern die Zeit stillzustehen scheint, ist Österreich die ideale Heimat eines High-Tech-Betriebs. Österreich ist spitze!

Seit der Geburt unserer Zwillinge, Travis und Trevor, und ihres jüngeren Bruders Tristan, sind Sabina und ich zur Auffassung gekommen, dass Österreich ein gutes Land ist, um eine Familie zu gründen. Die Jungs sind schon ziemlich kräftig und fuhren bereits mit vier Jahren schwarze Pisten ab. Meine Frau meint, sie schließt weiteren Familienzuwachs zu 99,999999 Prozent aus. Für mich heißt das, dass wir noch ein Millionstel einer Chance haben, doch noch mehr Kinder zu bekommen! Trevor und Travis sind schon großartige Schwimmer und Fußballer. Wenn ich also jemals ihre Schwimm- oder Fußballmannschaften trainieren möchte, werde ich wohl doch endlich Deutsch lernen müssen. In der letzten Skisaison bekamen die beiden Skiunterricht. Ihr Skilehrer war heilfroh, als er merkte, dass meine Söhne nicht, wie ich, nur Englisch sprechen.

Er zeigte auf sie und rief mir zu: „De san echte Tiroler! Guat! Supa!"

Den Erlös unseres Hausverkaufs in Kalifornien haben wir genutzt, um in Axams, am Fuß der schwierigsten Piste, ein Haus zu bauen. Wir wurden sehr herzlich aufgenommen, obwohl wir offensichtlich keine Tiroler sind. Sogar diejenigen, die uns anfangs skeptisch gegenüberstanden, vermute ich, finden uns mittlerweile in Ordnung, obwohl fremd. Dafür sind wir sehr dankbar, denn wir wohnen sehr gerne in Axams. Die Aussicht und die Berge ringsum wirken, gelinde gesagt, inspirierend. Wir wohnen an den Pisten, und in der Nähe entsteht ein neuer Golfplatz. Viel mehr Lebensqualität geht nicht! Natürlich gibt es gelegentlich Schwierigkeiten mit verständnislosen Nachbarn, aber das ist in jeder Nachbarschaft so und erinnert uns nur daran, wie gut wir es sonst haben. Derzeit läuft alles blendend, wir können uns nicht beklagen.

In letzter Zeit bin ich viel gelaufen, um für einen Marathon zu trainieren. Ich laufe meist spätabends und schnalle mir dabei eine Lampe auf die Stirn, damit ich mich im Dunkeln nicht in den Bergen verirre. Ich laufe oft bis an den Fuß der Axamer Lizum, manchmal sogar bis ganz hinauf und dann über das Paralleltal zurück. In der Stille der Nacht, wo ich ohne Autolärm ganz alleine bin, habe ich viel Zeit, um über die Vergangenheit und meinen Weg nach Österreich nachzudenken. Im Frieden und in der Ruhe der Nacht habe ich über viele Dinge Klarheit gewonnen. Viele Geschichten erzähle ich hier nicht, und das ist gut so. Insgesamt bin ich aber zur Überzeugung gekommen, dass es an meiner Geschichte einiges gibt, was die Leute hören sollten.

Technologie ist ein Abenteuer

*„I never see what has been done;
I only see what remains to be done."*
Marie Curie

Ingeborg Hochmair hat eine erste Fassung von meinem Buch gelesen und es toll gefunden – mit Ausnahme des Titels. Sie meinte: „Das sollte doch eher ‚Der Klang des Erfolgs' oder so irgendwie heißen." Das hielt ich für einen sehr guten Titel und dachte darüber nach, bis mir auffiel, dass diese Geschichte ja nicht eindeutig eine Erfolgsgeschichte ist, da ich ja eigentlich nie wirklich erreicht habe, was ich wollte. Obwohl wir heute schon zehntausende Hörimplantate weltweit eingesetzt haben, müssen wir noch immer einen langen Weg gehen, bevor die Technologie jedem zur Verfügung steht, der sie braucht. Es wird zwar von Jahr zu Jahr besser und täglich erhalten mehr Leute Hörimplantate, aber es gibt noch viel zu tun, bevor wir den Bedarf in einer Mehrheit von Ländern befriedigt haben. Erst wenn uns das gelingt, können wir von Erfolg sprechen. Ich finde auch, dass mein Leben und meine Arbeit nicht nur erfolgreich waren. In manchen Bereichen habe ich sicher gut für meine Familie, mich und andere gesorgt. Doch insgesamt gesehen ist es ein gemischtes Paket. Früher dachte ich, mein Erfolg läge in der Entwicklung des perfekten Gehörimplantats, sei es die VSB oder die Bonebridge oder sonst was. Heute ist mein Ziel, eine ganze Familie von Hörgeräten zu entwickeln, und da fehlen noch einige.

Als ich durch Sunnyvale schlenderte, machte ich ein paar Fotos, um zeigen zu können, wie und wo all die Technologie entstanden ist. Natürlich waren auch Fotos meiner Eltern, der Bibliothek mit ihren Patentschriften und der alten Garage dabei. Da fiel mir auf, dass das Zentrum von Sunnyvale schon wieder völlig umgestaltet wird. So schlimm wie das letzte Mal kann es aber nicht ausfallen. Damals wurde der größte und beste Teil des ursprünglichen Stadtzentrums niedergewalzt und dafür eine Shopping-Mall hingestellt, die die größte Fehlplanung aller Zeiten gewesen sein muss.

Jetzt sieht es so aus, als gingen die Bestrebungen dahin, das Zentrum von Sunnyvale noch schwerer auffindbar zu machen, und das will schon was heißen. Wahrscheinlich wird unser Zentrum nie fertig werden.

Die Geschäfte und Restaurants auf der Murphy Street gibt es noch, aber sie kämpfen in dieser ewigen Baustelle. Die Town- und Country-Geschäfte sind meist zugenagelt oder existieren nicht mehr. Wie würden die Bewohner von Innsbruck reagieren, wenn jemand vorschlüge, das Zentrum niederzuwalzen, den historischen Stadtkern? In meiner Heimatstadt Sunnyvale ist genau das schon zweimal passiert.

Die Patentbibliothek von Sunnyvale wurde zugesperrt, und das hilfsbereite Personal ist entweder schon in Rente oder wurden zur Hauptbibliothek zurückgeschickt. Ihre Ressourcen werde nicht mehr gebraucht, nachdem die US-amerikanischen und internationalen Patentbibliotheken digitalisiert und Recherchen dadurch leichtgemacht wurden. Statt die hilfsbereiten Experten von Angesicht zu Angesicht am Bibliotheksschalter zu fragen, kann ich jetzt meine Recherchen von meinem PC aus durchführen, sogar maßgeschneidert.

Am Neujahrstag 2010 ging ich mit meinen drei Jungen in den Serra Park. Die Redwood- und Sequoiabäume, auf die ich als Kind geklettert bin, sind bereits riesig und einige sicher schon über hundert Feet. Das gute alte Serra-Park-Boot steht noch da, aber Sicherheitsbeamte und Anwälte haben für die Entfernung der Dächer gesorgt, über die wir gesprungen sind. Die steile Rutsche wurde abmontiert, genauso wie das Kletternetz. Sogar die Wackelbrücke wurde aus Sicherheitsgründen weggeschafft, obwohl ich mir nicht vorstellen kann, wie man sich dort verletzen sollte. Der Park war früher auch in Ordnung, und es fällt mir schwer, die guten Absichten in diesem übersicheren Design zu finden.

Meine Söhne fuhren auf ihren Rädern über die gepflegten Wege und Brücken unter dem wunderbaren Blätterdach. Was in meiner Jugend ein neu angelegter Park war, hat sich auf neue und reifere Weise zu einem überraschend schönen Park entwickelt. Kinder lateinamerikanischer, asiatischer, indischer Abstammung oder aus dem Mittleren Osten waren in der Überzahl und werden sicher die gleichen Vorteile und den gleichen Nutzen haben, wie ich sie in meiner Jugend dort hatte. Meine drei Söhne wachsen in einer völlig anderen Welt auf. Statt Serra Park haben sie die Alpen als Spielplatz. Sie sprechen Englisch mit einem britischen Akzent (wir wissen nicht, wie das passiert ist, aber einer klingt echt wie Winston Churchill, wenn er spricht) und natürlich auch Deutsch. Kalifornischen Dialekt findet man bei ihnen nicht. Mein Bruder Chris sagt: „Travis und Trevor klingen, als ob sie Englisch von einem Deutschen gelernt hätten, der es von einem Engländer gelernt hat. Niemand hört sich wie sie an." Meine Söhne sind überhaupt nicht amerikanisch. Sie essen zuerst die Kruste vom Brot, was amerikanische Jungs genau umgekehrt machen, und die Pizza verkehrt, von außen nach innen. Sie mögen *Zwiebelrostbraten*, um den ein amerikanisches Kind einen weiten Bogen machen würde. Sie essen *Gulasch, Sauerkraut, Spätzle* und schweres, dunkles Brot – alles Speisen, von denen sich echte amerikanische Jungs angewidert abwenden würden. Ich habe schon beobachtet, wie mein Sohn Travis beim Fernsehen an einer Zwiebel knabbert.

Ich bin stolz darauf, den Weg von der Diagnose Gehörverlust, erstellt auf dem Parkplatz der Serra-Grundschule, bis zur Zusammenarbeit mit den besten und intelligentesten Spezialisten auf dem Gebiet der Gehörwissenschaften und -medizin gegangen zu sein. Ich bin jetzt sechsundvierzig Jahre alt. Meine Geräte haben vier Zulassungszyklen in den USA und Europa durchschritten und gegenwärtig läuft ein klinischer Versuch für neue Indikatoren in den USA. Ich habe insgesamt 23 Medizingeräte entwickelt (inklusive APs und chirurgische Instrumente) und drei Implantatzyklen der Klasse drei. Meine Implantate werden zur Behandlung aller Kategorien von Schwerhörigkeit verwendet, mit Ausnahme von Taubheit, die mit Cochlea-Implantaten behandelt wird. Ich habe für fünf Startup-Firmen gearbeitet, entweder als Mitarbeiter der ersten Stunde oder als Gründer. Gegenwärtig halte ich über 80 internationale und US-Patente. Vielen tausend Patienten wurde mit meiner Technologie geholfen.

Ich arbeite und lebe gerne in Österreich und hoffe noch viele Jahre in meiner jetzigen Position bleiben zu können, aber die Zukunft ist in der Geschäftswelt immer unsicher. Die Zusammenarbeit mit Ingeborg ist wunderbar, und ich habe ihr schon gesagt, dass ich bereit bin, bis zum Ende meiner Karriere im Unternehmen und in Österreich zu bleiben. Manchmal denke ich sogar, dass ich im Ruhestand hier bleiben werde, weil man so gut Skifahren kann. Meine erste Priorität gilt meiner Frau und meiner Familie. Es ist großartig, eine Chance gehabt zu haben, den Gehörlosen zu helfen und die Welt besser gemacht zu haben. Ich finde es fantastisch, dass ich eine Position innehabe, in der ich noch immer an meinem Lebenstraum arbeiten kann, dem Implantat oder der chirurgischen Korrektur für alle Arten von Schwerhörigkeit. Es macht mich auch stolz, führend auf diesem Gebiet zu sein, und dass die reale Möglichkeit besteht, dass ich in mein Labor gehe und etwas Neues oder Besseres entdecke. Und das kann ich jeden Tag erreichen. Außer an der Entwicklung von Hörimplantaten habe ich großes Interesse an dem Gebiet der neuralen Reparatur und Regeneration, das mich schon immer faszinierte und auf dem ich nie so weit gearbeitet habe, wie ich das gerne getan hätte. Ein weiterer Interessensbereich ist die nächste Generation der Mikrochirurgie und die Entwicklung der dazu nötigen Geräte, Techniken und maschinenunterstützten Instrumente. Kalifornien und Sunnyvale fehlen mir gelegentlich, aber ich bin sehr zufrieden in Österreich und den netten Leuten hier dankbar.

Es ist offensichtlich, dass ich in Technologie vernarrt bin. Ich habe miterlebt, wie sich der Geist der Garagen des Silicon Valley in der ganzen Welt ausgebreitet hat. Heute schuften die zukünftigen Unternehmer nicht mehr nur in den Garagen von Silicon Valley. Der Wert von innovativem Denken und brillanten Ideen kann nicht genug hervorgehoben werden.

Einer meiner Kinderträume war es, ein privates Kino zu besitzen, in dem ich jeden Film anschauen konnte, den ich wollte. Es hätte Kopfhörer haben sollen, damit ich den Ton ganz laut aufdrehen und ihn hören kann, ohne jemanden zu stören. Doch das war eine reine Fantasievorstellung. Heute können meine Söhne jeden Film so laut anschauen, wie sie nur wollen, ohne jemanden zu stören, und das sogar im Auto, während wir nach Venedig fahren. Für mich ist das unglaublich. Innovation kann das scheinbar Unmögliche Realität werden lassen.

Ich konnte beobachten, wie Apple Computer[11] sich von einem Gebäude auf zwei ausbreitete, bis zu seiner heutigen Größe, die fast die ganze Stadt Copertino ausmacht. Ich habe erlebt, wie Firmen nach einem raketenhaften Aufstieg implodierten. Ich habe große Gelegenheiten, die vor meinen Augen lagen, nicht erkannt. Ich habe Erfolge gehabt und auch einen großen Misserfolg. Ich war an der Spitze des Feldes und zeigte anderen den Weg, und ich war ganz unten. Aber ich will nichts davon missen. Es ist ein gutes Gefühl zu wissen, dass das Gerät, das in einer Garage erträumt und mit Kreditkarten finanziert wurde, sich zu etwas entwickelte, das heute so vielen Menschen helfen kann und noch helfen wird. Etwas zu erfinden, verschafft mir ein Gefühl unbeschreiblicher Befriedigung. Es ist harte Arbeit, aber eine Technologie zu entwickeln ist noch schwieriger.

Die größte Hoffnung liegt oft bei Leuten, die gar nicht danach ausschauen. Es ist schwer vorstellbar, dass die paar Burschen, die ich oft im Haltex Elektronik-Geschäft gesehen habe, Apple gegründet haben, aber so war es. Es klingt verrückt, dass ich in Stanford den Leuten über den Weg gelaufen bin, die Yahoo gegründet haben, und dass der gescheiteste Mensch, den ich je getroffen habe, unter der Golden-Gate-Brücke durchgeschwommen ist, einfach weil sie da war. Manche werden es genauso unwahrscheinlich finden, dass einem schwerhörigen Jungen sein selbst erfundenes Hörgerät implantiert wird. Die wahren Innovatoren verbergen sich oft hinter ganz gewöhnlichen Leuten, ja die meisten der tollen Geschäfte werden oft von Leuten gemacht, die keinen akademischen Grad

---

11 Ich bin mir sicher, von Steve Jobs im Haltek Elektronik-Geschäft Teile gekauft zu haben, bevor er der berühmte Apple-Mitgründer wurde. Ich fand zwar heraus, dass er möglicherweise nicht direkt bei Haltek gearbeitet hat, aber ich habe sowohl ihn als auch Steve Wozniak bei Haltek gesehen: Sie waren wie ich Stammkunden. Der Verkäufer, der mir einen Computer für das Labor verkaufte, war Steve Wozniaks Bruder, und ich habe noch immer seine Visitenkarte. Ich hatte denselben Elektroniklehrer wie beide Steves und habe Steve Wozniak öfter gesehen, wenn er Mr. McCollum besuchte. Also kurze Begegnungen mit den ganz Berühmten.

vorweisen, nicht besonders gut aussehen, nicht die angesagteste Mode tragen und ihre Ideen auch oft nicht so gut erklären können.

Die größte Gefahr, die ich heute für Erfindungen und Innovationen sehe, ist die, dass ein Zeitalter der Überregulierungen anbricht. Früher hatten die Administratoren ihre Arbeit meist mit Schreibmaschinen, Notizblock, Papier und ein paar Nachschlagewerken erledigt. Heute haben alle Computer, mit denen man Tabellen und Listen ausschneiden und einfügen kann und Texte erzeugen, die sofort von anderen gelesen werden können. Referenzen, Standards und Direktiven können jederzeit via Internet abgerufen werden, und so kann man in kürzester Zeit ausführliche und große Dokumente herstellen. Dass sich einige dieser Kreationen dann widersprechen, kann schon vorkommen. Wenn ich Symphonix heute gründen wollte, müsste ich zweimal so viel Geld aufbringen, um den neuen Regeln, Standards und Qualitätskriterien zu entsprechen. Es ist verwirrend, und allein der Gedanke daran erzeugt bei mir Kopfschmerzen. Natürlich haben sich die Leute schon über Regulierungen beschwert, seit vor über hundert Jahren die maritimen Normen für den Schiffsverkehr eingeführt wurden. Ich bin durchaus für Regulierungen, aber nicht für Überregulierung, die, außer Kontrolle geraten, sich zu einem Goliath auswachsen kann, der kaum zu besiegen ist. Ich habe bereits erste Ansätze dieser „retroaktiven" Regulierungswut erlebt, als man neue Regeln für Produkte erließ, die bereits seit langem eingeführt waren und problemlos funktionierten. Doch diese Produkte müssen vom Markt genommen werden, wenn sie nicht den neuen Regeln entsprechen. Ich habe hunderte einwandfrei zu lesende, gute Dokumente in den Shredder wandern sehen (zusätzliche Kosten, zusätzlicher Müll), einfach weil wegen irgendeiner Norm das Aussehen eines Symbols (das ohnehin kaum jemand verstanden hat) geändert und durch ein neueres in einer besseren Schrift ersetzt wurde. Medizingeräte gehören zu den Produkten, die den meisten Regeln unterworfen sind. Dadurch wird die Zeit verzögert, bis ein neues Produkt auf den Markt kommen kann, und wenn dann noch zusätzliche Auflagen dazukommen, können neue Behandlungsmethoden schon obsolet sein, bevor sie überhaupt erhältlich sind. Eine Gesellschaft kann nicht darauf bestehen, das Neueste und Beste zu erhalten, das Medizin und die Wissenschaften zu bieten haben, und gleichzeitig verlangen, damit null Risiko einzugehen. Das ist nicht möglich. Die Mehrzahl der klinischen Versuche und Testreihen werden bereits außerhalb der USA durchgeführt, aufgrund der Auflagen, Gesetze und Kosten. Die Ärzte und Forscher der Länder, in denen jetzt diese Arbeit gemacht wird, werden die sein, denen die neueste Technologie und die nächste Generation an Behandlungsmöglichkeiten und Produkten zur Verfügung steht. Daraus folgt natürlich, dass sie auch diejenigen sein werden, die die nächsten Neuerungen entwickeln. Überregulierung führt zu einem schrecklichen Verlust, und andere Länder sind gut beraten, das zu beachten. Sein Innovationspotential so vielen Auflagen zu unterwerfen, bis die Innovatoren auswandern, ist keine besonders gute Idee.[12]

Man kann als Forscher nicht nur mit Computermodellen arbeiten. Irgendwann einmal muss man das auch in die Realität umsetzen, und wenn man dazu wegziehen muss, wird man das tun. Technologie ist ein Abenteuer, man weiß nie, wo es einen hinführt.

Die technologische Entwicklung ist auch unvorhersehbar und ändert sich ständig.

1996 sagte mein guter Freund Dr. Alex Huber zu mir: „Ich denke, wenn du ein völlig implantierbares Gerät herstellen könntest, wäre das der Heilige Gral."

Damals stimmte ich ihm zu. Aber heute bin ich der Ansicht, dass der Heilige Gral nicht ein bestimmtes Gerät ist. Das perfekte Gerät existiert nicht. Was wir brauchen, ist eine perfekte Familie von Geräten, aus denen wir auswählen können und die für alle Arten von Hörverlust einsetzbar sind. Wir brauchen Optionen, je mehr, desto besser.

Im Augenblick werden viele Geräte gebaut und entwickelt. Da ist viel Aufregendes dabei. Heute bietet Ingeborg Produktlinien an, die Behandlungsmöglichkeiten für fast alle Arten von Gehörverlust abdecken. Die Konkurrenz hat diesen Vorteil erkannt und arbeitet

---

12 Das schreibe ich ironischerweise in meinem Büro in Innsbruck, Österreich.

daran, ihre eigenen Serien auszuweiten. Als Ingeborg Symphonix übernahm, ging sie sicher ein großes Risiko ein, das sich im Nachhinein als gute Strategie erwies. So konnte sie alle unsere wertvolle Forschungs- und Produktionsausstattung nutzen und auch das Symphonix-Patent-Folio, an dessen Aufbau ich hart gearbeitet hatte, mitsamt der darin verborgenen Edelsteine. Das Soundbridge- und das Vibrant-System wirkten sich auch positiv auf die Verkäufe der anderen Produktlinien aus und führten generell zu größerer Präsenz und einer positiven Richtung in dieser Sparte. All diese Segnungen kann ich auf die Chancen und die Erziehung zurückführen, die mir in meiner Kindheit durch meine Eltern und die guten Bürger von Sunnyvale, Kalifornien, zuteil wurden.

Technologieentwicklung bedeutet, das schönste Mädchen der Schule zum Ball zu bitten: Man weiß nicht, wie sie antworten wird, solange man nicht den Mut aufbringt zu fragen. Man weiß nie, was passieren wird. Aber man sollte bereit sein, die Nacht durchzutanzen.

Danksagung

Das Wort Team enthält kein I wie ich. Dr. Goode hat zugestimmt, mir die Rechte am FTM zu überlassen. Ugo Fisch gilt mein besonderer Dank für seine Hilfe und seinen Input bei dem grundlegenden Bauplan; für seine Arbeit und Führerschaft bei der Entwicklung der chirurgischen Methoden des VORP sowie für seine Teilnahme bei den ursprünglichen SAB-Meetings. Außer Ugo Fisch dem PI der EU VSB, den Schlüsselkräften bei den klinischen Versuchsreihen Cor Cremers, Thomas Lenarz, Benno Weber, Gregorio Babighian, Alain Uziel, David Proops, Alec F. O'Connor, Robert Charchon, Jan Helms und Bernard Fraysse. Anders Tjellstrom publizierte die Resultate unseres ersten *Acute Trial of the Vibrant Soundbridge* im Jahr 1997. Er war auch der erste, der die Beobachtung publizierte, dass die VSB „zur Behandlung von Schalleitungsschwerhörigkeit verwendet werden kann". Der erste Patient erhielt von Ugo Fisch 1996 eine Implantation. Die erste bekannte Verwendung der VSB, um konduktive und gemischte Schwerhörigkeit klinisch zu behandeln, erfolgte durch Thibaud Dumon in Frankreich. Vittorio Colletti versuchte 2005 erstmals den FMT an alternativen Stellen im Ohr am RW zu befestigen.

In den USA war Dr. Hough der Leiter der klinischen Versuche für die VSB. Dr. Stan Baker, Dr. Dormer und Dr. Gan und ihren Teams verdanken wir viel bei der Entwicklung unseres Implantats. Unter den vielen, die wichtige Beiträge zur SAB-Arbeit und den klinischen Versuchen leisteten, möchte ich Charlie Luetje, Derald Brackman, Thomas Balkany, Jennifer Maw, David Kelsall, Douglas Backous, Richard Miyamoto, Simon Parisier und Alexander Arts hervorheben. Bei den klinischen Versuchen halfen uns weiters u. a. auch die folgenden US-Audiologen: Deborah Arthur, Christine Menapace, Pamela Mathews, Darcy Benson, Theresa Clarke, Charles Berlin und viele andere. Chris Julian stellte mit Hilfe von SAB-Input das Projekt des Befestigungsclips fertig. Für das Konzept des Magnets für den Außenteil des Implantats für das VORP erhielten wir die Lizenz von der University of Oklahoma; die ursprüngliche Größe des FMT (auch des heutigen) verdanken wir Ugo Fisch und anderen sowie den T.Bone-Untersuchungen, die Stan Baker und ich durchführten. Die chirurgische Methode wurde wiederum von den SAB-Mitgliedern in der EU und in den USA entwickelt. Das ursprüngliche telemetrische Schema des Implantats basiert auf der Arbeit von Erwin und Ingeborg Hochmair, die es für Cochlea-Implantate verwenden. Hans Camenzind war mein Investoren-„Engel", gefolgt von B. J. Cassin, Peter McNerney und Karen Bozie. Ron Antipa half mir die ersten Geschäftspläne zu erstellen und die Finanzierung von Symphonix in die Wege zu leiten. Ihm gilt mein tiefer Dank.

An den Bauplänen der Implantate arbeiteten bei Symphonix Bob Katz, Craig Mar, Dan Wallace, Chris Julian, Tim Dietz, Eric Jaeger, Duane Tumlinson, Frank Fellenz. Die Entwicklung des Audioprozessors betrieben Bruce Arthur, Jim Culp, John Salsbury, Steve Trebotich, Wyn Robertson und einige andere Ingenieure. Die Herstellung des winzigen FMTs wurde von Pat Rimroth, Ahn Troung und Sue Clarke entwickelt. Viele dieser Personen sind auch bei den Patenten angeführt, wo ihre Beiträge zu Patentansprüchen- und -eintragungen geführt haben. Bruce Maxfield entwickelte mit mir die detaillierten mathematischen Grundlagen für den FMT. Besonderer Dank gilt auch Peter Hertzman, Alf Merriweather, Beth Anne McDonald, Jeff Rydin, Mike Arendt, dem Symphonix-Vertriebs- und klinischen Service-Personal und den vielen anderen Schlüsselpersonen im Kundendienst aus der Symphonix-Zeit. Heute wird die VSB unterstützt durch unser F&E-Personal, darunter Peter Lampbacher, Marcus Schmidt, Klaus Holzer, Ali Mayr, Markus Nagl, Michael Santek, Klaus Triendl, Bernd Gerhardter und vielen anderen im regulatorischen und klinischen Bereich sowie bei der Qualitätssicherung. Und natürlich Dank an Ingeborg Hochmair, meine CEO, die die VSB gerettet hat und einfach großartig war und ist! Ich möchte auch all jenen danken, die das Projekt „Rettet die VSB" mitgetragen haben, indem sie bei dessen Übersiedlung von San Jose, Kalifornien, nach Österreich geholfen haben, besonders Alexander Mayr, Linda Ferner, Martin Kerber, Walter Fimml, Klaus Holzer und dem MED-EL-Transfer-Team.

Es gibt noch viele wunderbare Personen, die mir persönlich geholfen haben, wie Joe Roberson, Klaus Boeheim, Wolfgang Baumgartner, Alex Huber, Norbert Dillier, Timothy Wild, Thomas Lenarz, Jon Spindel, Michel Beliaff, Bill Perry, Joachim Mueller und Harry Robbins. Besonderer Dank gebührt auch Jan Helms für seine Bereitschaft, mir seine Zeit immer wieder zur Verfügung zu stellen. Sie alle haben Unschätzbares geleistet! Ich möchte auch den vielen Forschern danken, die zu der grundlegenden Arbeit beigetragen haben, und den vielen Personen gratulieren, die es durch ihre Arbeiten über VSB, FMT und andere damit verbundene Themen zu höheren akademischen Weihen und PhDs gebracht haben. Dank auch dem gesamten japanischen Team der Ehime für die langjährige Zusammenarbeit mit mir. Nochmaliger Dank ergeht an Dr. Goode, der mich mit seinen Ansichten über das Gehör, die Otologie, Technik, Medizin, Philosophie und Erfindergeist tief beeinflusst und geprägt hat. Er ist ein außergewöhnlicher Lehrer und Mentor, und ich bleibe ihm in tiefem Dank verbunden, weil er an mich geglaubt hat und er es mit mir riskiert hat. Und dafür, dass Goodes Maxime: „Wenn die Wellen hoch sind, ist die Arbeitsmoral im Labor niedrig" manchmal gestimmt hat, möchte ich mich noch im Nachhinein entschuldigen.

Was mich betrifft ... ich habe noch viel vor.

Cheers,

Geoff

Literaturverzeichnis
(zum Zeitpunkt der Drucklegung)

Arauz SL, Campo Mercandino E, Campo E, Arauz SA (2007). Vibrant Soundbridge – Ubicación en Ventana oval utilizando prótesis ad-hoc. Otolaringológica XXIX: 10–14.

Ashburn-Reed S (2001). The first FDA approved middle ear implant: The Vibrant Soundbridge. The Hearing Journal 54(8) (Aug 2001): 47–48.

Babighian G, Mazzoli M (2000). Prothèse implantable d'oreille moyenne. Résultats cliniques. Les Cahiers d'O.R.L., XXXIV(8): 322–330.

Ball GR, Huber A (1997). Scanning Laser Doppler Vibrometry of the middle ear ossicles. The Ear Nose and Throat Journal 76(4) (Apr 1997): 213–222.

Beltrame M, Martini A, Prosser S, Giarbini N, Streiberger C (2009). Coupling the Vibrant Soundbridge to Cochlea Round Window: Auditory Results in Patients With Mixed Hearing Loss. Otology & Neurotology 30(2) (Feb 2009): 194–201.

Biesinger B (2001). Die Revolution in der Hörgerätetechnologie. DSB Report 2: 14–18.

Böheim K, Nahler M, Schlögel M (2007). Rehabilitation der Hochtoninnenohrschwerhörigkeit: Einsatz eines aktiven Mittelohrimplantats. HNO 55(9): 690–695.

Böheim, K (ed) (2010). Active Middle Ear Implants. [Advances in Oto-Rhino-Laryngology, Vol. 69] Basel: Karger.

Boucarra D (1999). Nouvelle modalité de réhabilitation de l'audition: Prothèse Vibant Soundbridge Symphonix. La Lettre d'oto-rhino-laryngologie et de chirurgie cervico-faciale 241 (Mars 1999): 29–30.

Chasin M, Spindel J (2001). Middle ear implants: A new technology. The Hearing Journal 54(8) (Aug 2001): 33–48.

Colletti V, Carner M, Colletti L (2009). TORP vs round window implant for hearing restoration of patients with extensive ossicular chain defect. ActaOto-Laryngologica 129(4) (Apr 2009): 1–4.

Colletti V, Soli S, Carner M, Colletti L (2006). Treatment of mixed hearing losses via implantation of a vibratory transducer on the round window. International Journal of Audiology 45(19): 600–608.

Cremers CW, Snik AF (1999). De Vibrant Soundbridge, een semi-implanteerbaar hoortoestel voor perceptieslechthorendheid. Ned Tijdschr KNO-Heelkunde 5 (Oct 1999): 158–161.

Dazert S, Shehata-Dieler WE, Dieler R, Helms J (2000). Das Mittelohrimplantat „Vibrant Soundbridge" zur Hörrehabilitation bei sensorischer Schwerhörigkeit: Klinik, Indikation und erste Ergebnisse. Laryngo-Rhino-Otology 79(8) (Aug 2000): 459–464.

Dieler R, Dazert S, Shehata-Dieler WE, Helms J (2001). Evaluierung der funktionellen Ergebnisse mit dem aktiven Mittelohrimplantat „Vibrant Soundbridge". HNO Informationen 25 (2): 75.

Dubreuil C (2002). Limites d'indication entre l'implant d'oreille moyenne Vibrant Soundbridge ymphonix et l'implant cochléaire. A propos d'un cas. Journal Français d'Oto-Rhino-Laryngologie 51(4): 159–161.

Dumon T (2007). Vibrant Soundbridge Middle Ear Implant in Otosclerosis. In: Arnold W, Häusler R (eds.) Otosclerosis and Stapes Surgery. [Advances in Oto-Rhino-Laryngology, Vol. 65] Basel: Karger. 320–322.

Ernst A (2001). Implantierbare Hörsysteme. HNO Aktuell 9(1).

Fisch U, Cremers CW, Lenarz T, Weber B, Babighian G, Uziel AS, Proops DW, O'Connor AF, Charachon R, Helms J, Fraysse B (2001). Clinical experience with the Vibrant Soundbridge implant device. Results from the EN540 Clinical Trial in Europe. Otology & Neurotology 22 (6) (Nov 2001): 962–972.

Foyt D, Carfrae M (2006). Minimal Access Surgery for the Symphonix/MED-EL Vibrant Soundbridge Middle Ear Hearing Implant. Otology & Neurotology 27(2) (Feb 2006): 167–171.

Fraysse B, Lavieille JP, Schmerber S, Enée V, Truy E, Vincent C, Vaneecloo FM, Sterkers O (2001). A Multicenter Study of the Vibrant Soundbridge Middle Ear Implant: Early Clinical Results and Experience. Otology & Neurotology 22(6) (Nov 2001): 952–961.

Frenzel H, Hanke F, Beltrame M, Steffen A, Schönweiler R, Wollenberg B (2009). Application of the Vibrant Soundbridge to Unilateral Osseous Atresia Cases. Laryngoscope 119(1) (Jan 2009): 67–74.

Gan RZ, Ball GR, Dietz TG, Dormer KJ (1997). Implantable hearing device performance measured by laser Doppler interferometry. The Ear Nose and Throat Journal 76(5): 297–309.

Garin P, Thill MP, Gérard JM, Galle C, Gersdorff M (2002/03). Speech discrimination in background noise with the Vibrant Soundbridge middle ear implant, ORL Nova 2002/03, 12(3): 109–118.

Goode R L, Ball G, Nishihara S, Nakamura K (1996). Laser Doppler Vibrometer (LDV). Otology & Neurotology 17(6): 813–822.

Huber A, Ball G, Veraguth D, Dillier N, Bodmer D, Sequeira D (2006). A New Implantable Middle Ear Hearing Device for Mixed Hearing Loss: A Feasibility Study in Human TemporalBones. Otology & Neurotology 27(8) (Dec 2006): 1104–1109.

Hüttenbrink K, Zahnert T, Bornitz M, Beutner D (2008). TORP-Vibroplasty: A New Alternative for the Chronically Disabled Middle Ear. Otology & Neurotology 29(7) (Oct 2008): 965–971.

Hüttenbrink KB (1999). Current status and critical reflections on implantable hearing aids. American Journal of Otology 20(4) (July 1999): 409–415.

Irving RM, Proops DW (2001). Middle ear implantable hearing devices. ENT News 10(2): 35.

Jiang D, Bibas A, O'Conner AF (2004). Minimally invasive approach and fixation of cochlear and middle ear implants. ClinicalOtolaryngology Allied Science 29(6) (Dec 2004): 618–620.

Junker R, Gross M, Todt I, Ernst A (2002). Functional Gain of already implanted hearing devices in patients with sensorineural hearing loss of varied origin and extent: Berlin experience. Otology & Neurotology, 23: 452–456, 2002.

Kiefer J, Arnold W, Staudenmaier R (2006). Round Window stimulation with an implantable hearing aid (Soundbridge®) combined with autogenous reconstruction of the auricle – A new approach. ORL 68(6): 378–385.

Kochkin S (2005). MarkeTrak VII: Hearing Loss Population Tops 31 Million. The Hearing Review 12(7) (July 2005): 16–29.
Langevin S (2004). Surdité neurosensorielle: Les implants d'oreille moyenne. Cahier Biomédical 165 (Avril 2004): 25–30.
Lenarz T, Weber BP, Issing PR, Gnadeberg D, Ambjornsen K, Mack KF, Winter M (2001). Vibrant Soundbridge System: Ein neuartiges Hörimplantat für Innenohrschwerhörigkeit. Teil 2: Audiologische Ergebnisse. Laryngo-Rhino-Otologie 80: 370–380.
Lenarz T, Weber BP, Mack KF, Battmer RD, Gnadeberg D (1998). Vibrant Soundbridge System: Ein neuartiges Hörimplantat für Innenohrschwerhörigkeit. Teil 1: Funktionsweise und klinische Erfahrung. Laryngo-Rhino-Otologie 77(5): 247–255.
Linder T, Schlegel C, DeMin N, Van der Westhuizen S (2009). Active Middle Ear Implants in Patients Undergoing Subtotal Petrosectomy: New Application for the Vibrant Soundbridge Device and Its Implication for Lateral Cranium Base Surgery. Otology & Neurotology 30(1) (Jan 2009): 41–7.
Luetje CM, Brackman D, Balkany TJ, Maw J, Baker RS, Kelsall D, Backous D, Miyamoto R, Pariser S, Arts A (2002). Phase III clinical trial results with the Vibrant® Soundbridge implantable middle ear hearing device: A prospective controlled multi-centre-study. Otolaryngology – Head and Neck Surgery 126(2) (Feb 2002): 97–107.
Mosnier I, Sterkers O, Bouccara D, et al. (2008). Benefit of the Vibrant Soundbridge Device in Patients Implanted For 5 to 8 Years. Ear & Hearing 29(2) (Apr 2008): 281–284.
Needham AJ, Jiang D, Bibas A, Jeronimidis G, O'Conner AF (2005). The Effects of Mass Loading the Ossicles with a Floating Mass Transducer on Middle Ear Transfer Function. Otology & Neurotology 26(2) (Mar 2005): 218–224.
Richards A, Gleeson M (1999). Clinical review, Recent advances. Otolaryngology. British Medical Journal 319: 1110–1113.
SalibaI, Calmels MN, Wanna G, Iversenc G, James C, Deguine O, Fraysse B (2005). Binaurality in Middle Ear Implant Recipients Using Contralateral Digital Hearing Aids. Otology & Neurotology 26(4) (Jul 2005): 680–685.
Snik AF, Cremers C (2004). Audiometric evaluation of an attempt to optimize the fixation of the transducer of a middle ear implant to the ossicular chain with bone cement. Clinical Otolaryngology Allied Science 29(1) (Feb 2004): 5–9.
Snik AF, Cremers CW (1999). First audiometric results with the Vibrant Soundbridge, implantable device for sensorineural hearing loss. Audiology 38(6) (Nov-Dec 1999): 335–338.
Snik AF, Cremers CW (2001). The Vibrant semi-implantable hearing device with digital sound processing: effective gain and speech perception. Archives of Otolaryngology Head and Neck Surgery 127(12) (Dec 2001): 1433–1437.
Snik AF, Cremers WR (2000). The effect on the "floating mass transducer" in the middle ear on hearing sensitivity. The American Journal of Otology 21(1): 42–48.

Snik AF, Mylanus EA, Cremers CW (1998). Implantable Hearing devices for sensorineural hearing loss: A review of the audiometric data. Clinical Otolaryngology Allied Science, 23(5) (Oct 1998): 414–419.

Snik AF, Mylanus EA, Cremers CW, et al. (2001). Multicenter audiometric results with the Vibrant Soundbridge, a semi-implantable hearing device for sensorineural hearing impairment. Otolaryngologic Clinics of North America 34(2) (Apr 2001): 373–388.

Snik AF, Noten J, Cremers C (2004). Gain and Maximum Output of Two Electromagnetic Middle Ear Implants: Are Real Ear Measurements Helpful? Journal – American Academy of Audiology 15(3) (Mar 2004): 249–257.

Sterkers O, Bouccara D, Labassi S, Bébéar JP, Dubreuil C, Frachet B, Fraysse B, Lavieille JP, Magnan J, Martin C, Truy E, Uziel A, Vaneecloo FM (2003). A middle ear implant, the Symphonix Vibrant Soundbridge: Retrospective study of the first 125 patients implanted in France. Otology & Neurotology 24(3) (May 2003): 427–436.

Thill MP, Gérard JM, Garin P, Offeciers E (2002). Belgian experience with the Vibrant Soundbridge prosthesis. ACTA Belges d'ORL 56(4): 375–378.

Tjellstrom A, Luetje CM, Hough V, Arthur B Hertzmann P, Katz B, Wallace P (1997). Acute human trial of the Floating Mass Transducer. The Ear Nose and Throat Journal 76(4) (April 1997): 204–206.

Todt I, Seidl RO, Ernst A (2005). Hearing benefit of patients after Vibrant Soundbridge implantation. ORL J OtorhinolaryngolRelat Spec 67(4): 203–206.

Todt I, Seidl RO, Mutze S, Ernst A (2004). MRI Scanning and Incus Fixation in Vibrant Soundbridge Implantation. Otology & Neurotology 25(6) (Nov 2004): 969–972.

Todt S, Gross E (2002). Comparison of different Vibrant Soundbridge speech processors with conventional hearing aids. Otology & Neurotology23(5) (Sept 2002): 669–63.

Truy E, Eshraghi A, Balkany T, Telishi F, Van De Water T, Lavieille J-P (2006). Vibrant Soundbridge Surgery: Evaluation of Transcanal Surgical Approaches. Otology & Neurotology 27(6) (Sept 2006): 887–895.

Truy E, Philibert B, Vesson JF, Labassi S, Collet L (2008). Vibrant Soundbridge Versus Conventional Hearing Aid in Sensorineural High-Frequency Hearing Loss: A Prospective Study. Otology & Neurotology 29(5) (Aug 2008): 684–687.

Uziel A, Mondain M, Hagen P, Dejean F and Doucet G (2003). Rehabilitation for high frequency sensori-neural hearing impairment in adults with the Symphonix Vibrant Soundbridge: A comparative study. Otology & Neurology 24(5) (Sept 2003): 775–783.

Venail F, Lavieille, JP, Meller R, Deveze A, Tardivet L, Magnan J (2007). New Perspectives for Middle Ear Implants: First Results in Otosclerosis With Mixed Hearing Loss. Laryngoscope 117(3) (Mar 2007): 552–555.

Villchur E (1973). Signal processing to improve speech intelligibility in perceptive deafness. Journal of the Acoustical Society of America 53(6), 1646–1657.

Villchur E (1974). Simulation of the effect of recruitment on loudness relationships in speech. Journal of the Acoustical Society of America 56(5), 1601–1611.

Vincent C, Fraysse B, Lavieille JP, Truy E, Sterkers O Vaneecloo FM (2004). A longitudinal study on postoperative hearing thresholds with the Vibrant Soundbridge device. European Archives of Oto-Rhino-Laryngology 261(9): 493-496.

Winter M, Weber BP, Lenarz T (2002). Measurement method for the assessment of transmission probe of implantable hearing aids. Biomed Tech (Berl) 47 Suppl 1 Pt 2: 726–727.

Wollenberg B, Beltrame M, Schönweiler R, Gehrking E, Nitsch S, Steffen A, Frenzel H (2007). Integration des aktiven Mittelohrimplantates in die plastische Ohrmuschelrekonstruktion. HNO55(5): 349–356.

Zenner HP (1998). Elektronische Hörimplantate zur operativen Behandlung. Deutsches Ärzteblatt 1998(4).

US-Patente, ausgestellt auf Geoffrey Ball
(Stand: Januar 2010)

7,955,250 & 7,322,930	Implantierbares Mikrofon mit Empfindlichkeit und Frequenzgang
6,676,592	Doppelspulen-Wandler nach dem Prinzip des schwimmenden Wandlers
6,626,822	Implantierbares Mikrofon mit verbesserter Empfindlichkeit und verbessertem Frequenzgang
6,475,134	Doppelspulen-Wandler nach dem Prinzip des schwimmenden Wandlers
6,217,508	Ultraschall Hörhilfe-System
6,190,305	Implantierbares externes Hörhilfe-System mit einem schwimmenden Wandler
6,139,488	Einstellvorrichtung für implantierbare Hörhilfe-Systeme
6,093,144	Implantierbares Mikrofon mit verbesserter Empfindlichkeit und verbessertem Frequenzgang
6,024,717	Vorrichtung und Verfahren für schallverstärkte Verabreichung von Medikamenten
5,949,895	Wegwerf-Audio-Prozessor zur Verwendung in implantierten Hörhilfen
5,913,815	Knochenleitender Wandler nach dem Prinzip des schwimmenden Wandlers
5,897,486	Doppelspulen-Wandler nach dem Prinzip des schwimmenden Wandlers
5,859,916	Zweistufiges implantierbares Mikrofon
5,857,958	Implantierbares externes Hörhilfe-System mit einem schwimmenden Wandler
5,800,336	Verbesserte Wandler nach dem Prinzip des schwimmenden Wandlers
5,795,287	Tinnitus-Maskier-Schaltung für direkt gekoppelte Hörhilfen
5,624,376	Implantierbare externe Hörhilfe-Systeme mit schwimmendem Wandler
5,554,096	Implantierbarer elektromagnetischer Hörgeräte-Wandler
5,456,654	Implantierbarer magnetischer Hörgeräte-Wandler

Alle US-Patente für den Wandler nach dem Prinzip des schwimmenden Wandlers (Floating Mass Transducer/FMT) sind auf Geoffrey Ball ausgestellt (www.uspto.gov).

Weitere Information über MED-EL, Cochlea-Implantate und Mittelohr-Implantate sind auf www.medel.com zu finden. Spezielle Webseiten für einzelne Staaten sind verfügbar.